ERNST PETER FISCHER

Schrödingers Katze
auf dem Mandelbrotbaum

Buch

Mandelbrots Baum, Maxwells Dämon, Schrödingers Katze, Poincarés Vermutung oder Einsteins Spuk – es gibt zahlreiche naturwissenschaftliche Ideen und Erkenntnisse, die mit einem berühmten Namen verbunden sind. Maxwells Dämon ist zum Beispiel eine teuflische Figur, die versucht, grundlegende Gesetze der Physik aufzuheben, und Schrödingers Katze ist in die Welt gesetzt worden, um zu zeigen, dass wir noch lange nicht verstehen, welche Möglichkeiten die Natur den Dingen lässt.
Anschaulich und lebendig erschließt uns Ernst Peter Fischer, der »Universalgelehrte mit Leidenschaft« (*Die ZEIT*), einen persönlichen Zugang zur hohen Kunst der Wissenschaft. Wir erfahren, welche Auswirkungen Naturgesetze haben und was man wissen muss, um sie verstehen zu können. Der Dämon, die Katze und viele andere namentlich gezeichnete Ideen – von Ockhams Messer über Mandelbrots Apfelmännchen bis hin zu Zeilingers Prinzip – liefern keine fertigen Antworten. Sie öffnen uns jedoch die Augen dafür, dass die Naturwissenschaften viel Platz zum Staunen bieten.

Autor

Ernst Peter Fischer, geboren 1947 in Wuppertal, studierte Mathematik, Physik und Biologie und promovierte 1977 am California Institute of Technology. 1987 habilitierte er sich im Fach Wissenschaftsgeschichte und lehrt seither an der Universität Konstanz. Als Wissenschaftspublizist schreibt er für *GEO, Bild der Wissenschaft, Die Weltwoche* und die *Frankfurter Allgemeine Zeitung*. Fischer ist Autor zahlreicher Bücher, darunter der Bestseller »Die andere Bildung«. Für seine Arbeit erhielt er mehre Preise, u. a. den Sartorius-Preis der Akademie der Wissenschaften zu Göttingen. Zuletzt erschien im Herbst 2007 bei Siedler die Max-Planck-Biographie »Der Physiker«.

Ernst Peter Fischer

Schrödingers Katze auf dem Mandelbrotbaum

Durch die Hintertür zur Wissenschaft

GOLDMANN

Die Abbildungen
stammen aus dem Archiv des Autors.

Verlagsgruppe Random House FSC-DEU-0100
Das für dieses Buch verwendete FSC-zertifizierte Papier
München Super liefert Mochenwangen Papier.

1. Auflage
Taschenbuchausgabe Oktober 2008
Wilhelm Goldmann Verlag, München,
in der Verlagsgruppe Random House GmbH
Copyright © der Originalausgabe 2006
by Pantheon Verlag, München,
in der Verlagsgruppe Random House GmbH
Umschlaggestaltung: Design Team München
in Anlehnung an die Umschlaggestaltung der Originalausgabe
(Jorge Schmidt, München)
Umschlagillustrationen:
Antje Damm/ auserlesen – ausgezeichnet (Katze)
und Markus Klein, Augsburg
Lektorat: Annalisa Viviani, München
Grafiken: Peter Palm, Berlin
KF · Herstellung: Str.
Druck und Bindung: GGP Media GmbH, Pößneck
Printed in Germany
ISBN: 978-3-442-15510-1

www.goldmann-verlag.de

Für Karin und Erwin Conradi,
die Geschichten lieben und Geschichte machen.

Inhalt

KEPLERS PROBLEM 9

AUF DER ATOMAREN BÜHNE 15
    Schrödingers Katze 17 – Plancks Quantensprung 28 –
Heisenbergs Unbestimmtheit 41 – Bohrs Hufeisen 54 –
Einsteins Spuk 66 – Paulis Verbot 78 – Hawkings Strahlung 90 – Zeilingers Prinzip 93

KLASSISCHE KNIFFLIGKEITEN 97
    Maxwells Dämon 99 – Olbers' Paradoxon 111 –
Faradays Käfig 123 – Maxwells Gleichungen 126 –
Newtons Eimer 130 – Röntgens Strahlen 142

UMGANG MIT DEM UNENDLICHEN 147
    Mandelbrots Apfelmännchen 149 – Eulers Zahl 161 –
Hilberts Hotel 173 – Russells Antinomie 185 – Turings
Maschine 188 – Poincarés Vermutung 192

DES LEBENS VERTRACKTE REGELN 197
    Darwins Finken 199 – Mendels Gesetze 212 – Kekulés
Traum 225 – Liebigs Fleischextrakt 238 – Delbrücks
Schludrigkeit 241 – Cricks Dogma 253

ZUR NATUR DES MENSCHEN 265

Kochs Postulate 267 – Milgrams Experiment 270 – Lorenz' Prägung 273 – Pawlows Reflex 276

HISTORISCHE BESONDERHEITEN 279

Plancks Prinzip 281 – Freuds Kränkungen 292 – Buridans Esel 304 – Ockhams Rasiermesser 307 – Brenners Besen 310 – Moores Gesetz 313 – Poppers Paradox 316 – Bacons Diktum 318 – Hersheys Himmel 321 – Snows Kulturen 324 – Nobels Preis 327

FISCHERS LÖSUNG 339

Literatur 343
Personenregister 349

KEPLERS PROBLEM

Keplers Problem betrifft die Vermittlung von Wissenschaft. Es betrifft alle Forscher, die etwas Neues erkannt, entdeckt oder ersonnen haben und über ihre Einsicht nun berichten wollen, und zwar nicht im Kollegenkreis, sondern vor einem breiten Publikum. Im Fall von Johannes Kepler (1571–1630) geht es um die Einsichten, die der Astronom und Astrologe vor rund vierhundert Jahren über die Bewegungen der Himmelskörper gewinnen konnte. Die Menschen hatten in den Jahrhunderten vor ihm versucht, die seit der Antike wahrgenommene Ordnung im Kosmos durch eine Welt voller Sphären mit idealer Kreisform zu beschreiben. Dabei gingen sie lange Zeit davon aus, dass die Erde, auf der sie lebten, im Zentrum des Universums zu finden war. Doch das Bemühen, die vielen Erscheinungen, die sich am Himmel dem menschlichen Auge darboten, unter dieser Vorgabe vollständig verstehen zu können, misslang. Die Vorhersagen der Astronomen wichen immer stärker vom Verlauf der Gestirne ab, und so wurden die Sterngucker nach und nach gezwungen, auch andere Vorstellungen über den Aufbau des Kosmos zu entwickeln. Kepler entschied sich um 1600, auf den Vorschlag von Nikolaus Kopernikus (1473–1543) einzugehen und die Sonne ins Zentrum zu rücken und die Planeten – einschließlich der Erde – um sie kreisen zu lassen. Bei der zunehmend genauer werdenden Durchmusterung der Bewegungen am Himmel fiel Kepler selbst ohne Fernrohr auf, dass zumindest der Mars bei seinem Umlauf um die Sonne sich nicht exakt auf einem Kreis bewegte. Als die Beobachtungsdaten nach mühevollem Rechnen eine Ellipse erkennen ließen, konnte Kepler ein erstes Gesetz für die Physik des Himmels formulieren: »Die Umlaufbahn eines Planeten hat die Form einer Ellipse.«

So lautet Keplers damals neuartige und überraschende Lösung für die Wissenschaft, und wir bewundern an seiner Einsicht die markante Knappheit, mit der sie Jahrhunderte des Messens und Nachdenkens in wenigen Worten ausdrücken kann. Die Wissenschaft liebt es, ihre großen Einsichten in knappen Formeln auszudrücken, und es fällt nicht schwer, Beispiele dafür zu finden: »Evolution gelingt durch Mutation und Selektion«; »Die Leitfähigkeit eines Metalls kommt durch die freie Beweglichkeit seiner Elektronen zustande«; »Die Chromosomen enthalten die Erbinformationen in Form von DNA-Molekülen«; »Eine Säure ergibt zusammen mit einer Base ein Salz«; »Alkohol ist wasser- und fettlöslich.«

Keplers Problem beginnt, wenn sich Wissenschaftler vor ein Publikum hinstellen, um ihre Einsichten zu verkünden. Jederzeit und allerorten ist nämlich damit zu rechnen, dass sich unter den Zuhörern jemand befindet, der einen der verwendeten Begriffe noch nie gehört oder gerade nicht parat hat. Konkret in Keplers Fall wird es entweder jemanden geben, der nicht weiß, was ein Planet ist, oder es wird sich jemand fragen, was eine Umlaufbahn ist, oder jemand hat vergessen, wie eine Ellipse aussieht. Dasselbe gilt für die anderen genannten Sätze der Wissenschaft: Was ist eine Mutation? Was sind Chromosomen? Was ist ein Elektron? Was ist eine chemische Base? Sie enthalten zwar alle wichtigen Einsichten aus der Wissenschaft, erwähnen dabei aber Dinge, mit denen wir gewöhnlich keinen

Johannes Keplers »Uphill battle«.

Umgang haben und mit denen wir uns erst vertraut machen müssen.

Natürlich sind Fachausdrücke aus Politik, Wirtschaft und den Medien auch nicht einfacher zu verstehen. Aber wir haben uns im Alltag der Nachrichten und des Internets daran gewöhnt, Begriffe wie »Föderalismusreform«, »Weblog« oder »Subsidiarität« lässig hinzunehmen. Außerdem sind wir uns ziemlich sicher, dass es irgendwo schon jemanden gibt, der uns genau erklären kann, was es mit dem Vertrag von Maastricht, dem Schengener Abkommen, dem FIFA-Disziplinarausschuss und der passiven Abseitsregel im Fußball auf sich hat. Dies führt dazu, dass jemand, der diese Dinge nicht versteht, sich an die eigene Nase fasst, sich selbst dafür die Schuld gibt und sie nicht auf andere abwälzt. Bei der Wissenschaft ist das anders. Da spricht man von einer Bringschuld der Forschung statt von einer Holschuld des Publikums. Wer Mutation und Selektion nicht versteht, wer einen Planeten nicht von einem Fixstern unterscheiden kann, wer nicht weiß, ob ein Elektron größer oder kleiner als ein Atom ist, wer nicht versteht, warum Antibiotika nichts gegen Viren ausrichten, der wälzt diese Unkenntnis nicht auf seine eigene Passivität ab. Er klagt vielmehr das Bildungssystem an und beginnt, über die Unfähigkeit der Forscher zu jammern, die nicht in der Lage zu sein scheinen, ihren Fachjargon aus dem Elfenbeinturm abzulegen und allgemeinverständlich zu sprechen.

Keplers Problem ist also das Problem der Vermittlung von Wissenschaft, und hierfür gibt es auch nach Jahrzehnten des Experimentierens noch keine Lösung – und erst recht keine Patentlösung. Eine von vielen Möglichkeiten besteht darin, das Interesse an der Wissenschaft dadurch zu wecken, dass man mehr von den Menschen redet, die sie hervorgebracht haben. Ich habe dies verschiedentlich direkt unternommen – in Büchern wie *Aristoteles, Einstein und Co.* und *Leonardo, Heisenberg und Co.* –, und ich versuche es in diesem Band erneut auf indirekte Weise. Bestimmte Fragestellungen oder Denkangebote sind unmittelbar mit den Personen verknüpft, die sie aufgeworfen haben, und diese Verbindung kann genutzt werden, um die Neugierde auf den jeweils verhandelten Gegenstand zu lenken. Es wird natürlich immer schwierig bleiben, genau zu verstehen, was zum Beispiel die rätselhafte Größe namens Entropie bedeutet, mit der sich die Physiker seit dem 19. Jahrhundert herumschlagen. Aber vielleicht steigt die Lust, über das damit Gemeinte nachzudenken, wenn man erfährt, dass die fachlichen Diskussionen sich um ein Teufelchen gedreht haben, das die Naturgesetze verletzen sollte und das erst mehr als hundert Jahre nach seiner Erfindung in den Ruhestand versetzt werden konnte. Das Teufelchen, das können wir nämlich selbst sein, indem wir in das Naturgeschehen eingreifen und dabei lernen, wo unsere Grenzen liegen.

Hinter diesem eher allgemeinen Problem der Vermittlung steckt noch die Frage, wie die jeweils genannten Personen auf das mit ihrem Namen verbundene Thema gekommen sind. Hier müssten sich Vertreter einer Psychologie der Wissenschaft bemühen und äußern, die es leider noch nicht in ausreichender Zahl gibt. Wieso ist Kepler zum Beispiel so sicher, dass Kopernikus etwas Zutreffendes sagt, wenn er die Sonne ruhen und die Erde sich bewegen lässt? Schließlich sagen unsere Sinne – und die Alltagssprache – etwas anderes. Sie kennen sowohl den Sonnenaufgang als auch den Sonnenuntergang, und von Stillstand kann keine Rede sein. Oder wieso bezweifelt der Physiker Erwin Schrödinger die Deutung seiner eigenen Theorie der Atome und erkundet ihre Tragfähigkeit, indem er eine Katze in eine Höllenmaschine sperrt?

Das vorliegende Buch vertraut darauf, Keplers Problem dadurch lösen zu können, dass es nicht nur von alltagsfernen Einsichten der Forschung erzählt, sondern in der Nähe der Menschen beginnt, denen wir sie verdanken. Die Anregung zu dieser Publikation bekam ich von Jörg Sobiella vom Mitteldeutschen Rundfunk, mit dem ich, ausgehend von »Schrödingers Katze«, für das Kulturprogramm »Figaro« eine kleine Sendereihe vorgelegt habe. Sie war eine Kostprobe der hier präsentierten Schlüsselideen großer naturwissenschaftlicher Forscher.

Ernst Peter Fischer
Konstanz, im Sommer 2006

AUF DER ATOMAREN BÜHNE

Schrödingers Katze

»Der Mensch kann auf dem Mond erwachen, aber keine Katze machen.« So hat Rainer Kunze einmal in einem Kinderbuch gereimt, und er wollte damit zwei von uns Menschen anvisierte technisch-wissenschaftliche Sphären vergleichen – die planbare Erfahrung und Erkundung des Weltraums mit der unfassbaren Entstehung und Entwicklung des Lebens. Doch so schön und wichtig sein Satz ist, er stimmt nicht ganz, denn zumindest einem Menschen ist es gelungen, eine Katze zu machen. Sie stammt von dem Physiker Erwin Schrödinger und spukt in unserem Kopf herum. Ihr geistiger Vater hat die Katze 1935 aus dem Sack gelassen und in einen Kasten gesteckt, um sich mit ihrer Hilfe darüber zu wundern, wie merkwürdig die Wirklichkeit geworden war, nachdem die damals neue physikalische Wissenschaft sie beschrieben hatte.

In Schrödingers Katze steckt ein Geheimnis, wie wir noch sehen werden, und deshalb lebt sie, aber sie lebt gefährlich, und zwar gleich doppelt. Sie lebt nicht nur gefährlich in dem Stahlkasten, den Physiker bis heute umschleichen, wenn sie verstehen wollen, ob ihre Theorien die Welt tatsächlich zutreffend beschreiben. Schrödingers Katze lebt aber auch gefährlich in den Köpfen, in denen sie auftaucht, wenn sich deren Träger darum bemühen, die Wirklichkeit so zu erfassen, dass auch die Handlungsmöglichkeiten der Katze dazugehören.

Das Experiment mit Schrödingers Katze.

Die Gefahr im Kasten droht, weil dort ein Giftgas auf den Zufall wartet, der es freisetzt; und die Gefahr in den Köpfen droht, weil Schrödingers Katze eine Theorie der atomaren Natur veranschaulichen soll, die nicht nur im eingeschränkt wissenschaftlichen, sondern selbst im global ökonomischen Bereich extrem erfolgreich ist, von der aber zugleich auch gesagt wird, dass nur derjenige sie wirklich verstanden hat, der dabei wenigstens ein wenig verrückt geworden ist.

> Bei Schrödingers Katze handelt es sich um ein Gedankenexperiment. Man stellt sich vor, dass eine Katze in einen Kasten aus Stahl (mit Beobachtungsklappe) eingesperrt wird, in dem zum einen noch ein zerbrechliches Gefäß mit einem Giftgas (Blausäure) steht und in dem sich zum zweiten eine Quelle mit radioaktiven Atomen befindet. Zwar soll die Katze keinen Kontakt mit dem ihr Leben bedrohenden Glasbehälter bekommen können, aber über diesem Gefäß schwebt ein Hammer, der in dem Moment betätigt wird und das tödliche Gift freisetzt, in dem die radioaktiven Atome strahlen. Nun kann die zuständige Physik der Atome zwar genau erklären, wann die Hälfte der radioaktiven Atome ihre Energie freigesetzt hat – sie kann also sta-

tistische Auskünfte geben –, sie kann aber nicht vorhersagen, zu genau welchem Zeitpunkt im Kasten eine solche Strahlung auftritt und die Prozesse in Gang setzt, die zum Tod der Katze führen – die Physik kann in einem solchen Fall nur statistische Auskünfte geben.

Wir stellen die Radioaktivität der Atome nun so ein, dass es innerhalb einer Stunde mit 50-prozentiger Wahrscheinlichkeit zu einem Zerfall und damit zum Zerschlagen des Gefäßes kommt. Was wissen wir dann nach dieser Stunde über die Katze im Kasten, ohne nachzuschauen? Wir wissen, dass sie mit 50-prozentiger Wahrscheinlichkeit lebendig und mit 50-prozentiger Wahrscheinlichkeit tot sein wird. Aber was heißt das?

Die Physik, die Schrödinger mit seiner Katze verstehen wollte, handelt natürlich nicht von ausgewachsenen Lebewesen, sondern von Atomen und den dazugehörigen Bauteilen, wie es etwa die Elektronen sind. Nun kann ein Atom nicht tot oder lebendig sein, sich wohl aber in zwei Richtungen orientieren, die wir ›rauf‹ und ›runter‹ nennen wollen. Wir stellen uns jetzt statt der Katze ein Atom im Stahlkasten vor – natürlich ohne Gift, dafür eventuell mit einem Magnetfeld. Wir können alles so einrichten, dass wir von diesem Atom auch nur wissen, dass es mit 50-prozentiger Wahrscheinlichkeit ›rauf‹ und mit 50-prozentiger Wahrscheinlichkeit ›runter‹ zeigt. Was passiert nun, wenn wir in dem Fall die Beobachtungsklappe öffnen?

Das weiß die Physik genau. Sie sagt (in den Lehrbüchern), dass wir durch unser Messen das Atom festlegen. Unsere Beobachtung bestimmt, ob es ›rauf‹ oder ›runter‹ zeigt. Und das fand Schrödinger unsinnig, denn das würde – übertragen auf seine Katze im geschlossenen Kasten – bedeuten, dass das schnurrende Wesen eine Art verschmiertes Leben führt und halb lebendig und halb tot ist. Und dieser Absurdität folgte eine ungeheure zweite, denn was die Katze wirklich ist, entscheidet sich nicht von innen, sondern erst durch das Nachsehen von außen. Wer die Beobachtungsklappe betätigt, bringt die Katze um – falls er sie tot im Kasten findet (oder er macht sie völlig lebendig, wenn sie weiter herumspringt). Das heißt, Schrödingers Katze lebt wirklich gefährlich, solange jemand vor ihrem Kasten herumschleicht und seine Finger Richtung Beobachtungsklappe streckt. Vielleicht sollten wir das unterbinden und das ganze Konstrukt in aller Stille verschwinden lassen. Oder möchte es doch jemand riskieren, der Katze ins Gesicht zu blicken?

Der Name vor der Katze

Wissenschaftlich gesehen geht es bei Schrödingers Katze um die Physik der Atome, die in den ersten Jahrzehnten des 20. Jahrhunderts sehr erfolgreich entwickelt werden konnte. Sie konnte Naturgesetze aufzeigen, mit deren Hilfe es unter anderem möglich wurde, die Grundelemente (Chips) der modernen Computer zu bauen. Die aktuelle Weltwirtschaft basiert zu einem beachtlichen Teil auf Produkten, die ohne die genannte Physik der Atome nicht einmal vorstellbar wären. Was so gut funktioniert, sollte auch entsprechend gut verstanden sein, denkt sich der Laie, um sich durch Schrödingers Katze eines Besseren belehren zu lassen. Ihr Erscheinen führt uns vor Augen, dass wir unserer erfolgreichsten wissenschaftlichen Theorie ziemlich fremd gegenüberstehen und dass etwas mit dem (tiefen philosophischen) Verständnis der Physik nicht stimmt, auf deren mathematischer Oberfläche unsere Wirtschaft floriert!

Das hier im Mittelpunkt stehende Tier ist nach dem österreichischen Physiker Erwin Schrödinger (1887–1962) benannt, der 1933 mit dem Nobelpreis für sein Fach ausgezeichnet worden ist und den sein Vaterland einmal auf dem letzten 1000-Schilling-Schein vor der Einführung des Euro abgebildet hat. Schrödingers Ruhm basiert vor allem auf einer grandiosen Leistung, die er in der zweiten Hälfte der 1920er Jahre vollbrachte, als er mit nach wie vor atemberaubender mathematischer Eleganz Grundgleichungen für das Verhalten von Atomen aufstellte. Diese Gleichungen sind nach ihm benannt und sorgen seit Jahrzehnten dafür, dass es in der Welt der Wissenschaft keinen Namen gibt, der häufiger ausgesprochen wird. Ununterbrochen werden überall dort, wo sich Physiker betätigen, die Schrödinger-Gleichungen eingesetzt, und stets bekommt die Fachwelt durch sie die Auskünfte, die sie braucht, um das

Wechselspiel der materiellen Dinge erfassen und für technische Entwicklungen nutzen zu können.

Was auf den ersten Blick wie ein makelloser Triumph aussieht, bekommt seine ersten dunklen Flecken, wenn man erfährt, dass Schrödingers Interesse an den Atomen durch ein Gefühl geweckt wurde, das er als ekelhaft und abscheulich beschrieben hat. Unser Held fühlte sich tatsächlich angewidert von einer Beschreibung der Atome, die der junge Physiker Werner Heisenberg um 1925 vorgestellt hat und die uns in einem späteren Kapitel erneut begegnen wird (»Heisenbergs Unbestimmtheit«). Heisenberg hatte bei seiner Behandlung der Atome ernst gemacht mit der damals bereits über zwanzig Jahre alten Beobachtung, dass es in der Natur Quantensprünge gibt, wie wir heute mit einem längst populär gewordenen Begriff sagen. Atome können offenbar problemlos von einem Zustand mit hoher Energie in einen Zustand mit geringerer Energie wechseln, ohne irgendetwas oder irgendwo dazwischen zu sein, und wenn sie das tun, strahlen sie noch triumphierend etwas Licht ab. Wir können jetzt sehen, dass sie »gesprungen« sind, ohne zu wissen, wie es ihnen gelungen ist.

Schrödinger verärgerte diese Quantenspringerei über alle Maßen, mit der sich seine Kollegen zufriedengaben, und er setzte im Winter 1925/26 sein ganzes physikalisches und mathematisches Können ein, um die elende Hopserei aus der Wissenschaft zu vertreiben und den Weg zurück zu den Tugenden der klassischen Physik mit ihrem klaren, auf Vorhersehbarkeit angelegten Verständnis der Natur zu finden.

Wer das Auftreten von Schrödingers Katze verstehen will, muss von ihrem Schöpfer nicht nur wissen, was er wissenschaftlich unternommen hat. Es gehört auch zum Gesamtbild von Schrödinger, dass er zunächst eher ein gemütlicher Mensch war, der in den 1920er Jahren von einem Lehrstuhl an einer kleinen Provinzuniversität träumte. Dort wollte er in aller Ruhe seinen physikalischen Pflichten angemessen nachkommen und daneben sehr viel Zeit für die Lektüre philosophischer Texte aufwenden, wobei es ihm damals neben griechischen vor allem indische Schriften angetan hatten. Ein Pfeifchen rauchen, ein Gläschen trinken, ein Büchlein studieren, immer mal wieder eine junge Frau abschleppen – so hätte es ein genügsames, glückliches Leben an der Peripherie der großen Wissenschaft werden können, doch dann kam der Ärger wegen der Quantensprünge, und in höchster Erregung warf Schrödinger Heisenberg den Fehdehandschuh hin.

Schon nach wenigen Monaten intensiven Nachsinnens – erst beim Skilaufen mit einer Freundin in den Ferien und dann weiter zu Hause bei der eigenen Frau – glaubte er, mit seinen Schrödinger-Gleichungen vollkommen triumphiert zu haben. Er hatte eine (mathematische) Form gefunden, mit der sich die Abläufe im Inneren eines Atoms als Bewegung von schwingenden Wellen darstellen ließen. Was Heisenberg als scharfe Quantensprünge über merkwürdige Lücken in der Wirklichkeit hinnehmen musste, über die man nichts wissen konnte, schien Schrödinger in die zugleich rasche und grazile Bewegung einer durchgängigen Saite verwandeln zu können, wie sie etwa bei einer Geige vorkommt, wenn das Streichen des Bogens oder das Greifen der Finger für den Wechsel eines Tons sorgen oder gar eine komplette Melodie zustande bringen.

So dachte Schrödinger jedenfalls, bis ihm seine Kollegen nach und nach klarmachten, dass an dieser Stelle der Wunsch der Vater des Gedankens war. Schrödingers Gleichungen konnten allein deshalb keine real schwingenden Elemente – wie die Saiten einer Geige – darstellen, weil sie in einer völlig fremden Welt definiert waren. Schrödingers Gleichungen handeln tatsächlich nicht von dieser Welt. Sie lassen sich nur als mathematische Vorschriften in mathematischen Räumen verstehen, aus denen durch einen Rechenschritt erst ermittelt werden muss, was sie für die Wirklichkeit der Atome besagen. Der Vater der Katze hatte in und zu seinem großen Verdruss nichts anderes erreicht, als nachzuweisen, dass Heisenberg und seine Anhänger recht hatten. Besonders ärgerlich war zudem, dass Schrödingers Gleichungen dies für Fachleute zugleich viel einfacher und überzeugender nachzuvollziehen gestatteten.

Der Auftritt der Katze

Kein Wunder, dass Schrödinger schmollte. Er dachte nach, ließ das Mathematische sausen und trieb Philosophie – allerdings nicht am Rande der Forschung, wie er ursprünglich vorhatte, sondern in ihrem damaligen Zentrum in Berlin, und 1935 kam dabei Schrödingers Katze heraus, die er selbst als einen »burlesken Fall« bezeichnete. Er steckte sie in eine Stahlkammer mit der skizzierten »Höllenmaschine«, in der zwar nicht alles planbar, aber alles schön miteinander verknüpft ist. Im Grunde versammelt die Katze im Kasten alle Dinge, über die unsere Wissenschaft etwas weiß – ein Atom für die Physik, ein Gas für die Chemie, einen Apparat für die Technik und ein Lebewesen für die Biologie. Es ist eine Welt im Kleinen, und wie es sich gehört, fängt alles mit einem Zufall an – auch die Schwierigkeiten. Sie rühren daher, dass wir zu einem gegebenen Zeitpunkt nicht wissen, ob das Atom zerfallen ist und die Tötungsmaschinerie in Gang gesetzt hat. Das heißt, wir wissen es nicht, solange wir nicht in die Stahlkammer hineinblicken, und wir wollen das im Augenblick auch so belassen, um zu erkunden, was eigentlich im Detail passiert, wenn wir in den Kasten hineinschauen.

Wenn wir verstehen wollen, was mit der Katze ist, können

wir uns nicht am Alltag orientieren. Wir müssen uns – im Sinne von Schrödingers Fragestellung – nach der Physik der Atome und ihren Quantensprüngen richten. Damit sind die kleinsten Einheiten gemeint, die physikalische Objekte miteinander austauschen, wenn sie miteinander in Wechselwirkung treten. Das heißt, wer einen Mitspieler auf der Bühne der atomaren Wirklichkeit beobachtet und dabei notwendigerweise Kontakt mit ihm aufnimmt, tauscht auf jeden Fall ein Quantum mit ihm aus. Ohne Quantum geht es nicht, und weniger kann es nicht sein. Es gibt nichts auf dieser Welt, was kleiner ist, außer dem Nichts selbst (wenn das überhaupt existiert).

Wer ein Atom anschaut, empfängt Licht von ihm, oder wer es anfasst, überträgt ihm Energie, wie man vereinfachend sagen kann. Das beobachtete Atom hat mindestens einen Quantensprung hinter sich und ist also anders als das unbeobachtete, wobei uns dieser zuletzt genannte Tatbestand im Alltag schon wieder vertraut vorkommen will. In dieser Hinsicht sind wir wie Atome. Auch wir agieren unterschiedlich, je nachdem ob uns jemand zuschaut oder nicht.

Doch die atomare Wirklichkeit ist noch ein Stückchen verrückter. Sie setzt dieser Alltagserfahrung in Heisenbergs Auffassung noch eins drauf. Sie behauptet nämlich, dass die Atome überhaupt keine feste Eigenschaft haben, solange sie niemand beachtet. Sie bleiben unbestimmt, bis ein Beobachter diesen Zustand ändert. Ein ungeheurer Gedanke, den nicht nur Schrödinger als idiotisch und realitätsfremd ablehnte. Der überlebensgroße Albert Einstein schlug heftig in dieselbe Kerbe, als er Heisenbergs Auffassung durch die Frage karikierte, ob er tatsächlich meine, der Mond sei nicht am Himmel, wenn niemand hinschaue.

Wir werden uns noch dieser Herausforderung stellen, lassen aber jetzt endlich die Katze auftreten, die ihr wissenschaftliches Leben 1935 begonnen hat, als Schrödinger sie aus dem Sack seiner Gedanken ans Licht ließ, um zu zeigen, wie absurd die neue Wissenschaft mit der Wirklichkeit umgeht. Die Konstruktion mit den radioaktiven Atomen dient dem Zweck, das Element des Zufalls in das Leben einzuführen, das nicht nur in den Atomen, sondern in vielen physikalischen Gesetzmäßigkeiten steckt (und gegen das Schrödinger im Prinzip nichts einzuwenden hatte). Doch das Diabolische der Vorrichtung steckt darin, dass der Zustand von Schrödingers Katze auf diese Weise so unbestimmt wird wie der eines Atoms, mit der höchst unangenehmen Folge, dass es nun nicht das Giftgas, sondern die Beobachtung eines Physiker ist, der die Katze tötet. Ein Atom kann etwa in einem Magnetfeld eine Orientierung annehmen, die durch eine gezielte Messung bestimmt werden kann, und die Katze kann in einem Kasten eine Stellung annehmen (lebendig stehend oder tot liegend), die ihrerseits durch ein genaues Nachschauen festgelegt wird.

Das Geheimnis der Katze

Es wäre Schrödinger heute peinlich, wenn man ihm sagte, dass er seine Berühmtheit außerhalb der wissenschaftlichen Kreise der Erfindung einer tödlich bedrohten Katze verdankt. Und es sollte ihm auch peinlich sein, denn sein Gedankenexperiment enthält einen ziemlich dicken Denkfehler, auch wenn dies der Popularität seiner Höllenmaschine nichts anzuhaben scheint. Was in Schrödingers Kasten unbestimmt ist, solange niemand hinschaut, ist die Situation einer real existierenden Katze (und deren Zustand ist keineswegs verschmiert, sondern eindeutig, auch wenn wir ihn nicht kennen). Was hingegen in den Atomen unbestimmt bleibt, solange niemand hinschaut, ist die

Einstellung einer keineswegs real existierenden mathematischen Größe, die nach Schrödingers eigenem Vorschlag durch den griechischen Buchstaben Ψ (Psi) bezeichnet wird. Damit ist zunächst natürlich nur der 23. Buchstabe des entsprechenden Alphabets gemeint, aber es soll nicht unbemerkt bleiben, dass es viele Spekulationen darüber gibt, wieso Schrödinger bei der großen Auswahl ausgerechnet auf Psi gestoßen ist. Die Abkürzung steht inzwischen für »para sensual intelligence«, was außersinnliche Wahrnehmung meint und im Rahmen von parapsychologischer Forschung erkundet wird. Ihre Vertreter stimmen Shakespeare zu, wenn er vermutet, dass es mehr Dinge zwischen Himmel und Erde gibt, als sich unsere Schulweisheit träumen lässt, und vielleicht umspielt etwas davon unsere Katze.

Versuchen wir, dies etwas konkreter zu sagen: Unter streng physikalischen Aspekten ist nicht viel anzufangen mit Schrödingers Katze. Im Licht der Lampe namens Wissenschaft steht sie in ihrer vollen Größe bloß dumm und unnötig gefährdet da, und unter diesem Blickwinkel scheint es am besten, wir würden den Kasten in irgendeiner Ecke abstellen (natürlich nachdem die Katze aus ihm befreit und das Gift entsorgt worden ist).

Wer dies nicht tun will, kann sich immerhin Gedanken über den Einfluss einer Beobachtung auf das Beobachtete machen und sich fragen, wo hier die früher ach so heilige Objektivität der Wissenschaft geblieben ist (das wollte auch Einstein mit seinem zitierten Mondsatz wissen, und auf diese Frage werden wir noch stoßen).

Wer aber wissen will, warum Schrödingers Katze sich so hartnäckig in der Literatur hält, wird irgendwann zu dem Ursprung des Unwissens zurückfinden, der das Gedankenexperiment überhaupt erst möglich macht und den wir bislang mehr oder weniger links liegen gelassen haben. Gemeint ist der Zufall, der in den (radioaktiven) Atomen steckt, um deren Verstehen es letztlich geht – schließlich setzt sich alles aus solchen Atomen zusammen. Zwar ist die Wissenschaft angetreten, um die Natur sicher zu erfassen, doch jetzt teilt uns die Physik in ihrer am höchsten entwickelten Form mit, dass wir uns nur mit Wahrscheinlichkeiten zufriedengeben müssen. So liest man es, ohne dass es ganz korrekt wäre. Die Unsicherheit steckt nur dort, wo wir uns befinden. In der Sphäre, in der Schrödinger seine Gleichungen angesiedelt hat, ist alles festgelegt. Dort gibt es keine Zufälligkeiten. Dort wird alles durch Schrödingers Gleichungen (und andere mathematische Gesetze) bestimmt. Das hört auf, wenn ich diese Sphäre verlasse und dort ankomme, wo Schrödingers Katze miaut. Mathematik ist eben nicht mehr sicher, wenn sie sich auf die Wirklichkeit bezieht, wie Einstein betont.

Schrödingers Katze stellt uns also die Frage, wie der Zufall in die Welt kommt, in der wir leben, wo es doch einen Bereich gibt, in dem man – dank Schrödingers Gleichungen – ohne ihn auskommen kann. Wir versuchen bekanntlich alles, um die Welt planbar zu machen. Schrödingers Katze erinnert uns an unsere Grenzen. Darin scheint eines ihrer Geheimnisse zu stecken.

Übrigens – mit Hilfe der Katze lässt sich noch der Hinweis geben, dass wir vielleicht in vielen Dingen, die wir sagen, mehr durch die Sprache als durch unser Denken geleitet werden. Das geht ganz einfach folgendermaßen: Eine Katze hat einen Schwanz, und keine Katze hat zwei Schwänze. Eine Katze und keine Katze macht zusammen eine, und die hat einen plus zwei, also drei Schwänze. Vielleicht sollte man diese Katze mit den drei Schwänzen in die Stahlkammer sperren – dazu müsste man sie aber erst finden.

Plancks Quantensprung

Das Wort Quantensprung ist zu Beginn des 21. Jahrhunderts so populär geworden, dass man es bedenkenlos im öffentlichen Gespräch benutzen kann, ohne vorwurfsvoll gefragt zu werden, ob man nicht ohne Fremdwörter auskommen könne. Dabei ist Quantensprung ein Fachausdruck aus der Sphäre der Wissenschaft. Er beruht auf einem Vorschlag, den Max Planck (1858–1947) zu Beginn des 20. Jahrhunderts gemacht hat, um die Farben erklären zu können, die feste Gegenstände annehmen, wenn ihnen immer mehr Hitze zugeführt wird und sie erst rot, dann gelb und zuletzt weiß glühen. Planck zeigte, dass man diesen physikalischen Vorgang nur verstehen kann, wenn die Atome, die das Licht aussenden, ihre Energie dabei nicht als kontinuierlichen Strom aussenden, sondern stückweise – sozusagen in Form von Paketen – auf die Reise schicken. Und sie können solch ein wohldefiniertes Quantum an Energie genau dann freilassen, wenn sie einen Quantensprung machen, wie man heute zwar weiß, wie Planck und seine Kollegen aber erst noch mühsam lernen mussten. Sie hatten zunächst Schwierigkeiten, sich überhaupt erst einmal an den Gedanken zu gewöhnen, dass es diskrete Päckchen in der Natur gibt. Bis dahin hatten sie geglaubt, die Wirklichkeit sei ein lückenloses Ganzes. Dies ist aber nicht der Fall. Die Natur hat etwas Unstetiges – »Quantenhaftes« – an sich, die Atome und das Licht sind quan-

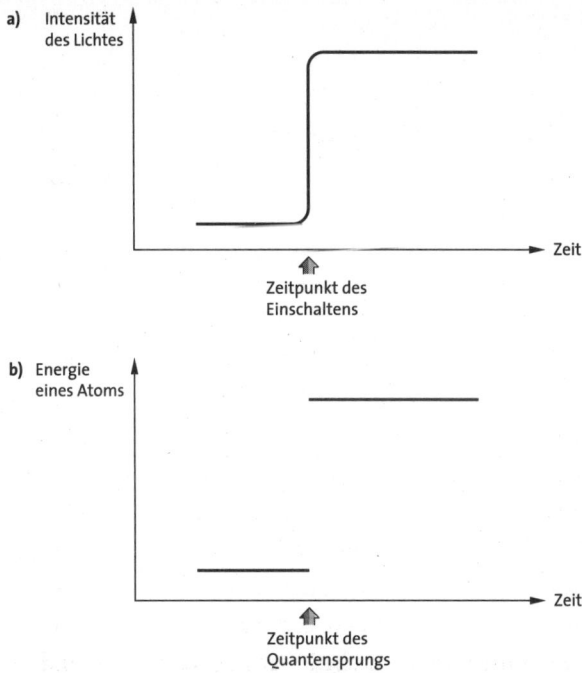

Ein erhoffter Quantensprung in der Ökonomie bzw. das Einschalten von Licht kann als durchgehende Linie gezeichnet werden (a); bei echten Quantensprüngen von Atomen geht das nicht (b). Wer sie darstellen will, muss den Stift dazu absetzen. Anders als in Bilanzen tauchen im Naturgeschehen tatsächlich Lücken auf, die wir hinnehmen müssen. Die Natur macht wirklich Sprünge. Sie ist ganz tief innen ganz anders, als die Menschen seit Jahrtausenden vermutet haben.

tisiert, wie es im Fachjargon heißt, wobei das ungläubige Staunen am Anfang sich am Ende in ein unfassbares Wundern verwandelt. Denn es ist paradoxerweise gerade der als Quantum bezeichnete und für einen Quantensprung nötige Bruch in der Realität, der aus der Wirklichkeit ein zusammenhängendes Ganzes macht (siehe »Einsteins Spuk«).

Aber alles der Reihe nach: »Quantum« ist ein Wort, das

Planck dem Alltagsgebrauch entnommen und für die Physik präzisiert hat. Hingegen ist »Quantensprung« ein Wort, das ursprünglich aus der Physik kommt, inzwischen aber allgemein benutzt wird und wie die Begriffe Energie und Gen fast geräuschlos Eingang in die Umgangssprache gefunden hat. In den drei genannten Fällen ist dies schon deshalb merkwürdig, weil trotz einer beim ersten Hören eingängigen Anschaulichkeit niemand so ganz genau weiß, was mit den Begriffen gemeint ist. Denkt nicht jeder bei Energie an etwas anderes? Und hat nicht jeder bei den Genen seine ganz besonderen Vorstellungen?

Für die Quantensprünge gilt auf jeden Fall: Wenn Wirtschaftsbosse und andere Führungskräfte unserer Gesellschaft davon reden, dann weisen sie neben ihrer Flexibilität auch nach, dass sie nicht ahnen, was mit dem Konzept ursprünglich gemeint war und was sein Verständnis zwar schwierig, aber zugleich auch lohnenswert machte (und macht). Wenn Manager oder andere Macher von Quantensprüngen in der Entwicklung reden, dann meinen sie einen plötzlich eintretenden riesenhaften Sprung nach vorne bzw. nach oben, an dessen Ende das von ihnen geleitete Unternehmen mit großartigen Umsatzsteigerungen prunken kann. Wenn man diesen Geschäftsverlauf als Bilanzlinie zeichnet, könnte sie so aussehen, wie im ersten Teil der Abbildung Quantensprung gezeigt wird. Die Kurve, die wir da sehen, steigt sehr steil an, aber stets so, dass man den Stift nicht absetzen muss, um sie zu zeichnen. Das ist wie beim Einschalten von Licht. Auch da scheint ohne Zeitverzögerung aus Dunkelheit Helligkeit zu werden, aber nur, wenn man nicht genau genug hinschaut. Wer dies tut, wird einen zwar nicht gemächlichen, aber im Detail trotzdem allmählichen Anstieg erkennen. Die Entwicklung bzw. der Übergang mag rasend schnell verlaufen, beide gehen kontinuierlich vonstatten – und am liebsten stetig nach oben oder zum Hellen hin.

Bei einem echten Quantensprung in der Natur geht das nicht mehr. Man muss den Stift absetzen, wenn man den Sprung zeichnen will. Übergänge gehen in der Quantenwelt völlig anders vonstatten als in der Geschäftswelt oder im Wohnzimmer. Quantensprünge taugen also nur bedingt (wenn überhaupt) als Vorbild für ein erträumtes Wirtschaftswachstum, und dafür gibt es noch zwei weitere Gründe. Quantensprünge gehen nämlich zum einen zumeist nach unten in einen Grundzustand, in dem dann alles faul herumliegt und nichts weiter passiert, und sie stellen zum anderen die kleinste Änderung dar, die in der Natur möglich ist. Nur wenn nichts passiert, passiert weniger, und man könnte sich fragen, wie der Quantensprung unter diesen Vorgaben seine Karriere bis in die höchsten Etagen der Wirtschaft machen konnte.

Der Auftritt des Quantums

Die Frage stellt sich ganz allgemein, wie es manche Wörter wie Energie, Potential und Information schaffen, den vermeintlichen Elfenbeinturm der Wissenschaft zu verlassen, um Gesprächsstoff bis in die Kneipen hinein zu liefern (und warum andere wie Entropie, Enzym oder Genom dabei scheitern). Wir wollen trotz ihrer Dringlichkeit nicht versuchen, die Frage hier zu beantworten, sondern uns endlich dem Quantum zuwenden, das in dieser Einzahl aus der lateinischen Sprache stammt, dort eine Menge (wie viel) angibt und im täglichen Leben die Größe erfasst, die einer Sache angemessen ist oder einer Person zusteht – man kann etwa sein Quantum an Süßigkeiten bekommen und konsumieren.

Dieses althergebrachte Wort bekam im Jahr 1900 eine neue und höchst präzise Bedeutung, wobei der Urheber dieser Veränderung nicht ahnen konnte, dass er im Begriff war, eine wissenschaftliche Revolution ohnegleichen anzuzetteln. Am 14. Dezember 1900 erklärte der damals bereits 42-jährige Max Planck – Professor für Theoretische Physik an der Universität Berlin – auf einer Sitzung der Deutschen Physikalischen Gesellschaft, dass es ihm gelungen sei, ein altes Problem der Physik auf eine neue Weise zu klären, und zwar mit dem, was er ganz korrekt als Quantum der Wirkung vorstellte und durch den Buchstaben h bezeichnete, bei dem es bis heute geblieben ist.

Warum Planck seinem Quantum das kleine h zugeordnet hat, wird in der Fachliteratur entweder überhaupt nicht oder mit dem Hinweis erklärt, dass die ersten und letzten drei Buchstaben des Alphabets von der Mathematik besetzt sind und dass die Physik ihre Konstanten gerne um die ebenfalls schon eingesetzten i und j sucht. Hier war das h noch frei, nachdem Planck vorher höchstpersönlich das k in die Gesetze der Physik eingeschleust hatte. Diese Erklärung stimmt zwar, sie wirkt aber für eine so wichtige Größe zu langweilig, und ich denke, dass Planck (unbewusst) mit h nicht einen zufällig freien Buchstaben gefunden hat, sondern einen, der ihm für dieses Problem angemessen schien. Schließlich ist h ziemlich überflüssig, man spricht es kaum aus, und schmerzlich vermissen wird man es in vielen Wörtern nicht. Wenn wir gezwungen würden, einen Buchstaben unseres Alphabets zu opfern, wäre h ein guter Kandidat. Wie wir noch sehen werden, hielt Planck sein Quantum ebenfalls für physikalisch überflüssig, und es kam ihm tatsächlich fast unaussprechlich vor (siehe »Plancks Prinzip«).

Die Farben der schwarzen Körper

Das physikalische Problem, mit dem Planck sich damals beschäftigte, wirkt eher banal für jemanden, der sich zum ersten Mal damit vertraut macht. Es geht um das Licht, das erhitzte Gegenstände ausstrahlen, die in der Physik merkwürdigerweise Körper heißen, obwohl in ihnen ebenso wenig Lebendiges steckt wie in Himmelskörpern.

Wer einem Gegenstand – etwa einem massiven Eisenklotz – unentwegt Wärme zuführt, kann beobachten, wie sich dessen Farbe ändert. Die Physiker arbeiten aus guten Gründen gerne mit schwarzen Körpern, weil sie kein Licht reflektieren und folglich ihr Leuchten allein durch die Hitze bedingt ist. An ihnen verfolgen sie, wie das unbunte Aussehen allmählich aufhört und die Wärme erst zu einer Rot- und dann zu einer Gelbfärbung führt, die im konkreten Material zu einem Weißglühen übergeht.

Die Physiker vor Planck – nicht zuletzt Gustav Kirchhoff, sein Vorgänger in Berlin – hatten mit höchster Genauigkeit gemessen, welches Licht die zunächst schwarzen Körper unter diesen Umständen freisetzten, und sie konnten zeigen, dass deren Strahlung höchste Regelmäßigkeit innewohnte. Die Farben ergaben sich nicht als zufällige Lichteffekte, sie enthüllten vielmehr ein allgemeines Naturgesetz. So etwas lockte Planck. Nur – wie sah das Gesetz aus? Wie konnte man es finden? Mit welchen Messgrößen und welcher Mathematik konnte es formuliert werden?

Natürlich war Planck nicht ohne Konkurrenz auf der Suche nach dem, was in Fachkreisen als Strahlungsgesetz bezeichnet wurde. Es gab eine Menge Vorschläge, die vorherzusagen versuchten, welche Farbe ein schwarzer Körper annimmt, wenn man ihn auf eine bestimmte Temperatur gebracht hat.

Genau das sollte das Strahlungsgesetz bzw. die es ausmachende Strahlungsformel können – aus der Temperatur des schwarzen Körpers die Farbe berechnen, die das ausgestrahlte Licht zeigt.

Die Aufgabe klingt nicht so dramatisch, dass man bei ihrer Lösung eine Revolution erwarten würde, aber hinter jedem auch noch so kleinen Problem kann eine tiefe Einsicht lauern, deren Vollzug die Welt mehr verändert als die meisten militärischen Unternehmungen, von denen unsere Geschichtsbücher erzählen. Plancks Lösung der Schwarzkörperstrahlung und seine Einführung von Quantensprüngen ist solch ein Fall, auch wenn dies nicht unmittelbar einsichtig wurde, als er im Dezember 1900 seinen Lösungsvorschlag für ein Strahlungsgesetz vorstellte und den Weg erläuterte, den er dazu gegangen war.

Das Plancksche Strahlungsgesetz handelt von der Energie eines schwarzen Körpers und gibt ihr Spektrum an. Es gibt verschiedene Formen des keineswegs einfachen Gesetzes. Wir notieren hier die Formel, die Physiker als spektrale Energiedichte (bezeichnet als E) kennen. Sie hängt ab von der Frequenz ν des Lichtes, der Temperatur T des schwarzen Körpers und einigen physikalischen Konstanten, die h, k, und c heißen. Mit π ist die Kreiszahl gemeint, und e stellt Eulers Zahl dar (siehe dazu den gleichnamigen Beitrag). Wir interessieren uns nur für die Konstante h, die von Planck stammt und als Quantum der Wirkung bekannt ist. Ihr Wert lautet (in physikalischen Einheiten, die ein Produkt aus Energie und Zeit sind):

$$h = 6{,}6256 \cdot 10^{-27} \, \text{erg} \cdot \text{sek}$$

$$E(\nu,T) = (8\pi h \cdot 3/c^3) \cdot (1/(e^{h\nu/kT} - 1))$$

Diskret schwingende Atome

Planck hatte sich die alten Lösungsversuche seiner Kollegen angesehen, die alle davon ausgingen, dass Materie aus Atomen besteht, die irgendwie schwingen und auf diese Weise Energie aufnehmen und abgeben können. Die Klassische Physik behandelte Atome wie die schwingenden Saiten eines Klaviers, und dabei tauchte ein scheinbar unlösbares Problem auf. Wer eine Taste des Saiteninstruments anschlägt, setzt nach und nach alle Saiten in Bewegung. Dafür hatte die Physik sogar einen besonderen Lehrsatz formuliert, den man als Gleichverteilungssatz der Energie kannte. Er kommt beim Klavier in der Praxis nicht zum Tragen, da niemand so langsam spielt, bis aus einem einzelnen Ton ein Klangbrei wird. Aber bei den erhitzten Atomen gab es keine Eile. Man konnte die Temperatur eines Körpers festhalten und warten, bis alle Atome angeregt waren – und hier steckte das Problem. Wenn wir das erhitzte Stück Materie mit dem Klavier vergleichen wollen, müssen wir ihm sehr viele Tasten mit sehr vielen Saiten zur Verfügung stellen, die alle bei der Verteilung zu berücksichtigen sind. Allerdings würden die meisten davon unhörbare Töne produzieren, mit der Folge, dass wir nach dem Satz von der Gleichverteilung nichts mehr hören würden. Im analogen Fall des erhitzten schwarzen Körpers sagte die traditionelle Physik voraus, dass dessen Strahlung unsichtbar werden würde, was offensichtlich Unfug war. Die Körper glühten in leuchtenden Farben, und das zu erklären verlangte eine neue Idee, die Planck 1900 in den Sinn kam.

Er wollte unbedingt an der Gleichverteilung festhalten, was bedeutete, dass er zunächst annahm, alle Atome würden gleich schwingen (oszillieren). Danach entschloss er sich aber in einem »Akt der Verzweiflung«, wie er es selbst nannte, die von ihnen dabei freigesetzte Energie »als eine Summe von diskreten, einander gleichen Elementen anzusehen«. Damit fasste er zum ersten Mal das in Worte, was wir heute als Quanten kennen – eben diskrete, einander gleiche Elemente der Natur.

Wie lösten sie das oben beschriebene Problem der unsichtbar werdenden Farben? Solange sich die Energie kontinuierlich verteilen kann, solange hält sie nichts auf, ins Uferlose abzuwandern, um im Sichtbaren zu wenig zurückzulassen, um noch gesehen zu werden. Wenn die Energie aber nur in diskreten Einheiten auftritt und sich auf diese Weise gleichverteilt, dann wird es eine Grenze geben, bis zu der die Energie abfließen kann. Wenn die Tür einer öffentlichen Toilette nur mit einer Ein-Euro-Münze geöffnet werden kann, dann nützen mir alle Cents der Welt in meinem Portemonnaie nichts, auch wenn ich ein höchst dringendes Bedürfnis habe. Ich kann mein Geld nicht loswerden, und der erhitzte Körper kann die ihm gelieferte Energie nicht so loswerden, wie die Physik es vorschreibt. Die Quantennatur der Energie verhindert, dass sie sich beliebig verteilen kann; sie bleibt im Sichtbaren hängen, wie Planck präzise und in höchster Übereinstimmung mit den experimentellen Daten ausrechnen konnte.

Das Ende der Klassischen Physik

So befriedigend dieses Ergebnis war, etwas ärgerte Planck dabei von Anfang an (und das blieb so bis zum Ende seines Lebens). Damit die diskreten Energieelemente es erlaubten, die richtige Strahlungsformel abzuleiten, mussten sie mit der Farbe (Frequenz) des Lichtes verknüpft werden, und zwar ganz einfach und direkt: Jede Energieeinheit des Lichtes musste proportional zu seiner Frequenz sein.

Das Wort »proportional« drückt bekanntlich aus, dass zwei Dinge sehr direkt verknüpft sind – der Weg, den man zurücklegt, ist proportional zu der Zeit, die man unterwegs war (wenn man nicht schlappgemacht oder pausiert hat), und der Geldbetrag, den ich für das Benzin zahlen muss, das ich tanke, ist proportional zu der Menge, die ich abzapfe. Dabei interessieren wir uns sehr für die Faktoren, die das Proportionale ausdrücken. Sie bekommen in den Diskussionen gehaltvolle Namen und spielen eine besondere Rolle. Im ersten Fall ist es unsere Geschwindigkeit, im zweiten Fall ist es der Benzinpreis, und in Plancks Fall ist es das Quantum, das auf diese Weise seinen Weg in die Geschichte der Physik gefunden hat.

Wer in Büchern oder im Internet Auskunft über das Quantum bekommen will, sollte nach dem Quantum der Wirkung suchen, denn genau unter diesem Namen hat Planck es der Öffentlichkeit vorgestellt. Unter »Wirkung« versteht man allerdings nicht das, was angesprochen wird, wenn etwa von der Wirkung einer Kopfschmerztablette die Rede ist. Wirkung ist vielmehr eine präzis definierte Einheit der Physik, und sie entsteht, wenn man Energie und Zeit miteinander multipliziert.

Eine solche Größe – eine Wirkung – musste Planck einführen, um die Energie von Licht mit seiner Frequenz gleichsetzen zu können. Unter der Frequenz eines Ereignisses versteht man die Häufigkeit, mit der es eintritt, und sie wird als Anzahl pro Zeiteinheit angegeben. Um dies mit einem Energiewert gleichsetzen zu können, muss sie mit einer Wirkung – dem Quantum der Wirkung – multipliziert werden.

Solange das nur eine mathematische Vorschrift war, konnte Planck damit leben. Aber diese Hoffnung erwies sich als trügerisch. Sie hielt nur fünf Jahre. Dann gelang es einem damals noch unbekannten Angestellten am Berner Patentamt namens Albert Einstein, den ersten echten Gebrauch von Plancks Quantum zu machen und zu zeigen, dass es nicht nur eine rechnerische Hilfsgröße, sondern eine physikalische Realität ist.

Der im Jahre 1905 gerade 26-jährige Einstein versuchte damals Experimente zu verstehen, bei denen es umgekehrt als bei Plancks schwarzen Körpern zuging. Während Planck wissen wollte, wie Licht aus der Materie herauskommt, wollte Einstein verstehen, wie der umgekehrte Vorgang abläuft und Licht wieder in die Materie hineinkommt. Wer geeignete Strahlen auf einen elektrischen Draht lenkte, konnte dessen Leitfähigkeit erhöhen, und Einstein erkannte, dass Plancks Vorstellung, bei der die Energie von Licht durch seine Frequenz gegeben ist, genau und in jedem Detail erklären konnte, was die Messungen ergeben hatten.

Plancks mathematisches Spielchen wurde jetzt physikalisch ernst, was dem Erfinder des Quantums Sorge bereitete. Er steckte tief in der Tradition seiner großen Wissenschaft, und zu den größten Leistungen der Physik zählten die Einsichten, die ihre Schöpfer gerne als Hauptsätze bezeichneten. Der erste und von Planck nahezu als heilig verehrte Hauptsatz der Physik besagte, dass die Energie der Welt stets erhalten bleibt. Man kann Energie – was immer das ist – weder erzeugen noch vernichten. Sie bleibt unzerstörbar und kann nur ihre Form wechseln – von Bewegungs- in Wärmeenergie oder von elektrischer in magnetische Energie, um nur zwei Beispiele zu nennen, die auch umgekehrt ablaufen können.

Energie ist immer konstant, wie Plancks feste und fast mit religiöser Inbrunst vertretene Überzeugung lautete, und nun sollte sie proportional zu einer Frequenz sein, die sich nur durch ein Zählen von Taktschlägen – tack, tack, tack – messen lässt, ohne dass die Physik wüsste, wie sie dazwischenkommt.

Mit Einsteins Einsicht war 1905 klar, dass Plancks Quantum der Wirkung einen Quantensprung für die Wissenschaft darstellte. Die Natur machte – allen Beschwörungen vergangener Jahrhunderte zum Trotz – doch Sprünge, und wenn auch noch niemand verstehen konnte, wie sich die dabei erkennbare Leerstelle der Welt überbrücken oder ausfüllen ließ, so gab es doch bald eine erste philosophische Beruhigung dank ihrer Hilfe. Wie sich nämlich bald herausstellte, sorgte gerade die Quantennatur der Atome dafür, dass sie nicht so leicht aus der Fassung zu bringen waren. Positiv ausgedrückt – mit Plancks Entdeckung entfiel für Atome und andere Gegebenheiten die Möglichkeit, sich geräuschlos und kaum merklich zu ändern. Sie mussten – im Gegenteil – Quantensprünge vollführen, um an ihrem Zustand etwas zu ändern, und dazu reichte zumeist ihre Energie nicht. Auf diese Weise konnte man plötzlich erklären, warum es überhaupt eine stabile Welt geben konnte. Das Quantum der Wirkung – das Quantenhafte der Natur – verhinderte, dass Atome ins Rutschen kamen und sich in Nichts auflösten. Und selbst nachdem es ihnen gelungen war, sich von irgendwoher den Schwung oder die Energie zu besorgen, die nötig war, um einen Quantensprung zu machen, landeten sie nur in einem neuen Zustand, der von einer noch höheren Quantenmauer umgeben war. Tatsächlich erklären die Quantensprünge vor allem, was es der Natur so schwer macht, sich zu ändern. Es wird zudem nach jedem solchen Fortschritt schwieriger.

Trotzdem ist anzunehmen, dass sich dadurch die Beliebtheit der Quantensprünge für Festreden ebenso wenig ändert wie Plancks Abneigung bzw. Skepsis seiner Entdeckung gegenüber. Sie hat ja selbst dann nicht abgenommen, als man ihn dafür mit dem Nobelpreis für Physik (1918) auszeichnete. Er ist übrigens der erste theoretisch forschende Vertreter seines Fachs, der diese hohe Auszeichnung erhalten hat. Alfred Nobel, der Stifter, wollte nur wissenschaftliche Fortschritte belohnen, die von praktischem Nutzen sind. Bei dem Quantum der Wirkung sah man diese Bedingung nicht erfüllt. Wenn man ihnen gesagt hätte, dass zu Beginn des 21. Jahrhunderts ein Großteil der Weltwirtschaft mit Produkten erwirtschaftet wird, die Menschen nur entwickeln konnten, weil sie Plancks Quantum kennen – sie hätten es nie und nimmer geglaubt.

Heisenbergs Unbestimmtheit

Gewöhnlich stellen Hochschullehrer ihren Studenten Aufgaben, doch in den 1920er Jahren gab es einmal den umgekehrten Fall. Damals war es den Physikern gelungen, zum ersten Mal eine Theorie zu formulieren, mit der sich das Verhalten von Atomen so genau beschreiben ließ, dass sich zuverlässig alle experimentellen Ergebnisse vorhersagen ließen. In den Jahren zuvor hatte man zwar schon einige attraktive Atommodelle vorgestellt und erörtert, aber dabei waren immer wieder Unstimmigkeiten mit den Beobachtungen aufgetaucht. Irgendetwas stimmte mit den schönen Bildern nicht, die man an die Tafeln und in die Hefte malte. Aber was konnte das sein?

> Die ersten Physiker, die sich um 1900 ernsthaft mit dem Aussehen der Atome beschäftigten, nahmen noch an, dass es sich irgendwie um einen Rosinenteig handeln musste, in dem negativ geladene Elektronen in einem positiv geladenen Brei umherziehen konnten. Um 1912 wiesen experimentelle Befunde auf die Notwendigkeit hin, dem positiven Teil die Hauptmasse eines Atoms zuzuweisen. Daraus wurde das Modell mit einem Atomkern, den die Elektronen auf berechenbaren Bahnen umkreisen (a). Als Schöpfer dieses bis heute populären Atommodells nennt die Wissenschaftsgeschichte den Dänen Niels Bohr, über den es viele Geschichten gibt (siehe »Bohrs Hufeisen«). Vermutlich denken viele Menschen bis heute an dieses Bild, wenn sie sich ein Atom vorstellen sollen. Mehr als amüsant kann das aber nicht sein,

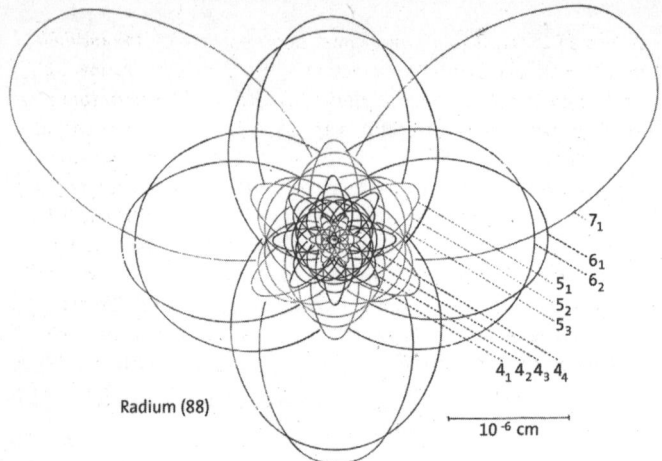

Das Radiumatom als Modell nach Niels Bohr mit festen Elektronenbahnen.

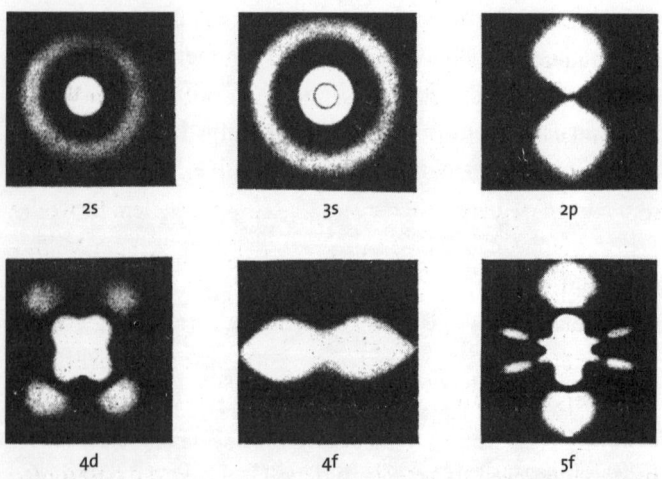

Atome, wie sie die neue Physik sieht – Wahrscheinlichkeitswolken statt Bahnen.

> denn die Bahnen, die dort gezeichnet sind, gibt es in der Wirklichkeit nicht. Tatsächlich beginnt das moderne Verständnis des Atoms mit der Einsicht des jungen Werner Heisenberg, die er in dem Satz formuliert hat: »Die Bahn eines Elektrons entsteht erst dadurch, dass wir sie beobachten.« Darum geht es im Haupttext. Damit wird es schwieriger, sich ein Bild vom Atom zu machen. Moderne Lehrbücher bieten zum Beispiel wolkenartige Gebilde, die statt Umlaufbahnen von Elektronen die Bereiche angeben, in denen sie sich mit mehr oder weniger großer Wahrscheinlichkeit aufhalten (b). Vielleicht können wir uns aber überhaupt kein Bild von einem Atom machen, weil die Natur möglicherweise gar kein Aussehen hat, wie der Maler Willi Baumeister einmal vermutet hat.

Mit zu den Gründungsvätern der neuen Atomphysik gehörte der damals noch sehr junge Werner Heisenberg (1901–1976), der bereits im Alter von sechsundzwanzig Jahren einen Ruf an die Universität Leipzig bekommen hatte und dort die neue Physik unterrichtete. Was Heisenberg dabei präsentierte, bereitete allerdings allen größte Schwierigkeiten. Seine Theorie war derart unanschaulich, dass man sich beim besten Willen kein einfaches Bild von einem Atom machen konnte. In dieser fast verzweifelten Lage riskierte es ein Student, seinem Professor eine auf den ersten Blick simple Frage zu stellen. Er wollte von Heisenberg wissen, warum man nicht einfach ein Mikroskop baute, mit dem sich ein Atom anschauen ließe. Wenn das Gerät gut genug sei, dann sollte man doch sehen können, wie sich die Elektronen dort verhalten und wie der Atomkern geformt sei. Will man ein solches Mikroskop nicht bauen – weil es zu aufwendig ist –, oder kann man ein solches Mikroskop nicht bauen, weil uns etwas in den Naturgesetzen daran hindert?

Der Blick auf die Atome

Heisenberg fand die Frage sinnvoll und dachte darüber nach. Die Atome, die er und sein Student sehen wollten, waren sehr klein, sogar »extrem klein« oder »äußerst winzig«. Die Physiker brauchen viele Nullen, um ihre Ausmaße anzugeben, ohne sie sich wirklich vorstellen zu können. Sie benutzen dafür eine eigene Einheit, die nach einem schwedischen Astronomen Anders Ångström benannt wurde, der im 19. Jahrhundert das Sonnenspektrum erkundet hat. Wenn Wissenschaftler Bruchteile ausdrücken wollen, schreiben sie das gerne mit negativen Hochzahlen. Um $^1/_{10}$ auszudrücken, schreiben sie 10^{-1}, statt $^1/_{100}$ schreiben sie 10^{-2}, wenn sie $^1/_{1000}$ meinen, schreiben sie 10^{-3} und so weiter, was zum Beispiel bedeutet, das 1 Millimeter (mm) 10^{-3} Meter sind. Ein Ångström misst nun 10^{-10} Meter, was man sich wegen der doppelten 10 zwar gut merken kann, jedoch unvermindert schwer nachzuvollziehen ist.

Um es trotzdem zu versuchen, ist immer wieder vorgeschlagen worden, eine gegebene Größe Stück für Stück um einen Faktor 10 schrumpfen zu lassen, was wir insgesamt zehnmal hintereinander machen müssen. Wir beginnen zum Beispiel mit einem Arm, der rund 1 m lang ist. Wenn wir dessen Ausdehnung durch 10 teilen, landen wir bei 10 Zentimetern (cm) und also bei einem Finger. Diesem ersten Schritt folgt ein zweiter, der uns von 10 auf 1 cm bringt, und das entspricht einem Fingernagel. Teilen wir dessen Länge (1 cm) erneut durch 10, erreichen wir 1 mm und damit etwa die Dicke eines Haares.

Nach diesen ersten drei Stufen des Hinabsteigens wird es schwieriger, da wir nun die bekannten Bereiche des vertraut Anschaulichen verlassen und in mikroskopische Regionen vordringen. Wir wollen das nicht Schritt für Schritt erledigen, sondern in einem Riesensprung um erneut drei Zehnerstufen schrumpfen, um von den Millimetern zu den Mikrometern zu kommen, denn da treffen wir auf etwas, das uns wenigstens dem Namen nach vertraut ist: die biologischen Zellen. Wie winzig diese tatsächlich sind, kann man sich durch einen Punkt anschaulich vor Augen führen, den man sich mit einem Filzstift auf die Haut der Hand malt. Wenn wir annehmen, der Punkt sei einen Millimeter dick, dann machen 1000 Zellen seinen Durchmesser aus.

So klein die Zellen sind, mit ihnen sind wir noch keineswegs am Ziel. Wenn wir uns Zellen in Form eines Fußballstadions vorstellen, dann sind wir als Zuschauer die Atome, zu denen wir jetzt vordringen wollen. Um ihnen näherzukommen, müssen wir uns zunächst ein weiteres Mal über drei Zehnerstufen nach unten kämpfen. Dann erreichen wir die Sphäre der Nanometer – ein Wort, das uns vom heutzutage verbreiteten Schwärmen für die Möglichkeiten der Nanotechnologie geläufig sein sollte. Hier geht es nicht zuletzt um das kontrollierte Verschieben von Atomen, woraus wir auf ihre Größe schließen können – sie liegt etwa bei dem zehnten Teil eines Nanometers –, und das ist gerade die oben erwähnte Einheit von einem Ångström.

Wer im Alltag erkunden möchte, wie ein Objekt aussieht, setzt zu diesem Zweck sichtbares Licht ein. Schließlich weiß er von ihm, dass dessen Wellenlänge sehr viel kleiner ist als der Gegenstand, den es erfassen soll. Das stimmt nicht mehr auf der Ebene der Atome, die sehr viel kleiner sind und als einzelne Gegebenheiten vom Tageslicht buchstäblich übersehen werden. Wer Atome mit ihrer genannten Größe bzw. Kleinheit unter die Lupe nehmen bzw. in einem Mikroskop anschaulich machen möchte, muss Strahlung einsetzen, deren Wellenlänge deutlich kleiner als ihre Dimensionen ist. Das sichtbare Licht mit seinen Wellenlängen von vielen hundert Nanometern fällt dafür aus, und so klärt sich die Frage, warum man Atome nicht in einem Lichtmikroskop sehen kann (wenn das Wort Licht meint, dass es für unser Auge sichtbar ist).

Jetzt wissen wir, wer Atome direkt beobachten will, braucht unsichtbares Licht mit extrem kleinen Wellenlängen, und die – so lehrt uns die Physik – verfügen über extrem viel Energie. Sie trifft jetzt mit voller Wucht auf das anvisierte Atom, und die Frage ist, was es dabei zu sehen bzw. festzustellen gibt.

Die beobachtete Bahn

Heisenberg war bei seinen Überlegungen bald zu der Einsicht gekommen, dass man kein Atom in dem Sinne ansehen kann, indem wir ein Modell von ihm betrachten. Wir können nur nachsehen, wo es ist und wie es sich bewegt, aber selbst das ist nicht ganz einfach. Angenommen, man will möglichst genau wissen, wo sich ein Atom befindet, dann muss die Wellenlänge des eingesetzten Beobachtungsstrahls möglichst klein sein. Das heißt, in dem Fall prallt eine besonders hohe Energie auf das Atom. Darum braucht man sich nicht zu wundern, wenn es dabei aus seiner Position verdrängt wird. Umgekehrt – wenn man wissen will, wie sich das Atom bewegt, sollte man es durch möglichst wenig Energie stören. Die Messstrahlen sollten also so langwellig sein, wie es gerade geht – mit der Folge, dass sie eher ungenau erkennen lassen, an welcher Stelle sich das atomare Objekt der Begierde befindet.

Mit diesen Einsichten beginnt der Weg zu dem, was man heute immer noch unscharf als Heisenbergs Unschärfe bezeichnet. Das Wort drückt aus, dass selbst das beste Mikroskop ein Atom nicht scharf zeigen kann. Es ist entweder nicht genau da, wo man es vermutet, oder es bewegt sich schneller, als man sehen kann. Das ist vielleicht schade und ärgerlich für die Studenten, die sich ein hübsches Bild vom Atom machen wollten. Aber was wir bislang beschrieben haben, klingt kaum aufregend. Man könnte geneigt sein, es leicht gelangweilt unter dem technischen Aspekt der Ungenauigkeit von Messmethoden abzulegen, bei denen man bekanntlich dauernd mit Abweichungen und Unschärfen zu kämpfen hat.

Doch bei dieser Unschärfe des Messens ist Heisenberg mit seinen Überlegungen nicht stehen geblieben. Schließlich hatte seine Karriere in der Physik mit der bereits im Kasten zitierten Einsicht begonnen: »Die Bahn eines Elektrons entsteht erst dadurch, dass wir sie beobachten.« Das bedeutet natürlich auch, dass die Bahn eines Atoms – in dem erörterten Mikroskop – erst dadurch entsteht, dass jemand sie ins Visier nimmt. Mit anderen Worten: Bei dem, was Heisenberg am Ende seines Nachdenkens wirklich entdeckt hat, geht es nicht mehr um eine harmlose Unschärfe, sondern darum, dass es im Atom gar nichts gibt, was man scharf einstellen könnte.

Was Heisenberg wirklich entdeckt hat, nennt man die Unbestimmtheit der Wirklichkeit, und das Wort drückt genau aus, worauf es ankommt. Ein Atom ist unbestimmt, es hat keine bestimmten Eigenschaften, wenn sich niemand darum kümmert. Es hat auf keinen Fall die Eigenschaften, die ein menschlicher Beobachter in einem Experiment bestimmt, denn »die Bahn eines Elektrons entsteht erst dadurch, dass wir sie beobachten«. Dies gilt nicht nur für die Bahn, sondern auch für seine Position, seine Geschwindigkeit und mehr. Wir beschreiben Atome und andere Gegenstände des physikalischen Forschens mit Eigenschaften, die aus unserem Erfahrungsbereich stammen. Wir nehmen zwar zunächst gerne und aus gutem Grund an, dass Atome wie etwa Orangen oder Autoreifen einen Ort, einen Umfang, eine Temperatur und mehr haben, aber irgendwann sehen wir ein, dass wir damit nur unsere Beschreibungen und Beobachtungen auf sie abwälzen. Viele Eigenschaften, die uns aus dem Alltag vertraut sind, machen bei Atomen keinen Sinn. Die Temperatur eines Gases etwa ergibt sich durch die Bewegung seiner Moleküle, und so etwas kann es in einem Atom ebenso wenig geben wie eine scharfe Kante, an der es abbricht. In einem Atom kann auch – genau betrachtet – kein elektrisches Feld sein, da man zu seiner Bestimmung einen Probeköper braucht. Da ein solches Instrument aus Atomen bestehen muss, kann es nicht in einem von ihnen sein.

Unbestimmtheit im Alltag

Atome sind also anders, und was bei ihnen vor allem anders ist, zeigt sich als ihre Unbestimmtheit. Wer Mühe hat, sich an diesen Gedanken zu gewöhnen, und nach einem Vergleich aus vertrauten Sphären sucht, kann sich überlegen, dass oftmals im Leben unbestimmt ist, was als Nächstes passiert. Es wird erst durch eine Frage (ein Experiment) festgelegt. Wer etwa in ein Restaurant geht, weiß zumeist nicht von vornherein, was er von der Speisekarte wählen wird. Und er weiß vielleicht erst in dem Moment, in dem der Kellner kommt, ob er eine Suppe will oder nicht und was er trinken möchte. Ohne Nachfrage bleibt der Gast unbestimmt. Er legt sich fest, wenn sich jemand – meist der Kellner – danach erkundigt.

Unbestimmtheit ist also ebenso wenig ein unbekannter Zustand wie die Möglichkeit, ihn durch gezieltes Nachfragen zu beenden. Das besonders Schöne an Heisenbergs Unbestimmtheit besteht nun darin, dass man ihr auch eine positive Wendung geben kann: Solange ein Atom in Ruhe gelassen wird und es ganz für sich ist, solange hält es all seine Optionen offen. Es kann jederzeit jede Eigenschaft annehmen, die die Natur ihm zugesteht. Es ist die Summe seiner Möglichkeiten. Wenn es gefragt wird – in einem Experiment –, was es denn nun wirklich ist, muss es sich für eine Möglichkeit entscheiden. Sie wird dann seine Wirklichkeit.

Deshalb klingt eigentlich einleuchtend, was Heisenberg da erkannt hat – schließlich sehen wir uns selbst als Summe all unserer Möglichkeiten. Doch ihm war eher mulmig zumute, als er den Gedanken der Unbestimmtheit fasste. Er hatte nämlich damit entdeckt, dass die Kausalität in der physikalischen Welt Grenzen hat. Denn wenn ein Atom seine Unbestimmtheit aufgibt, tut es dies ohne Grund. Tatsächlich einfach so? Oder greift da etwas anderes ein und ergänzt die Regelmäßigkeit von Ursache und Wirkung?

Ein mystisches Erlebnis

Wer diese Frage beantworten will, muss wissen, wie Heisenberg überhaupt auf den Gedanken von unbestimmten Atomen gekommen ist. Voraussetzung war ein Erlebnis, das es ihm in der Mitte der 1920er Jahre ermöglichte, eine frühe Quantentheorie der Atome in eine völlig neue Quantenmechanik zu verwandeln. Heisenberg hat diesen Durchbruch in seiner Autobiografie *Der Teil und das Ganze* so beschrieben, dass ein Leser den Eindruck eines mystischen Erlebens gewinnen kann. Er wusste, die alte Quantentheorie mit den scharfen Übergängen in den Atomen konnte nicht ganz falsch sein. Sie sagte ja ziemlich richtig voraus, welches Licht Atome aussandten, in denen die Elektronen Quantensprünge vollzogen. Und bei diesen Sprüngen mussten die Elektronen doch ihre Bahnen wechseln, wie es schien – doch hier stutzte Heisenberg.

Die Physiker konnten zwar das Licht sehen, das aus dem Atom herauskam, aber nicht die Bahn, die innerhalb des Atoms sein musste. Musste sie wirklich da sein? Gab es diese Bahn tatsächlich? Sehen konnte sie doch niemand. Wieso hielt er sich überhaupt damit auf, etwas zu berechnen, was man niemals beobachten konnte? Es reichte doch, eine Theorie der Atome zu entwickeln, die angab, welches Licht sie unter welchen Bedingungen aussenden.

Heisenberg entschloss sich, alles bisher Erreichte neu zu deuten, er tat das in der Überzeugung, dass bei allem, was in der Natur – also auch in den Atomen – passiert, die Energie erhalten bleibt, und eines Abends begann er mit dieser Vorgabe, seine mathematischen Zeichen neu zu ordnen und in Beziehung zu setzen.

Während er dies tat, nahm seine innere Erregung zu. Auf dem Papier tauchten offenbar richtig werdende Formeln auf. An Schlaf war selbst lange nach Mitternacht nicht zu denken. Er spürte, wie sich nach und nach die Nebel verzogen, die in den letzten Tagen den Durchblick verhindert hatten – und plötzlich waren sie verschwunden. Auf einmal stellte sich in Heisenberg beim Blick auf seine Umformungen und Berechnungen das Gefühl ein, der Wahrheit gegenüberzutreten. Er durchschaute seine Formen, erlebte sich im Einklang mit der Natur und erkannte in den vor ihm ausgebreiteten mathematischen Zeichen und Symbolen die lange gesuchte Beschreibung der Atome.

Beim späteren Nachprüfen des Gefundenen stellte Heisenberg dann zu seiner eigenen Überraschung und der seiner Kollegen fest, dass das, was ihm da auf dem Papier begegnete (und was seine eigene träumerisch geführte Hand dort niedergeschrieben hatte), keine Darstellung von Natur war, sondern ihre Gestaltung. Und damit wissen wir auch, was die Kausalität ergänzen muss, um Atome zu verstehen. Wir müssen ihnen eine Form geben, und genauso geht die Wissenschaft vor, auch wenn dies nicht immer explizit ausgedrückt wird.

Heisenberg hatte sogar mehr entdeckt. Seine Beschreibung der Wirklichkeit konnte nur mit Größen gelingen, die es selbst nicht in dieser Wirklichkeit gab. Er hatte Gesetze für Atome gefunden – und zwar die richtigen, wie wir heute wissen, denn wir nutzen sie bis heute sogar in der Wirtschaft sehr erfolgreich aus –, aber sie handelten nicht von uns bekannten Parametern wie Ort und Geschwindigkeit. Diese traditionellen Angaben lassen sich aus Heisenbergs Gesetzen bzw. Gleichungen berechnen. Aber diese Operation muss erneut ein menschlicher Beobachter vornehmen, der auch das Experiment durchführt, um ein Atom zu bestimmen.

Schrödingers Katze und Einsteins Mond

Was viele Zeitgenossen an Heisenbergs Physik schwierig fanden und finden, kann man durch den Begriff der Subjektivität ausdrücken. Irgendwie gehört es doch zu den Grundeigenschaften der Wissenschaft, Objektivität walten zu lassen und Kenntnisse über die Gegenstände der Natur zu erlangen, die unabhängig von dem Beobachter sind, der sie mitteilt. Subjektive Ansichten sind natürlich in anderen Bereichen der Kultur gang und gäbe, aber in der Wissenschaft sollten sie nichts verloren haben – so dachte man, bis die Quantenmechanik kam und Heisenberg die Unbestimmtheit entdeckte, die einem Subjekt die Möglichkeit überließ, die Natur zu bestimmen.

Tatsächlich rief das physikalische Ergebnis des mystischen Erlebens nicht überall Begeisterung hervor. Im Gegenteil: Große Forscher der damaligen Zeit erhoben scharfen Protest gegen Heisenbergs Darstellung, unter anderem Erwin Schrödinger, der seine Katze ins Rennen schickte, um massiv an dem Lack der neuen Atomphysik zu kratzen (was nach hinten losging, wie in »Schrödingers Katze« erwähnt). Es war aber vor allem Albert Einstein, der sich nicht vorstellen konnte, dass die Naturphänomene davon abhängen sollen, dass sie jemand beobachtet. Der Mond ist doch auch dann noch am Himmel, wenn niemand hinschaut, wie er einmal in seiner unnachahmlich lakonischen Art verlauten ließ, um seine Abneigung gegen die Unbestimmtheit auszudrücken. (Einstein würde sich über einige zeitgenössische Physiker ärgern, die seine Fragestellung in irdische Sphären geholt haben und wissen wollen, ob ein Zuschauer das Ergebnis des Fußballspiels bestimmen kann, das er beobachtet. Diese Frage kann beliebig kompliziert werden, wenn man über Zuschauer nachdenkt, die nicht im Stadion, sondern vor Fernsehgeräten sitzen.)

Um Heisenberg zu verteidigen, darf zunächst ganz allgemein darauf hingewiesen werden, dass sich das naturphilosophische Denken seit den Tagen von Immanuel Kant zwar lautstark zu dessen Ansicht bekennt, dass die Menschen die Gesetze nicht in der Natur finden, sondern sie ihr vorschreiben, sich aber gerne klammheimlich drückt, wenn dies tatsächlich einer zu tun wagt. Die Gesetze der Natur stammen eben nicht aus der Natur, sondern von Menschen, und der Mond, der am Himmel zieht, wird durch Parameter beschrieben, die wir allein gemacht haben und verstehen. Der Mond, der an einem bestimmten Tag zu einer festliegenden Minute an einem eindeutig bekannten geografischen Ort aufgeht – diesen Mond gibt es nur, weil wir ihn mit diesen Parametern und unter einem von uns gewählten Blickwinkel beschreiben. Er selbst richtet sich nicht danach. Natürlich gibt es den Mond unabhängig davon, so wie es die Atome und ihre Wirklichkeit unabhängig davon gibt, ob sie jemand experimentell vermisst, theoretisch berechnet oder sonst wie bestimmt.

Es gibt aber – zumindest beim Mond – noch etwas anderes, nämlich die Unterscheidung zwischen dem Trabanten, den Physiker berechnen können, und der Erscheinung am Himmel, die Menschen erleben. In gewisser Weise ist unbestimmt, was der Mond genau ist, solange wir ihn nicht in den passenden Kontext einfügen. Es macht keinen Sinn, wenn ein verliebter Physiker in einer Vollmondnacht anfängt, Koordinaten und Umlaufzeiten für die Angebetete zu berechnen. Dafür bleibt tagsüber Zeit an anderer Stelle. Heisenberg eröffnet uns die Möglichkeit, auch zu bestimmen, wie wir die Atome sehen – unter anderem als symmetrische Gestalten, die der Welt Stabilität geben und den Grund dafür legen, dass wir auf Erden herumlaufen können.

Bohrs Hufeisen

Die Geschichte von Bohrs Hufeisen ist schnell erzählt. Sie handelt von dem großen dänischen Physiker Niels Bohr (1886 bis 1962), der für seine Familie ein Sommerhaus nördlich von Kopenhagen erworben hatte, über dessen Eingangstür unübersehbar ein Hufeisen prangte. Es erfüllte dort keine konkrete Funktion – etwa für die Festigung des Rahmens –, sondern war vermutlich von irgendeinem Vorbesitzer als Glücksbringer dort angebracht worden. Das Finden eines Hufeisens galt in der frühen europäischen Geschichte als ein gutes Zeichen, wobei diese Überlieferung wohl damit zu tun hat, dass die in ihm verarbeiteten Metalle als wertvoll galten und genutzt werden konnten.

Nun luden die Bohrs oft Physiker in ihr Sommerhaus ein, und einige Wissenschaftler wunderten sich über das Hufeisen. »Mein lieber Bohr«, so sprachen ihn die mutigen unter den Gästen an, »du willst uns doch nicht etwa weismachen, dass du abergläubisch bist und meinst, dein Glück hinge von einem Hufeisen ab.« – »Nein«, soll Bohr geantwortet haben, »natürlich glaube ich nicht an Hufeisen, aber ich habe gehört, sie tun ihre Wirkung auch, wenn man nicht daran glaubt.«

Bohrs Geschichten

Eine pfiffige Anekdote, die etwas von Bohrs dialektischem Witz offenbart, und wer sich nicht durch die Tatsache abschrecken lässt, dass wir es hier mit einem Physiker zu tun haben, könnte viele Geschichten über ihn erzählen, aus denen man auf spielerische Weise so viel lernen kann wie aus seinem Hufeisen.

Wir wollen hier zwei solche Geschichten anfügen, bevor wir uns erneut dem Spiel mit dem Gegenteil und der Verneinung zuwenden, das aus einem spannenden Punkt der Wissenschaftsgeschichte heraus entstanden ist.

Die erste Geschichte berichtet von Bohr, als er von Werner Heisenberg zum Skilaufen in die bayerischen Berge eingeladen wurde. Einige andere Physiker – unter anderem Carl Friedrich von Weizsäcker – sind auch mit von der Partie. Man wohnt in einer kleinen Almhütte und muss sich um das Abendessen selbst kümmern. Bohr bekommt die Aufgabe, den Abwasch zu übernehmen. Er zieht sich brav in die Küche zurück, klappert kräftig mit dem Geschirr – und stößt plötzlich einen Schrei aus. Aufgeregt rennt er zu den anderen, und während er seine Riesenhand gegen die breite Stirn klatscht, erklärt er den verblüfften Wissenschaftlern, dass er endlich herausgefunden hat, warum ihr Vorgehen überhaupt erfolgreich sein kann: »Wissenschaft ist wie Spülen«, erläutert Bohr, »beim Geschirrwaschen tauchen wir dreckige Teller in eine dreckige Brühe und reiben sie mit einem dreckigen Lappen ab. Und dabei werden sie sauber. In der Wissenschaft verwenden wir unklare Begriffe, die wir in unklaren Experimenten erproben, deren Ergebnisse wir in einer Sprache mit einem unklaren Anwendungsbereich mitteilen. Und doch gelingt es uns dabei, unsere Einsicht zu verbessern.«

Böse Zungen behaupten, Bohr hätte diese Geschichte später um den Zusatz ergänzt, dass alle drei genannten Sphären zusammenfinden müssen, damit man etwas versteht. Wenn eine ausfällt, wie in der Philosophie, die meint, auf Empirie verzichten zu können, wenn also nur schmutzige Teller mit schmutzigen Lappen abgerieben werden, denn kommt kein Fortschritt im Verstehen zustande.

Die zweite Geschichte handelt von dem Studenten Bohr, der sich in die Physikprüfung begibt und von den Professoren gebeten wird, ihnen zu erklären, wie man mit einem Barometer die Höhe eines Gebäudes bestimmen kann. Bohr soll geantwortet haben, das sei kein Problem. Man klettere auf das Gebäude, schmeiße das Barometer vom Dach und stoppe die Zeit, die es bis unten braucht. Aus der könne man ausrechen, wie hoch das Gebäude ist.

Nein, riefen die Professoren, so hätten sie es nicht gemeint. Etwas mehr Physik, bitte. Bohr soll erneut geantwortet haben, das sei kein Problem. Man klettere auf das Gebäude, nehme ein Seil mit, binde das Barometer an das Seil, lasse es auf die Straße hinab und bestimme die Länge des Seils.

Nein, riefen erneut die Professoren, so hätten sie es nicht gemeint. Etwas mehr Physik, bitte. Wieder soll Bohr geantwortet haben, das sei kein Problem. Man klettere auf das Gebäude, wieder mit dem Seil, und lasse diesmal das Barometer kurz über dem Boden wie ein Pendel hin und her schwingen. Aus der Schwingungsdauer könne man dann die Höhe bestimmen.

Nein, riefen wieder die Professoren, so hätten sie es nicht gemeint. Etwas mehr mit einer Formel, bitte. Bohr soll auch dann geantwortet haben, das sei kein Problem. Man warte auf Sonnenschein, bestimme zuerst die Schattenlänge sowohl des Gebäudes als auch des Barometers und könne anschließend mit ein wenig Trigonometrie aus der Höhe des Barometers die des Gebäudes ableiten.

Wir brechen die Geschichte hier ab, in der unser Held zum Schluss natürlich die strenge Physik der barometrischen Höhenformel benutzt, aber nur, nachdem er dem Prüfungsgremium zuvor noch vorgeschlagen hatte, bei dem Hausmeister anzuklopfen und zu fragen, ob er wisse, wie hoch das Gebäude sei. Falls er es ihm – Bohr – verrate, würde er – der Hausmeister – dafür als Dank ein Barometer bekommen.

Mut zum Widerspruch

Seinen Kollegen ist Bohr zunächst nicht durch Witzigkeit, sondern vor allem durch Mut aufgefallen. Um 1912 herum hatten Experimente in dem von Ernest Rutherford aus Neuseeland geleiteten Laboratorium der Universität Manchester gezeigt, dass sich Atome erklären lassen, wenn man annimmt, dass sie einen winzigen Kern besitzen, in dem all ihre Masse steckt und um den Elektronen kreisen. Rutherford sprach nach dem himmlischen Vorbild vom Saturn-Atom, aber er konnte das nur als Scherz meinen. Schließlich wusste damals jeder Anfänger in der Physik, dass elektrische Ladungen wie Elektronen, die in einem elektrischen Feld kreisen – dies ging im Saturn-Atom von dem positiven Kern aus –, Energie verlieren (abstrahlen) und ihre Bahn nicht halten können. Mit anderen Worten, das Saturnmodell war zwar ganz nett, aber eigentlich unbrauchbar.

Bohr erkannte in dieser Argumentation eine Lücke. Das Saturnmodell des Atoms war nämlich nur dann unbrauchbar, wenn die herkömmliche Physik stimmte. Wie wäre es, so sein wahrhaft mutiger Vorschlag, den er Rutherford persönlich vortrug, wenn wir diese Physik einfach ändern?

Heute wissen wir, wie sehr Bohr recht hatte, und die von

ihm kritisierte klassische Physik ist längst einer Quantenversion gewichen. Doch damals musste man ihn zunächst für verrückt halten, und dieser Eindruck gewann an Stärke, als man sein Atommodell (siehe Abb. Atommodell in »Heisenbergs Unbestimmtheit«) näher betrachtete und bemerkte, dass er hierin zwei Dinge vereinigt hatte, die sich doch widersprachen. Bohr hatte zunächst wie ein Physiker der alten Schule Umlaufbahnen von Elektronen berechnet und dann als Physiker der neuen Zeit das Plancksche Quantum eingeführt. Damit konnte er die Positionen in einem Atom auswählen, die mit den Quantensprüngen vereinbar waren, und als Gipfel der Frechheit behauptete Bohr kühn, dass Elektronen auf diesen Bahnen stabil blieben – sie könnten dank des Quantums keine Energie abgeben.

Es kommt hier nicht auf die physikalischen Details, sondern auf das gedankliche Jonglieren mit Widersprüchen an, aus dem sich ja auch der Witz mit dem Hufeisen ergibt. Vermutlich gibt es niemanden, der dies besser beherrschte als Bohr, und es könnte sein, dass er uns dabei den Weg zur Wahrheit gezeigt hat (auch wenn wir das nicht unbedingt sofort glauben und erst noch lernen müssen).

Wenn man in aller Kürze die Idee aufschreiben sollte, die Bohrs Verständnis von Welt enthält – seine philosophische Grundhaltung, wenn man so will –, dann müsste man die Überzeugung nennen, die Werner Heisenberg seinen Lehrer Bohr so ausdrücken lässt: »Das Gegenteil einer richtigen Behauptung ist eine falsche Behauptung. Aber das Gegenteil einer tiefen Wahrheit kann wieder eine tiefe Wahrheit sein.«

Eine richtige Behauptung stellt zum Beispiel fest, dass Hufeisen aus einem Metall (eben Eisen) bestehen. Wer sagt, sie seien aus Holz oder Pappe, sagt etwas Falsches. Eine wahre Behauptung stellt in diesem Zusammenhang fest, dass Hufeisen

Glück bringen – dies ist jedenfalls eine Wahrheit für die Personen, die an diesem Glauben hängen und an dieser Stelle für rationale Argumente unzugänglich bleiben. Das Gegenteil dieser Behauptung lautet natürlich, dass Hufeisen über der Tür kein Glück bringen. Doch selbst wenn der Hauseigentümer von dieser Version der Wahrheit überzeugt ist, bleibt das Gegenstück an seinem Ort gültig.

Der Gedanke der Komplementarität

Das Spiel mit den Gegensätzen und deren Zusammengehörigkeit hat bei Bohr den Namen Komplementarität bekommen. In diesem Wort steckt das lateinische »completum«, das in unserem »komplett« nachschwingt und das Ganze meint. Im Laufe der sich entwickelnden Quantenphysik der Atome und des Lichts war Bohr mehr und mehr zu der Überzeugung gelangt, dass sich für alle Erscheinungen der Natur Beschreibungen finden lassen, die sich zwar (oberflächlich und auf den ersten Blick) widersprechen, die aber (in der Tiefe und auf den zweiten Blick) zusammengehören. Für ihn wurde immer einsichtiger, dass erst komplementäre Beschreibungen von Natur das Gesamtbild ergeben, das Menschen anstreben – zum Beispiel vom Menschen selbst, der doch auf der einen Seite eine raffinierte biochemische Maschine ist, die selbstverständlich nach den Gesetzen von Physik und Chemie funktioniert, der aber zugleich auch ein kreatives Individuum ist, das seine Verhaltensweisen nach Werten festlegt.

Das erste – und heute klassische – Beispiel für ein Verstehen, das nur mit dem Gedanken der Komplementarität gelingen kann, finden wir in der Natur des Lichts. Bereits 1905 hatte Einstein gezeigt, dass die damals fest etablierte Beschreibung des Lichts als Welle ergänzt werden muss durch die Vorstellung, dass es sich auch als Partikel zeigt. Die Sonnenstrahlung, die den Tag erhellt, besteht sowohl aus Lichtwellen als auch aus Lichtatomen, und die Idee der Komplementarität kommt durch die Tatsache ins Spiel, dass man in einem Experiment immer nur eine der beiden Eigenschaften beobachten kann. Man kann Licht als Welle erkunden – und zum Beispiel seine Wellenlänge bestimmen –, oder man kann Licht als Teilchen erkunden – und zum Beispiel den Ort auf der Netzhaut in unserem Auge ermitteln, auf den er eintrifft und uns das Sehen ermöglicht.

Natürlich bekommen Physiker erst einmal Kopf- oder Bauchschmerzen, wenn man ihnen erklärt, dass sie nicht alles genau wissen können und die Frage nach der Natur des Lichts im Sinne der Komplementarität offen bleiben kann (wie die meisten Fragen der Philosophie, was nicht abwertend gemeint ist). Aber bald zeigte sich, dass nicht nur das Licht erst durch Verwendung von komplementären Beschreibungen umfassend begriffen werden kann, sondern dass es sich ebenso mit den Atomen und Elektronen verhält. Auch die Materie zeigt sich in dualer Verfassung, wie man auch sagen könnte, und sie tritt nicht nur als Teilchen, sondern auch als Welle in Erscheinung.

Dies war eine starke Behauptung, als sie 1924 zum ersten Mal aufgestellt wurde, und sie ging in ihren Ansprüchen an die Wissenschaftler weit über das hinaus, was sie über das Licht denken sollten. Während man sich noch vorstellen konnte, dass Licht plus Licht Dunkelheit ergibt, stellte es schon eine Herausforderung dar, auch den Gedanken zu akzeptieren, dass Materie plus Materie nichts ergibt, dass Materie durch Materie verschwinden kann.

Doch so ungewohnt dieser Zusammenhang bis heute

bleibt – Experimente in der zweiten Hälfte der 1920er Jahre zeigten, dass hier von nachweisbaren physikalischen Wirklichkeiten gesprochen wird, und um deren Verstehen geht es den Forschern ja vor allem.

Die Lektion der Atome

Für Bohr bedeutete das Experiment, in dem Elektronen wie Licht zur Interferenz gebracht werden konnten, dass sein Gedanke der Komplementarität tragfähig war, und er bemühte sich in den folgenden Jahren und Jahrzehnten darum, diese »Lektion der Atome« zu lernen, wie er das nannte.

Die Haupteinsicht lautet dabei, dass man gerade bei jeder gelungenen Erklärung fragen soll, ob man auf der komplementären Gegenseite etwas übersehen hat, was zur kompletten Deutung gehört. Bohr zeigte sich etwa überzeugt, dass die Annahme, eine rein kausale Erklärung der Natur könne gelingen, durch das Prinzip der Komplementarität höchst fraglich würde. Er suchte nach dem entsprechenden Gegenstück zu der Naturgesetzlichkeit und wurde fündig in der Form der Dinge. In den Worten von Heisenberg:

»In dem Moment, in dem die Naturforscher beginnen, sich ernstlich mit der Physik der Atome zu befassen und zu versuchen, die chemischen Erscheinungen aus den Naturgesetzen im atomaren Bereich zu deuten, tritt auch die Morphologie, die Lehre von den Gestalten, wieder in ihre Rechte ein. Niels Bohr war der erste, der erkannte, dass mit jener Auffassung von Kausalität und Determinismus, die seit Newton als Grundlage jeder exakten objektiven Naturwissenschaft galt, das Verhalten der Atome nicht verstanden werden kann. (...)

»Die Stabilität der Atome, die sich z. B. darin äußert, dass ein chemisches Element nach allen möglichen chemischen oder physikalischen Prozessen schließlich immer wieder das gleiche Element bleibt und die gleichen Eigenschaften aufweist, diese Stabilität könnte in der Newtonschen Physik nicht gedeutet werden. Hier braucht man die Persistenz von Gestalten, die Bohr mit seiner These von der Existenz stationärer Zustände postuliert hat. (…) Man kann die Stabilität der Atome nur verstehen, wenn man annimmt, dass immer wieder dieselben symmetrischen Gestalten der kleinsten Teile aus physikalischen Prozessen hervorgehen. Aus diesem Grundgedanken hat sich dann die Theorie der Atomhülle, der Atomkerne und schließlich die noch unfertige Theorie der Elementarteilchen entwickelt.«

Wenn man diesen Gedanken weiter in die Regionen der Wissenschaft hinausträgt, in denen immer deutlicher und eigentlich unübersehbar die Frage nach der Form bzw. der werdenden Gestalt auftaucht – also in die Biologie der Entwicklung –, dann erkennt man sofort, dass die rein genetische Analyse – also die Ermittlung von Kausalfaktoren, die wir Gene nennen – dafür nicht ausreichen kann.

»Mozart, die Quantenmechanik und eine bessere Welt«

Eine wesentliche Anwendung der Komplementaritätsidee verdanken wir einem Schüler Bohrs, dem aus Wien stammenden Victor F. Weisskopf, der 1991 seine Lebenserinnerungen vorgelegt hat (Mein Leben). Das Schlusskapitel dieses Buches trägt die Überschrift »Mozart, Quantenmechanik und eine bessere Welt«, und der gut Klavier spielende Autor meint mit diesen Worten zunächst ganz einfach das Glücksgefühl, das jemand erfahren kann, der wie er sowohl mit Mozarts Musik als auch mit der Quantenmechanik umgeht und sich in beiden auskennt – eine beneidenswerte Konstellation, die andeutet, wie eine bessere Welt aussehen könnte.

Nun werden die meisten Menschen die genannte positive Emotion zwar problemlos und gerne mit Mozarts Werk in Verbindung bringen – wenigstens mit einigen seiner Stücke. Viele werden sich aber eher irritiert oder gar verstört zeigen, wenn die Physik in Zusammenhang mit Glück erwähnt wird, und sie werden genauer wissen wollen, wie mit der abstrakten Theorie namens Quantenmechanik das gleiche Erlebnis möglich werden kann, das Mozarts sinnlich fassbare Musik bereitet.

Das ist eine entscheidende Frage für die Kultur der Wissenschaft. Ihre Antwort findet sich in der Idee der Komplementarität, die besagt, dass es zu jeder Beschreibung von Wirklichkeit eine zweite gibt, die der ersten zwar entgegenläuft, aber gleichberechtigt mit ihr ist. Als Beispiele kann man an die Farbenlehren von Goethe und Newton denken, von denen die erste das Phänomen qualitativ und anschaulich mit den Sinnen und die zweite die Erscheinungen quantitativ und theoretisch mit Messgeräten erkundet. Man kann weiter an die Beschreibung der Natur als »Mutter Erde« bzw. als Quelle von Rohstoffen denken und sich daran erinnern, dass wir etwas mit dem Kopf oder mit dem Herzen erfassen können. Wir verfügen stets über beide Möglichkeiten und können Wirklichkeit nur umfassend als Summe von komplementären Beschreibungen verstehen.

Dieser Gedanke lässt sich aus dem Bereich des Erkennens herausholen und auf die Lebensführung übertragen, bei der wir stets zwischen rationalen Erwägungen und irrationalen (emotionalen) Neigungen abzuwägen haben. Der Gedanke der Komplementarität legt den Vorschlag nahe, die Balance zwischen den beiden Polen zu halten, um nicht zu einer Seite abzustürzen (was leider auch zur Rationalität hin passieren kann, wie einer Welt nicht erklärt werden muss, die den Abwurf von Atombomben erlebt hat und Umweltschäden bilanziert).

Wir würden tatsächlich in einer besseren Welt leben, wenn wir uns stets daran erinnerten, dass es zu jeder Ansicht von uns die eines anderen gibt, die ihr auf Augenhöhe widerspricht und damit ebenso Gültigkeit beanspruchen kann. Die bessere Welt ist die des Dialogs von komplementären Gegenübern – und Kunst und Wissenschaft gehören dazu.

Wie eng und fest das kulturelle Paar Kunst und Wissenschaft zusammenhängt, hat der amerikanische Schriftsteller Raymond Chandler durch eine wunderbare Formulierung ausgedrückt, die sich als Eintrag vom 19. Februar 1938 in seinen Notizbüchern findet. Dort heißt es: »Es gibt zwei Arten von Wahrheit: Die Wahrheit, die den Weg weist, und die Wahrheit, die das Herz wärmt. Die erste Wahrheit ist die Wissenschaft, und die zweite ist die Kunst. Keine ist unabhängig von der anderen oder wichtiger als die andere. Ohne Kunst wäre die Wissenschaft so nutzlos wie eine feine Pinzette in der Hand eines Klempners. Ohne Wissenschaft wäre die Kunst ein wüstes Durcheinander aus Folklore und emotionaler Scharlatanerie (›emotional quackery‹). Die Wahrheit der Kunst verhindert, dass die Wissenschaft unmenschlich wird, und die Wahrheit der Wissenschaft verhindert, dass die Kunst sich lächerlich macht.«

Chandler musste als Autor von Kriminalromanen sowohl wissen, welche Dosis einen Stoff zum Gift macht, als auch fähig sein, aus dem Rohstoff des Verbrechens die Verführung der Literatur werden zu lassen, und sich insofern in beiden Sphären auskennen. Chandlers Gegenüberstellung von Lächerlichkeit und Menschlichkeit will sicher sagen, dass Kunst und Wissenschaft gleichberechtigt sind. Der »große Gedanke«, wie Chandler seine Einsicht selbst genannt hat, will aber auch ausdrücken, dass wir die Wissenschaft besser verstehen, wenn wir sie nicht anonymen Kollektiven in anonymen Laboratorien zuschreiben, sondern in ihr dieselben kreativen Individuen am Werk sehen, die wir in der Kunst ganz selbstverständlich erwarten. Und er will uns weiter zu verstehen geben, dass wir der Kunst näherkommen können, wenn wir etwas von den rational zugänglichen und nachvollziehbaren Gedanken erfahren, die Komponisten, Schriftsteller, Maler oder Bildhauer an- und umtreiben müssen, bevor sie ihr schöpferisches Tun beginnen oder während sie an ihren Werken mit allen notwendigen Details arbeiten.

Mit anderen Worten: Wer nur die Kunst versteht, versteht auch die nicht. Wer nur Wissenschaft versteht, versteht auch die nicht. Man braucht bloß auf Bohrs Hufeisen zu blicken. Auf das Ganze der Kultur kommt es an. Das komplementäre Gegenstück wirkt auch, wenn man nicht an seine Bedeutung glaubt.

Einsteins Spuk

»Spukhafte Fernwirkung« – so nannte Albert Einstein den Einfluss, den ein physikalisches Gebilde – ein Atom zum Beispiel – auf ein zweites weit von ihm entferntes Objekt ausüben kann, ohne dafür Zeit zu benötigen. Genauer müsste es heißen, »den ein physikalisches Gebilde auf ein zweites weit von ihm entferntes Objekt ausüben können soll«, denn als Einstein seine Abneigung gegen diese Wechselwirkung über eine Distanz durch das keineswegs freundlich gemeinte Wort Spuk zum Ausdruck brachte – das war im Jahre 1935 –, konnte er noch annehmen, dass sie sich nur als Hirngespinst im Rahmen der neuen Physik der Atome erweisen würde, die wir als Quantenmechanik kennen und die viel Merkwürdiges über die Welt behauptet (siehe »Schrödingers Katze«, »Plancks Quantensprung« und »Heisenbergs Unbestimmtheit«). Doch in den letzten zehn Jahren haben immer mehr Versuche der Physiker gezeigt, dass es die spukhafte Fernwirkung trotz Einspruch von höchster Stelle – also von Einstein – tatsächlich gibt, und wir werden uns vor allem auf die Frage konzentrieren, was uns dieser Nachweis über das sagt, was man die physikalische Wirklichkeit nennt. Dabei ist es von Anfang an wichtig, sich klarzumachen, dass eine Grundeigenschaft der neuen Wechselbeziehung darin besteht, keine Zeit zu benötigen, um zum Tragen zu kommen, was sich auch positiv durch den Hinweis ausdrücken lässt, dass sie immer schon da ist und das auch noch überall.

»Das Böse ist immer und überall«, wie es einmal in einem Popsong hieß, und Einstein hätte da sicher zugestimmt, denn die Realität dieses Spuks würde für ihn eine böse Überraschung darstellen. In den von ihm aufgestellten Theorien der Physik war (und ist) es ausgeschlossen, dass sich Wirkungen – also physikalische Kräfte und Einflüsse – schneller bewegen als das Licht. Die Lichtgeschwindigkeit stellte (und stellt) für physikalische Signale – ganz gleich ob Welle oder Teilchen – eine absolute Schranke dar, und nun soll es etwas geben, das gar keine Zeit benötigt, das also unendlich schnell sein soll. Das kann nichts aus der Sphäre der Physik sein, was sich auch positiv wenden lässt. Es muss etwas sein, das über die Physik hinausgeht, und dafür hat man seit alters her den Namen Metaphysik. Mit anderen Worten: Die Physik kann tatsächlich mit Hilfe von Einsteins Spuk nicht nur vage vermuten, sondern eindeutig nachweisen, dass es in der Welt mehr als das Physische gibt. Es gibt auch das Metaphysische, und das ist wissenschaftlich nachweisbar.

Einsteins Licht und das Leben

Wir haben die Geschichte am Ende angefangen, auf das wir im Laufe des Erzählens erneut zusteuern, um auf die dazugehörigen Experimente hinzuweisen, die in diesen Tagen vor allem in dem Laboratorium des in Wien forschenden Anton Zeilinger unternommen werden. Wir müssen aber erst an den Anfang der Geschichte zurück, als Einstein zu knurren begann und an der Relevanz der neuen Physik zweifelte, die von ihm selbst 1905 auf den Weg gebracht worden war. Er hatte in diesem Jahr den von Max Planck 1900 eingeführten Quantensprüngen einen physikalischen Sinn und dem Verständnis von Licht eine neue philosophische Qualität gegeben. Sie bestand darin, dass die Natur des Lichts umfassend nur verstanden werden konnte, wenn man zuließ, dass es sich einmal als Welle und ein andermal als Teilchen verhielt: Licht läuft als Welle auf ein Auge zu und trifft als Quantum auf seiner Netzhaut ein.

So übersichtlich sich diese als Dualität von Licht bezeichnete Doppelnatur darstellen lässt, sie hat die merkwürdige Folge, dass ein Physiker nun zwar eine Menge über das Licht wissen und herausfinden kann – seine Wellenlänge, seine Intensität, seine Polarisation und mehr –, er kann nur nicht mehr sagen, was Licht ist. Wenn etwas sowohl Welle als auch Teilchen ist, dann kann man eben nicht mehr wissen, was es ist. Einsteins Licht ist folglich ein offenes Geheimnis, und das könnte das Beste sein, das mit ihm passiert, denn in Einsteins Worten: »Das Schönste, was wir erleben können, ist das Geheimnisvolle. Es ist das Grundgefühl, das an der Wiege von wahrer Wissenschaft und Kunst steht. Wer es nicht kennt und sich nicht mehr wundern, nicht mehr staunen kann, der ist sozusagen tot und sein Auge ist erloschen.«

Übrigens – kurz bevor Einstein der Frage »Was ist das Licht?« mit der überraschenden Antwort »Licht« begegnete, äußerte sich der Arzt und Dramatiker Anton Tschechow über die schwierigere Frage »Was ist das Leben?« in vergleichbarer Weise. Es ging um 1904, das Sterbejahr Tschechows, in dem er von seiner Frau einen Brief mit der eben gestellten Frage erhielt. »Du fragst, was das Leben ist?«, so antwortete der Dichter: »Das ist das Gleiche, als würde man fragen, was ist eine Mohrrübe? Eine Mohrrübe ist eine Mohrrübe, und das ist alles.«

Einsteins Einwände

Zurück zur Physik und der Richtung, in die die neue Wissenschaft galoppierte, nachdem Einstein sie in den Sattel gehoben hatte. Er fand, dass sie falsch war. Mit den von Werner Heisenberg und Erwin Schrödinger ausgelösten Entwicklungen begab sich sein Pferd auf Pfade, die Einstein gegen den Strich gingen, und er machte dies deutlich.

Zunächst störte ihn die zentrale Rolle, die das Zufällige übernehmen sollte. Was man mit Hilfe der physikalischen Gleichungen ausrechnen konnte, waren keine festen Bahnen oder eindeutigen Zeiten mehr, zu denen ein Ereignis stattfand. Was man mit Hilfe der physikalischen Gleichungen nur noch ausrechen konnte, waren Wahrscheinlichkeiten – etwa die Wahrscheinlichkeit dafür, dass sich ein Elektron an einem bestimmten Ort in einem Atom befindet, oder die Wahrscheinlichkeit dafür, dass ein radioaktives Atom seine Energie zu einem festgelegten Zeitpunkt abstrahlt und zerfällt.

Einstein hatte sich als Physiker wie ein kleiner Junge gefühlt, der im Garten des elterlichen Hauses nach Ostereiern sucht und dabei ganz sicher ist, dass sie an einem vorbestimmten Ort liegen, und zwar so, dass sie von ihm gefunden werden können. So stöberte er als Physiker im Garten der Natur herum, auf der Suche nach den Gesetzen, die doch nur so hießen, weil sie etwas festsetzten. Natürlich konnte der Knabe daheim in der falschen Ecke nachsehen und sich dabei »dem Gelächter der Götter aussetzen« – wie Einstein befürchtete –, aber die Eltern wären nicht so boshaft, ihm statt klar umrissener Ostereier an festen Orten schwammige Hinweise darauf zu geben, dass er irgendwie auf der richtigen Spur sei, dass es aber auch andere Möglichkeiten des Versteckens gäbe.

Einstein suchte Sicherheit in der Physik und nicht einen

Haufen von Wahrscheinlichkeiten, und er fasste seine Kritik an der Erfassung einer unbestimmten Wirklichkeit durch die neue Physik in der berühmt gewordenen Aussage zusammen: »Gott würfelt nicht.«

Zwar hat auch Niels Bohr darauf keck geantwortet, es könne nicht die Aufgabe eines Menschen sein – auch nicht die von Einstein –, Gott vorzuschreiben, wie er die Welt in Gang bringt und hält, und außerdem könnten wir nicht wissen, was ein Wort wie »würfeln« bedeutet, wenn wir es mit Gott in Zusammenhang bringen. Aber wir wollen uns hier mehr an der Physik orientieren, und dabei geht es um die Idee der Unbestimmtheit, die auf Heisenberg zurückgeht (siehe »Heisenbergs Unbestimmtheit«).

Einstein hielt den Gedanken für Unsinn, dass zum Beispiel so etwas wie die genaue Energie eines Elektrons unbestimmt sein soll, solange sie kein Beobachter ermittelt, und er dachte sich Gedankenexperimente aus, um eine Situation zu schaffen, in der in der Wirklichkeit festlag, was in der Theorie unbestimmt sein sollte. Falls ihm dies gelänge, wäre die neue Physik wenigstens unvollständig. In dem Fall müsste man sie umkrempeln, und dann würde man ja sehen, was herauskommt.

In seinem berühmten Versuch, die Unbestimmtheit als absurd zu entlarven, griff Einstein konkret die Behauptung von Heisenberg auf, dass es ausgeschlossen sei, die Energie eines physikalischen Gebildes zu bestimmen und zugleich den genauen Zeitpunkt dieses Zustands zu kennen. Entweder man bestimmt die Energie, dann bleibt der dazugehörige Zeitpunkt unbestimmt, oder man misst die genaue Zeit, dann kennt man die Energie nicht genau.

In Einsteins Gedankenexperiment hängt – in aller Kürze – ein leerer Kasten an einer Feder, die sein Gewicht misst. Eine

Uhr betätigt eine Klappe, die auf diese Weise zu einem festen Zeitpunkt geöffnet wird und Licht in den Kasten einströmen lässt. Dadurch nimmt seine Energie zu, wie man an dem Gewicht sieht, das sich ändert. Beides – so Einstein – kennt man doch sofort. Also sind beide Größen zugleich bestimmt, und also gibt es die Heisenbergsche Unschärfe nicht.

Leider irrt Einstein, wie nicht anders zu erwarten. Zum einen muss die Feder ein wenig schwingen, um ihre Messung durchführen zu können, was einen Zeitraum statt eines Zeitpunktes ergibt. Und zum zweiten – dies ist besonders diabolisch – hat Einstein selbst in seiner Relativitätstheorie einmal gezeigt, dass das, was auf einer Uhr abgelesen und von uns Zeit genannt wird, davon abhängt, welche Energie die Uhr hat. Bewegte Uhren gehen anders als ruhende. Und wenn die Feder ins Schwingen kommt, wird der bereits einmal zum Zeitraum gedehnte Zeitpunkt noch weiter gedehnt und damit so unbestimmt, wie Heisenberg es vorhergesagt hat. Einstein konnte mit Einstein widerlegt werden – ein merkwürdiger Moment der Wissenschaftsgeschichte, der sich in den frühen 1930er Jahren ereignete.

Die Verschränktheit der Quantenwelt

Nach diesem Scheitern unternahm Einstein keinen Versuch mehr, nur um zu zeigen, dass die quantenmechanische Beschreibung der Wirklichkeit unvollständig sei. Aber er gab noch nicht auf, und zusammen mit Boris Podolsky und Nathan Rosen dachte er sich 1935 einen Versuch aus, in dem eine physikalische Größe auftauchte, die zwar offenbar in der Wirklichkeit bestimmt war und feststand, von der die Quantentheorie aber behauptete, dass sie unbestimmt sei. Anstelle dieses Gedankenexperiments von Einstein, Podolsky und Rosen (EPR) wollen wir hier einen entsprechenden Versuch beschreiben, der wirklich durchgeführt wurde. Anfang der 1980er Jahre gab es nämlich zum ersten Mal die technischen Möglichkeiten, den EPR-Vorschlag zu realisieren, und eine Gruppe von französischen Physikern unter Leitung von Alain Aspect hat dies auch bewerkstelligt. Ihre kompliziert scheinende Apparatur sieht im Prinzip wie folgt aus:

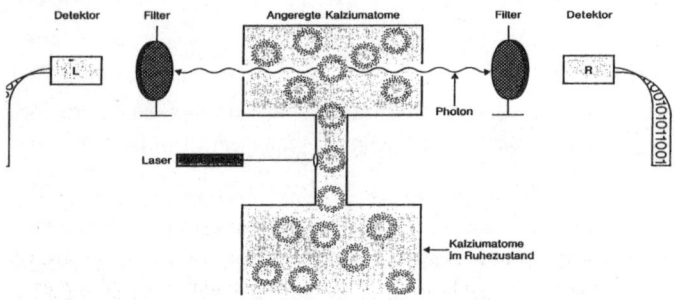

Die Verschränktheit der Quantenwelt wurde mit dem im Bild gezeigten Experiment nachgewiesen.

Aus Kalzium wird ein Gas bereitet, von dem aus sich einzelne Atome auf eine Kammer zu bewegen. Bevor die Kalziumatome die Kammer erreichen, werden sie von einem Laserstrahl getroffen, der seine Energie an die nun angeregten Atome abgibt. In diesem Zustand treffen sie in der Kammer ein. Hier verlieren sie diese Energie blitzartig wieder, indem sie zwei Lichtteilchen aussenden. Diese beiden Photonen verlassen den Kasten in entgegengesetzten Richtungen, sie treffen jeweils auf einen Filter und anschließend auf ein Messgerät.

Korrelationsexperiment zum Nachweis der Verschränktheit der Quantenwelt: Kalziumatome werden durch einen Laserstrahl angeregt und in eine Kammer gepumpt. Wenn sie dort in ihren Grundzustand zurückkehren, senden sie zwei Lichtteilchen (Photonen) aus, die auf Polarisationsfilter gelenkt werden. Hinter diesen Filtern befinden sich zwei Detektoren, die registrieren, ob ein Photon den Filter passiert hat – dann erscheint eine 1 – oder nicht –, dann notiert das Gerät eine 0. Wenn die beiden Filter gleich orientiert sind, besteht eine 100-prozentige Korrelation zwischen den Zahlenreihen. Es kam in dem Versuch darauf an, die Korrelation zwischen den Zahlenreihen für den Fall zu finden, in dem die Filter in verschiedenen Winkeln zueinandergestellt sind. Die Quantenmechanik sagt voraus, für welche Winkel die Korrelation größer ist, als es der gesunde Menschenverstand erwartet. Ihre Vorhersagen wurden qualitativ und quantitativ bestätigt.

Es spielt für die Diskussion im Augenblick keine Rolle, welche Eigenschaft die Filter analysieren, wichtig ist nur, dass sie die eintreffenden Photonen je nach Stellung aufhalten oder durchlassen können. Wenn ein Photon zum Beispiel den Filter auf Seite L passiert, wird es im Messgerät registriert, und seine vom Filter analysierte Eigenschaft ist dem Experimentator bekannt. Damit kennt er aber auch – und zwar aufgrund von physikalischen Erhaltungssätzen – den Zustand des Photons auf der Seite R, ohne auf ihn durch ein Messgerät Einfluss zu nehmen. Der Zustand des Teilchens bei R – so argumentierten Einstein, Podolsky und Rosen – ist also nicht unbestimmt, auch wenn keine Beobachtung erfolgt. Er kann sogar mit Sicherheit vorhergesagt werden und stellt also »ein Element der Wirklichkeit« dar. Dies ist aber in der Quantenmechanik nicht enthalten. Damit erweist sich diese Theorie der atomaren Wirklichkeit als unvollständig. Die EPR-Situation widerlegte nach Einsteins Ansicht sogar die Behauptung der Unbestimmtheit.

Wir wollen im Folgenden einen tatsächlich durchgeführten Versuch vorstellen, der gezeigt hat, dass die Quantentheorie eine vollständige Beschreibung der Wirklichkeit liefert. Dieses Experiment wurde möglich mit einer Entdeckung, die dem schottischen Physiker John Bell 1964 gelungen ist. Er suchte nach einer Möglichkeit, den philosophischen Disput um die Quantentheorie durch eine experimentelle Beobachtung zu entscheiden. Dies scheint auf den ersten Blick ausgeschlossen, denn im Mittelpunkt des EPR-Argumentes steht doch ein Teilchen, das gerade *nicht* beobachtet werden soll. Wie will man nun feststellen, ob sein Zustand dennoch bestimmt ist? (Dies erinnert an die alte Scherzfrage, wie man herausfinden will, ob das Licht im Kühlschrank noch an ist, wenn die Tür geschlossen ist.)

Natürlich gibt es keine Möglichkeit, ein isoliertes Teilchen unbeobachtet zu beobachten. Bell empfahl deswegen, sich nicht um ein einzelnes Photonenpaar zu kümmern, sondern die Korrelation zwischen vielen Paaren dieser Art zu untersuchen. Nehmen wir an, die beiden Filter der Versuchanordnung sind gleich orientiert und so angeordnet, dass alle Photonen sie passieren. Dann haben wir eine hundertprozentige Korrelation. Drehen wir einen Filter (zum Beispiel den bei R) um 90 Grad, stellen wir fest, dass jede Korrelation zwischen beiden Seiten verschwindet. Dies ist zwar nicht verwunderlich, es hilft aber auch nicht weiter. Die Frage, ob EPR richtig liegen oder nicht, kann entschieden werden, wenn die Filter weder parallel noch senkrecht zueinander angeordnet sind, sondern sich in einer Zwischensituation befinden. Dabei sollte sich eine Korrelation zeigen, die irgendwo zwischen 100 Prozent und Null liegt.

Bell konnte nun zeigen, dass sich unter verschiedenen Voraussetzungen verschiedene Formen der Korrelationen ergeben sollten. Wenn man wie Einstein annimmt, dass die Quantenobjekte wirklich zu jeder Zeit alle Eigenschaften in wohl definierter Weise besitzen – dies nennt man die Realitätsannahme – und wenn man weiter annimmt, dass keine Information zwischen den Photonen schneller als mit Lichtgeschwindigkeit ausgetauscht wird, dann kann man eine Grenze angeben, die die Korrelation nicht überschreiten darf. Diese Schranke wird dabei in mathematischer Form festgelegt, und zwar durch die so genannte Bellsche Ungleichung.

Die zweite genannte Voraussetzung wird auch als Annahme der Lokalität bezeichnet, da sie einen ohne Zeitverzug vor sich gehenden (instantanen) physikalischen Einfluss auf entfernte Objekte verbietet. Damit vermeidet man mögliche Verletzungen der speziellen Relativitätstheorie, durch die Einstein zeigen konnte, dass sich keine physikalische Wirkung schneller als Lichtgeschwindigkeit ausbreitet. Die Lokalität braucht nicht eigens aufgeführt zu werden, wenn die Quantenmechanik anstelle der Realitätsannahme verwendet wird, weil allgemein bewiesen werden kann, dass diese beiden großen Theorien der Physik, die unabhängig voneinander gefunden wurden, konsistent sind und sich nicht gegenseitig widersprechen.

Nun kommt der entscheidende Punkt. Wenn man annimmt, dass eine Quantenmechanik à la Bohr gilt, dann gibt es Orientierungen der Filter, bei denen die Bellsche Ungleichung verletzt ist. Die Quantenmechanik prophezeit eine bessere Korrelation der Photonen als die Annahme einer lokalen Realität.

Die Experimente lassen heute keine Zweifel mehr zu. Die Korrelationen waren genau um den Teil höher, den die Quantentheorie vorausgesagt hat. Die Annahme einer lokalen Realität kann also in der Quantenwelt nicht zutreffen. Die atomare Wirklichkeit ist nicht lokal, sie offenbart einen Zusammenhang zwischen einzelnen Objekten, der als Ganzheit beschrieben werden kann. Quantenteilchen wie etwa die Photonen im EPR-Versuch, die einmal in physikalischer Wechselwirkung gestanden haben, bleiben danach für immer verbunden, auch wenn keine direkte Verknüpfung mehr zwischen ihnen besteht.

Erwin Schrödinger hat vorgeschlagen, für solche korrelierten Zustände ohne Wechselwirkung den Begriff der »Verschränkung« zu verwenden, der im Englischen »entanglement«

heißt (und auf dieser Weise etwas an die Aufklärung – »enlightment« – erinnert). Dies sei nämlich das eigentliche Charakteristikum der Quantentheorie. Sie zeigt uns eine verschränkte Welt, die in gewisser Weise am Grund unserer Wirklichkeit existiert.

Diese Verschränkung erlaubt uns nun genau genommen nicht, etwa von einzelnen Elektronen zu reden. So etwas wie isolierte Teilchen gibt es nicht. Die klassische Zerlegung eines Ganzen in seine Teile ist streng genommen verboten. Wir müssen sie dennoch durchführen, weil wir sonst über die verschränkte Welt gar nicht sprechen können. Und reden müssen wir schon miteinander, um uns unsere Erfahrungen (auch die experimenteller Art) mitteilen zu können.

Keine außersinnliche Wahrnehmung

Um jedem Missverständnis vorzubeugen: Aus der Tatsache, dass Photonen über große Entfernungen miteinander kommunizieren können, folgt nicht, dass der menschliche Geist dasselbe tun kann und es also eine Art Telepathie gibt. Denn in dem beschriebenen Experiment wird keinerlei Information zwischen den beiden Messapparaten ausgetauscht. Jeder Experimentator erhält an seinem Detektor eine zufällige Zahlenreihe, aus der er nichts über die seines Kollegen erfahren kann. Die Korrelationen, die die Verschränkung der Quantenwelt zeigen, können erst erkannt werden, wenn die beiden Zahlenreihen nebeneinanderliegen. Ebenso wenig kann die Quantentheorie zur Erklärung so genannter telekinetischer Fähigkeiten verwendet werden. Immer wieder liest man davon, dass es einem Menschen mit seinem Willen gelungen sein soll, den Zeitpunkt zu beeinflussen, zu dem ein radioaktives Element zerfällt. Zur Deutung dieser Leistung wird dann dunkel etwas über die Quantenwirklichkeit geraunt, die von der menschlichen Kenntnis über diese Vorgänge abhängt und demnach vom menschlichen Willen beeinflusst werden kann.

Tatsache ist, dass sich in allen Fällen, in denen der radioaktive Zerfall registriert worden ist, herausgestellt hat, dass die Statistik des Gesamtvorgangs unverändert geblieben ist. Dies hat auch der willensstärkste Beobachter bislang nicht ändern können. Sollte es eines Tages dennoch einmal durch »telekinetische Kräfte« gelingen, hierauf Einfluss zu nehmen, könnte man sich nicht auf die Quantenmechanik berufen, denn sie wäre gerade dann verletzt. Die Verschränkung der Quanten kann folglich nicht verwendet werden, um das angebliche Phänomen einer außersinnlichen Wahrnehmung wissenschaftlich aufzuwerten. Falls es eines fernen Tages doch einmal ein Experiment geben sollte, mit dem ESP-Korrelationen (ESP = *extra sensory perception*) genauso sicher festgestellt würden wie EPR-Korrelationen, dann wäre damit die ganze Physik (unabhängig von jeder Quantenannahme) herausgefordert. Solche Nachweise gibt es heute nicht, und ich rechne nicht damit, dass es sie jemals geben wird.

Paulis Verbot

Der Name des Physikers Wolfgang Pauli (1900–1958) löst bei vielen Zeitgenossen nur Achselzucken aus. Dies ist kein ermutigendes Zeichen für den Stand unserer Kultur und die Bildung der Intellektuellen. Als Pauli im Jahre 1945 den Nobelpreis für Physik zugesprochen bekam – für den noch zu erläuternden Vorschlag eines Pauli-Verbotes in Atomen –, veranstalteten seine Kollegen am legendären Institute for Advanced Studies in Princeton (New Jersey) ein Bankett zu seinen Ehren. An diesem Abend war auch Albert Einstein zu Gast. Gegen Ende der Veranstaltung erhob sich der große Mann der Physik von seinem Platz, um eine Tischrede zu halten. In ihrem Verlauf sprach Einstein von Pauli als seinem »geistigen Sohn«, und er hoffte, in ihm seinen Nachfolger in Princeton zu sehen. Die anwesenden Fachleute applaudierten enthusiastisch. Ihrer Ansicht nach konnte sich nur Pauli als Physiker mit Einstein messen. Viele äußerten sogar die Auffassung, dass Pauli bei philosophischen Themen eher noch mehr zu sagen habe. Man hoffte, dass Pauli Einsteins Wunsch erfüllen und in Princeton bleiben würde, also dort, wo er die Jahre des Zweiten Weltkriegs verbracht hatte, ohne sich an Kriegsphysik zu beteiligen.

Der Mut zur Nachtseite

Wie kommt es, dass der Name Pauli in Fachkreisen höchste Bewunderung auslöst, während er in der Öffentlichkeit unbekannt bleibt? Wer den Grund dafür ernsthaft erkundet, trifft bald auf ungewöhnliche Komponenten seines Denkens und inneren Erlebens. Pauli hat neben dem Einfluss der bewusst operierenden Tagseite des Verstandes auch die unbewusst eingreifende Nachtseite der Wissenschaft mit ihren Träumen berücksichtigt und versucht, die von hier aus fließenden Quellen der Erkenntnis dingfest zu machen. Sie schienen ihm wichtig, seit er durch die Erfahrungen der ersten Hälfte des 20. Jahrhunderts gelernt hatte, wie unzureichend der auf sich allein gestellte Sachverstand der Experten sein kann. Er braucht ein Gegengewicht, und zwar in der Praxis ebenso wie in der Theorie: »Nach meiner Ansicht ist es nur ein schmaler Weg der Wahrheit (sei es eine wissenschaftliche oder sonst eine Wahrheit), der zwischen der Scylla des blauen Dunstes von Mystik und der Charybdis eines sterilen Rationalismus hindurch führt. Der Weg wird immer voller Fallen sein, und man kann nach beiden Seiten abstürzen«, wie es in einem Brief von 1954 heißt.

Pauli übersah keineswegs »die drohende Gefahr eines Rückfalls in primitivsten Aberglauben«, und er betonte, »dass alles darauf ankommt, die positiven Resultate und Werte der ratio festzuhalten«. Er ahnte aber auch, dass die wissenschaftliche Rationalität ihr Gegenstück brauchte, um Sturzgefahren zu vermeiden und das Gefühl der Sicherheit aufkommen zu lassen. In Paulis Weltbild war kein Platz für Einseitigkeiten, und er betrachtete es »fast wie ein Dogma, dass Gegensatzpaare symmetrisch behandelt und bewertet werden müssen«, wie er kurz vor seinem Tod schrieb. »Hierzu gehört auch das Paar Geist-Materie«, das im 17. Jahrhundert – durch René Descartes –

getrennt worden war. Pauli faszinierte, dass die Atomphysik des 20. Jahrhunderts dabei war, diesen Schnitt wieder aufzuheben.

Der Quantensprung

Die neue Physik und Pauli sind im gleichen Jahr 1900 zur Welt gekommen: Pauli im Frühling in Wien und die Quantenphysik im Herbst in Berlin. Im Oktober 1900 entdeckte Max Planck die unaufhebbare Lücke in den Grundgesetzen der klassischen Physik, die in den kommenden Jahrzehnten das dazugehörige Gedankengebäude umstürzen sollte. Diese Lücke (siehe »Plancks Quantensprung«) gehört zwar heute als Quantum der Wirkung fest zum Grundbestand von fortschrittlichen Festreden. Doch die mit ihm verbundene Unstetigkeit wirkte zunächst schockierend, und zwar deshalb, weil sie beim Austausch der Energie von Licht und Atomen (Materie) ins Spiel kam und dazu führte, dass man diese drei Grundgrößen der Physik mit neuen Augen sehen musste, um ihre Wirkungsweise – ihre Wirklichkeit – zu verstehen: Das Licht konnte nur in einer Doppelrolle als Welle und Teilchen erfasst werden, der Energie verblieb nicht mehr in jedem Zeitpunkt ein definierbarer Wert, und die Atome verloren den Status, Dinge zu sein. Kurzum: Den Physikern gingen die Gegenstände verloren, und sie mussten sich im Innersten der atomaren Welt mit Wahrscheinlichkeiten und Unbestimmtheiten zufriedengeben (siehe »Heisenbergs Unbestimmtheit« und »Schrödingers Katze«).

Als Pauli Plancks Quantum kennen lernte, erlebte er nicht nur einen Schock über diese Umwertung aller Werte, sondern ihn befiel zugleich die Ahnung, dass die Physiker etwas gewinnen konnten. Der Weg zur Quantenphysik stellte für ihn die Chance dar, eine neue Wissenschaft zu formen, in der Ganzheit eine konkrete Bedeutung bekommt und Beobachter und Beobachtetes verbunden sind. Aus diesem Grund erkundete Pauli die Verbindung zwischen Physik und Psychologie, die ihn auch deshalb interessierte, weil er nicht glauben wollte, dass die Quantenmechanik ohne Zutun des Unbewussten auftauchen und den Weg ins Licht des Bewusstseins finden konnte.

Das Prinzip der Ausschließung

Der körperlich nicht besonders groß geratene Pauli studierte von 1918 an Physik, und 1924 unterbreitete er einen Vorschlag, der ihm am Ende des Zweiten Weltkriegs den Nobelpreis einbringen sollte. Die Idee wird heute in den Lehrbüchern als »Ausschließungsprinzip« eingeführt und häufig »Pauli-Prinzip« oder Paulis Verbot genannt. Einfach ausgedrückt erkannte Pauli, dass viele bislang unverständliche Eigenschaften von Materie durch die Vorgabe erklärt werden können, dass Elektronen in einem Atom nicht jeden Zustand annehmen können. Sie unterliegen vielmehr der Einschränkung, von dem Zustand ausgeschlossen zu sein, den ein anderes Elektron schon besetzt hat. Hier errichtete Pauli seine Verbotstafel: Zutritt gesperrt!

Mit Hilfe der Ausschließung konnte Pauli verständlich machen, warum Materie undurchdringlich ist, »warum sich kein Körper dort befinden kann, wo bereits ein anderer ist«, wie es die Physiker des 19. Jahrhunderts zu formulieren pflegten. Pauli gibt in seinen entsprechenden Arbeiten zwar zu, dass er »eine nähere Begründung für diese Regel (...) nicht geben« kann, er und seine Kollegen schwärmen jedoch von der »Schönheit und Rätselhaftigkeit«, die in Paulis Verbot steckt, da mit ihrer Hilfe ausgeschlossen ist, dass in einem Atom alle Elektronen das Gleiche tun. Deshalb kann es auch nicht zu einem dichten Gedränge auf den Bahnen kommen, die dem Kern am nächsten sind. Paulis Verbot zwingt den Atomen und damit den sie umgebenden Hüllen aus Elektronen eine bestimmte Form auf und erlaubt auf diese Weise, den Aufbau des Periodensystems der Elemente zu verstehen.

In den Worten von Paulis Kollegen Paul Ehrenfest: »Auf den ersten Blick scheint das Pauli-Verbot allein solche Leute was anzugehen, die sich mit der Elektronen-Verteilung in Bohrschen Atomen beschäftigen oder mit deren Spektren. (...) Aber dieses so esoterisch aussehende Prinzip kann mitten in unsere Alltags-Welt hinein greifen! Es ist reizvoll, sich das an einem einfachen Beispiel deutlich zu machen. Wir nehmen ein Stück Metall in die Hand. Oder einen Stein. Schon ein wenig Nachdenken macht uns erstaunt, dass dieses Quantum Stoff nicht einen viel geringeren Raum einnimmt. Denn wohl liegen die Moleküle schon ganz dicht aufeinander gepackt. Und ebenso die Atome im Molekül. Gut. Aber warum sind die Atome selber so dick? Betrachtet man zum Beispiel das Modell für ein Blei-Atom. Warum laufen von den 82 Elektronen des Atoms nur so ganz wenige auf den Quantenbahnen dicht um den Kern, alle anderen aber in immer weiteren und weiteren Bahnen? Die Anziehung von den 82 positiven Ladungseinheiten des Atomkernes ist doch so mächtig. Viel mehr von den 82 Elektronen könnten sich also auf die inneren Quantenbahnen zusammenziehen, ehe ihre wechselseitige Abstoßung zu groß wird. Was hindert dann also das Atom, sich in dieser Weise kleiner zu machen?! Antwort: Nur das Pauli-Verbot: Keine zwei Elektronen im selben Quantenzustand. Darum also sind die Atome so unnötig dick, darum der Stein, das Metallstück so voluminös!«

Der Pauli-Effekt

Die Physiker kennen nicht nur das Pauli-Prinzip, mit dessen Hilfe es in der Wirklichkeit *aus*geschlossen wird, dass zwei Elektronen in einem Atom sich in einem Punkt zusammenfinden und gemeinsame Sache machen. Sie kennen darüber hinaus auch den Pauli-*Effekt*, mit dessen Hilfe es in die Theorie der Wirklichkeit *ein*geschlossen wird, dass zwei Handlungsstränge (auch im wirklichen Leben) in einem Punkt zusammenlaufen und dadurch gemeinsame Sache machen. Es geht beim Pauli-Effekt nicht darum, dass irgendetwas gleichzeitig passiert. (Was passiert nicht alles gleichzeitig auf der Welt, ohne dass jemand davon Notiz nimmt? Wie vielen Leuten fällt gleichzeitig etwas aus der Hand? Wie viele Züge fahren gleichzeitig ab?) Es geht darum, dass Ereignisse, deren Verlaufslinien sich in einem Zeitpunkt überschneiden, von Menschen als gleichsinnig und zusammengehörend wahrgenommen werden. Es geht um korrelierte Tatbestände, die zwar ursächlich nicht miteinander zu tun haben, die aber anders erlebt werden, nämlich so, als ob sie ursächlich miteinander zu tun hätten und auf ihre besondere Art auch zusammengehörten.

Dies klingt zwar mysteriös – vor allem für Physiker und andere Wissenschaftler –, aber nach Ansicht der Kollegen von Pauli passte dies zu ihm, und zwar aus einem wahrnehmbaren Grund. Sie waren sich nämlich darüber einig, dass ihn eine etwas geheimnisvolle und unheimliche Aura zu umgeben schien, die sich in dem Pauli-Effekt manifestierte.

Markus Fierz, der Physik-Schüler, der von Pauli auch als »Bruder im Geiste« bezeichnet worden ist, hat dies einmal wie folgt beschrieben: »Auch ganz nüchterne Experimentalphysiker waren der Ansicht, dass von Pauli seltsame Wirkungen ausgingen. Man glaubte z. B., seine bloße Anwesenheit in einem

Laboratorium erzeuge allerhand experimentelles Missgeschick, er erwecke gleichsam die Tücke des Objektes. Das war der ›Pauli-Effekt‹. Darum hat ihn z. B. sein Freund Otto Stern, der berühmte Künstler der Molekularstrahlen, nie in sein Institut hereingelassen. Das ist keine Legende, ich habe Pauli und Stern beide sehr gut gekannt! Pauli selber hat an seinen Effekt durchaus geglaubt. Er hat mir gesagt, er spüre das Unheil schon vorher als unangenehme Spannung, und treffe dann tatsächlich – einen anderen! – das erahnte Missgeschick, so fühlte er sich merkwürdig befreit und erleichtert. Man kann den ›Pauli-Effekt‹ durchaus als synchronistische Erscheinung ... auffassen.«

Damit hat Fierz das Stichwort der Synchronizität geliefert, das auf den Psychologen C. G. Jung zurückgeht, der gemeinsam mit Pauli ein Buch mit dem Titel *Naturerklärung und Psyche* verfasst hat. Jung präsentiert seine Idee unter dem Titel der *Synchronizität als ein Prinzip akausaler Zusammenhänge*, worauf hier nur hingewiesen werden kann. Stattdessen sei die unter Physikern am besten bekannte Geschichte mit einem Pauli-Effekt erzählt, wobei anzumerken ist, dass die meisten Wissenschaftler den geschilderten Vorfällen keine weitere Bedeutung zumessen und sie einfach als mehr oder weniger amüsante Begebenheit hinnehmen, die nichts zum weiteren Nachdenken enthält. Die in ihnen zutage tretende Symmetrie zwischen den beiden Sphären, die wir seit dem 17. Jahrhundert – nach der Vorgabe von Descartes – als Geist *(res cogitans)* und Materie *(res extensa)* scharf voneinander trennen, fällt ihnen weder auf noch ein, und jede weitere Beschäftigung mit synchronistischen Phänomenen kommt ihnen etwas »anstößig« vor, wie Fierz meint.

Die angekündigte Geschichte hat mit dem erwähnten Otto Stern zu tun, der an der Universität Göttingen arbeitete und eines Tages in seinem Institut ein kompliziertes und aufwändiges Experiment vorbereitete. Mitten in den schon seit längerem durchgeführten Arbeiten passierte ein ungewöhnliches (und sich später nie wiederholendes) Missgeschick. Eines der Messgeräte explodierte, was lange Reparaturen und entsprechende Verzögerungen zur Folge hatte. Um sie nicht noch einmal erleben zu müssen und weiteren Ausfällen vorzubeugen, suchte man emsig nach dem Grund für die Störung. Doch trotz aller Bemühungen ließ sich weder ein technischer Defekt noch eine Schwachstelle im Material ausfindig machen, und auch schienen keine Fehler in der Handhabung gemacht worden zu sein. Alle Bedienungsvorschriften waren korrekt eingehalten worden.

Als dieser Tatbestand klar war, breitete sich nach und nach unter den beteiligten Physikern der Verdacht aus, besondere »übernatürliche« Kräfte könnten ihre Hand im Spiel gehabt haben, und einer von ihnen kam schließlich auf den Gedanken, zu überprüfen, ob es sich nicht doch um einen Pauli-Effekt gehandelt haben könnte. Man musste herausfinden, was Pauli getan hatte, als die Maschine explodierte. Wo hielt er sich zu diesem Zeitpunkt auf? Die Nachfrage in Zürich brachte tatsächlich die Lösung in Form einer überraschenden Antwort: Gerade am Unglückstag war Pauli mit dem Zug von Zürich nach Kopenhagen gefahren, und auf dieser Strecke musste er einmal umsteigen – und zwar in Göttingen. Pauli ist dort genau in dem Augenblick auf den Bahnsteig getreten, als im Institut die Lichter ausgingen.

Professor mit Neurose in Zürich

Die Verbindung zwischen Pauli und Jung ist durch den Ruf möglich geworden, den Pauli 1928 an der Eidgenössischen Technischen Hochschule (ETH) in Zürich angenommen hat. Der Beginn dieser Professur ging mit einer Neurose einher, wie Pauli seinen damaligen Gemütszustand nannte. Sein Vater empfahl ihm, Kontakt mit Jung aufzunehmen, und Pauli begab sich zu ihm in Behandlung. Von der Begegnung konnten beide profitieren, da Pauli in diesen Jahren zahlreiche Träume hatte, die ihn Nacht für Nacht beschäftigten und die er ausführlich mit C. G. Jung erörterte. Zwischen beiden entwickelte sich ein wissenschaftliches Gespräch in Briefform, das lange Zeit hindurch unbekannt geblieben und erst in den 1990er Jahren publiziert worden ist. In den Briefen geht es unter anderem um die Rolle des Unbewussten, wenn Menschen sich um Erkenntnis bemühen. Was und wie tragen seine Inhalte zur Klarheit des Wissens bei?

Auf diese Fragen versuchte Pauli im Jahre 1948 zu antworten, und zwar in einem Manuskript mit dem Titel *Hintergrundsphysik*, das erst 1992 in Verbindung mit dem Pauli-Jung-Briefwechsel publiziert worden ist. Es geht dabei um physikalische Grundbegriffe wie Atom, Atomkern, Energie, Welle und Radioaktivität, und Pauli schlägt vor, hierin keine rationalen Konstrukte, sondern archetypische Symbole zu sehen. Ausgangspunkt war Paulis grundsätzliche Skepsis gegenüber einer Logik der Forschung. Es amüsierte ihn bestenfalls, wenn jemand meinte, »dass Theorien durch zwingende logische Schlüsse aus Protokollbüchern abgeleitet werden, eine Ansicht, die in meinen Studententagen noch sehr in Mode war«, wie es in einem Aufsatz über »Phänomen und physikalische Realität« heißt, in dem präzisiert wird: »Theorien kommen zu-

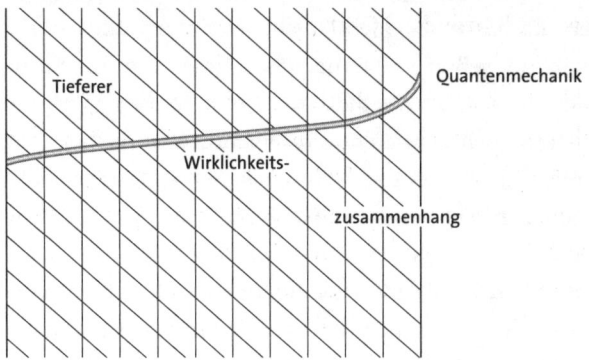

Einstein und die Quantenmechanik. In Paulis Traum zeigt ein Einstein ähnlich sehender Mann die Physik als eindimensionalen Ausschnitt einer zweidimensionalen Welt, im Bild als »tieferer Wirklichkeitszusammenhang« bezeichnet. Diese zweite Dimension wird von Pauli als das Unbewusste bzw. das Archetypische des Denkens gedeutet.

stande durch ein vom empirischen Material inspiriertes Verstehen, welches am besten im Anschluss an Platon als zur Deckung kommen von inneren Bildern mit äußeren Objekten und ihrem Verhalten zu deuten ist. Die Möglichkeit des Verstehens zeigt aufs Neue das Vorhandensein regulierender typischer Anordnungen, denen sowohl das Innen wie das Außen des Menschen unterworfen ist.«

Mit einer »typischen Anordnung« meint Pauli das, was in der Sprache der Psychologie Archetypus heißt und bei C. G. Jung zum kollektiven Unbewussten gerechnet wird. Der Archetypus erlaubt es, die tiefen Beziehungen zwischen der menschlichen Seele und der real gegebenen Materie herzustellen, ohne die wir gar nicht in der Lage wären, Begriffe zu erfinden, die auf die Natur passen. In diesem Bild treten die physikalischen Gesetze als äußere und die Begriffe als innere »Projektionen« archetypischer Qualitäten auf. Erkenntnis kann gelingen, nachdem die menschliche Wahrnehmung äußere Formen in innere Bilder verwandelt hat, die jetzt auf andere innere Bilder treffen, die wie die platonischen Ideen als Vorgabe für den Menschen existieren und seinen Erkenntnishorizont definieren. Die Bilderströme kommen zur Kongruenz, und dies ist möglich, weil sie eine gemeinsame archetypische Ebene haben, von der sie ausgehen.

Pauli beharrte auf der skizzierten »Wesensidentität von Innen und Außen«, die er bereits in den Schriften Goethes fand, dem sie selbstverständlich war, denn

nichts ist drinnen, nichts ist draußen,

denn was innen, das ist außen,

wie es in seinem Gedicht »Epirrhema« heißt. Pauli stuft die Übereinstimmung der inneren und äußeren Sphäre »als die bleibende Wahrheit hinter jeder Ontologie« ein, die das »Ziel aller Wissenschaft bleiben« muss. Das Aufregende der von ihm miterlebten und mitgestalteten wissenschaftlichen Entwicklung bestand für ihn darin, dass in seiner Sicht mit der Quantenmechanik »ein allererster, noch recht kleiner Schritt unserer abendländischen Naturwissenschaft in Richtung auf eine solche Mitte getan ist«. Er besteht in der Abkehr der Theorie »von der gewöhnlichen Kausalität im engeren Sinne und ihrem Miteinbeziehen des Beobachters in eine symbolische Wirklichkeit«.

Die Quantentheorie ist also aus vielen philosophischen Gründen etwas völlig Neues, wie Pauli zu betonen nicht müde wird: »In der Quantenmechanik wird sich der Physiker zum ersten Mal bewusst, dass er nunmehr auch ›natura naturans‹ spielt (dass er ›schaffendes Naturprinzip‹ und nicht nur geschaffene Natur ist [natura naturata]) – kein Wunder, dass es erst einmal schief geht – denn aller Anfang ist schwer.«

Das »Schiefgehen« bezieht sich auf die Schwierigkeiten, die

zahlreiche Physiker wie zum Beispiel Einstein mit der Wirklichkeit der Quanten und ihrer philosophischen Lektion hatten und haben (siehe »Schrödingers Katze«). Die genannten Anfangsschwierigkeiten scheinen erst in unseren Tagen in ein Gelingen überzugehen, und zwar in Form der Antwort, die Physiker heute auf die Frage geben, wie denn das wirklich Unteilbare (Elementare) im Innersten der Dinge zu seinen Eigenschaften kommt. Wie kann zum Beispiel ein Elektron Masse *und* Ladung (und mehr) haben, wenn es ein Gebilde ohne jede Teile ist? Nach dem letzten Stand der Wissenschaft werden solche Eigenschaften, die man aus dem Inneren erwartete, durch das Außen erklärt, das sich durch Wechselwirkungen bemerkbar macht. Die Welt formt etwas, von dem sie zugleich selbst geformt wird. Die physikalische Natur ist *natura* und *naturans* zugleich. Innen und außen fügen sich dem Wesen nach zusammen. Die Welt ist ein Ganzes, und die Physiker gehören dazu – ganz so, wie Pauli gesagt hat.

Hawkings Strahlung

Zu den bekanntesten Vorstellungen der Astronomie gehört die Idee des Schwarzen Lochs. Als der zuerst englisch – als »Black Hole« – vorgetragene Begriff eingeführt wurde, löste er das Wortungetüm »gravitationsbedingt instabile stellare Materie« ab. Mit ihm versuchten Physiker zu erfassen, was mit Sternen unter dem Einfluss der Schwerkraft passiert, wenn dabei zu viel Materie auf einmal zusammenkommt. Sie kollabiert irgendwann einfach. Erst stürzt die gewöhnliche Materie, die aus Atomen besteht, so in sich zusammen, dass die Elektronen in den Kern gezwungen werden und sich dort mit den Protonen zu Neutronen vereinigen. Dabei entstehen die Neutronensterne, die weiter in sich kollabieren können und sich zuletzt als Schwarzes Loch unserer Beobachtung entziehen. Die hier versammelte Gravitationskraft ist nämlich so stark, dass sie alles – selbst das Licht – an sich reißt und nichts entkommen lässt.

Stimmt das? Entkommt einem Black Hole tatsächlich gar nichts? 1974 behauptete der damals bereits auf den Rollstuhl angewiesene britische Physiker Stephen Hawking (*1942 in Oxford), dass Schwarze Löcher entgegen der traditionellen Weisheit doch etwas abstrahlen können, nämlich die Hawking-Strahlung. Dies überraschte seine Kollegen in zweifacher Hinsicht (und begründete nebenbei Hawkings Status als Superstar der modernen Naturwissenschaft, den er bis heute behalten hat).

Die erste Überraschung hing damit zusammen, dass Hawking vor 1974 ein vehementer Gegner der Idee war, dass Schwarze Löcher strahlen können. Er argumentierte heftiger als alle anderen gegen einige der damals eingeleiteten Bemühungen, den Ordnungszustand auszurechnen, den Materie selbst in dem kollabierten Endzustand noch besitzt. Es ging – wie bei Maxwells Dämon – um die Entropie und die Frage nach der Gültigkeit des Zweiten Hauptsatzes der Thermodynamik. Dazu benötigte man eine Methode, diese Größe für ein Schwarzes Loch auszurechnen.

Hawking kam das zunächst alles idiotisch vor. Für einen Physiker ist Entropie schließlich immer mit Wärme verbunden, und wer über Wärme verfügt, kann davon abgeben. Genau dazu sollten aber Schwarze Löcher ihrer Natur nach nicht in der Lage sein. Was sollte das?

So dachte Hawking, bis er beim Nachdenken 1974 zu der gewandelten Überzeugung kam, dass es da doch eine Strahlung geben könne. Hawking musste dabei das ganze Arsenal der modernen Physik – von der Thermodynamik über die Allgemeine Relativitätstheorie bis zur Quantenmechanik – bemühen, um diese Aktivität der Schwarzen Löcher seinen Kollegen gegenüber begründen zu können. Die meisten von ihnen sind inzwischen von der Existenz der von Hawking berechneten Strahlung überzeugt, obwohl sie so schwach ist, dass niemand mit ihrem tatsächlichen Nachweis rechnet. (Hier darf eine Anmerkung über den Nobelpreis eingefügt werden, den Hawking noch nicht bekommen hat und auch nicht bekommen wird, solange seine Physik sich der experimentellen Überprüfung entzieht – da ist man ziemlich stur in Stockholm.)

Hawkings Strahlung ist deshalb prinzipiell von Interesse, weil sie zeigt, welche Überraschungen die Physik bereithält, wenn man alle ihre Gesetze zusammenbringt. Man findet dann sogar dort etwas, wo eigentlich nichts sein sollte. Allerdings – aus dem Inneren eines Schwarzen Lochs kommt nach wie vor nichts, auch nicht die Strahlung, die Hawking berechnet hat. Sie »gehört zu einem Schwarzen Loch wie die Atmosphäre zu unserem Planeten«, wie es Hans Christian von Baeyer ausgedrückt hat. Hawkings Strahlung entspringt dem Schwerefeld unmittelbar an der Oberfläche des Schwarzen Lochs. Dies ist eine Region, die kein Mensch je erreichen wird. Denn wer in die Nähe eines Schwarzen Lochs kommt, wird von der dort kollabierten Materie zwar immer stärker angezogen, zugleich vergeht die Zeit aber immer langsamer (nach Einsteins Relativitätstheorie). Lange vor dem Schwarzen Loch – am so genannten Ereignishorizont – bleibt die Zeit sogar stehen – und wir mit ihr.

Zeilingers Prinzip

Anton Zeilinger (*1945) ist der Meinung, dass der große Niels Bohr zu wenig Gehör fand (siehe »Bohrs Hufeisen«), als er auf einen verbreiteten Irrtum hinwies. Die Wissenschaft von der Physik – so Bohr – beschreibt nicht die Natur, wie vielfach gemeint wird. Die Physik beschreibt vielmehr das menschliche Wissen von der Natur. Wer diesen Satz ernst nimmt – und Zeilinger tut es –, kann auf den Gedanken kommen, dass es eigentlich keinen Unterschied zwischen der Wirklichkeit und unserer Information über sie gibt. Realität und Wissen sind so gesehen nur zwei Seiten einer Medaille und insofern letztlich nicht zu unterscheiden. Wenn man dieser Spur weiter nachgeht und sich daran erinnert, dass Information durch so genannte Bits festgelegt und gemessen werden kann – in einem Computer ist das eine Folge aus Nullen und Einsen –, dann wird einem plötzlich klar, warum die Welt im Bereich der Atome nicht kontinuierlich erscheint und stattdessen ihre Quantennatur offenbart. Unser Wissen über die Natur drücken wir durch diskrete Einheiten aus – als Bits –, und daher tritt uns auch die Welt in dieser Form entgegen. Es gibt in der Wirklichkeit Quanten, weil unser Wissen aus diskontinuierlichen (sprunghaften) Einheiten besteht.

Mit diesen Überlegungen sind wir tief in den Bereich der aktuellen Grundlagenforschung eingedrungen, wie sie in der modernen Physik betrieben wird. Zu den führenden Köpfen gehört der aus Wien stammende und dort tätige Zeilinger, der schon länger versucht, zwei Einsichten angemessen zu berücksichtigen: Zum einen ist Information etwas Physikalisches (siehe »Maxwells Dämon«), und zum zweiten stammt unser gesamtes Wissen über die Natur aus (ihren und unseren) Informationen. Wenn wir diese Größe unbeachtet lassen, dann fehlt etwas in unserem Weltbild. Um diesen Mangel aufzuheben, hat Zeilinger bereits 1999 »ein Grundlagenprinzip für die Quantenmechanik« formuliert, und es klingt sehr einfach, was er da notiert hat: »Ein elementares System trägt ein Bit an Information.«

Das ist alles. Aber es ist viel. Es erklärt – wie oben angedeutet –, warum es überhaupt Quantensprünge gibt (weil wir nur solche Informationen bekommen) und warum es in der atomaren Welt viele der Zufälligkeiten gibt, die Einstein und andere nicht leiden konnten (was der große Mann durch die Worte »Gott würfelt nicht« ausgedrückt hat). Wenn wir nämlich ein elementares System (ein Atom mit gegebenen Eigenschaften) vermessen, gibt es seine Information ab. Mehr geht nicht, denn mehr hat es nicht. Danach kann ihm nicht noch etwas anderes entlockt werden. Jede weitere Messung kann nur noch ein zufälliges Resultat produzieren (wie sich im Versuch nachweisen lässt).

Zeilinger knüpft mit seinem Prinzip an einen Gedanken des bald hundertjährigen Amerikaners John Wheeler (*1911) an, der einmal prophezeit hat, dass sich eines Tages die gesamte Physik in der Sprache der Information verstehen lässt. Wheeler drückte dies unschlagbar kurz durch die Formel »It from Bit« aus, die er so erläuterte: »›It from Bit‹ steht für die Idee, dass jeder Gegenstand der physikalischen Welt an seiner Basis eine nicht-materielle Quelle und Erklärung besitzt. Was wir Realität nennen, entsteht letztendlich aus Ja-oder-Nein-Fragen und der Registrierung der entsprechenden Antworten. Kurz gesagt, alle physikalischen Dinge sind ihrem Ursprung nach informationstheoretisch, und das in einem *partizipatorischen Universum*«, womit eine Welt gemeint ist, die nicht nur uns hervorbringt (formt), sondern die wir auch hervorbringen (mitgestalten).

In diesem Zusammenhang kann auch die Einsicht eine neue Bedeutung bekommen, der zufolge eine Wissenschaft die Welt nicht entdeckt, sondern so erfindet und hervorbringt, wie es einem Künstler gelingt. Wer dies sagt, wird oft gefragt, ob er damit bestreitet, dass es überhaupt eine Welt »da draußen« gibt. Die Antwort lautet natürlich Nein. Wir wissen sogar genau, dass es etwas »da draußen« gibt. Wir wissen dies durch den Zufall. Ihn können wir nicht erfinden. Er findet ohne uns seinen Weg zur Wirklichkeit.

KLASSISCHE KNIFFLIGKEITEN

Maxwells Dämon

Die Doktorarbeit, die Max Planck angefertigt hatte, aber folgenlos blieb (siehe »Plancks Prinzip«), handelt von dem, was Physiker den Zweiten Hauptsatz der Thermodynamik nennen (wobei man für den letzten Begriff auch Wärmelehre sagen kann). Maxwells Dämon, den wir erst nach einigen Vorbemerkungen auftreten lassen können, stellt einen Versuch dar, diesen Hauptsatz auf Herz und Nieren zu prüfen (und dabei vielleicht sogar über den Haufen zu werfen). Sein Erfinder, der schottische Physiker James Clerk Maxwell (1831–1879), hat sein Teufelchen dabei als Aufgabe für die Wissenschaft in die Welt gesetzt. Sie sollte ihm mit ihren Gesetzen erklären, warum es diesen Dämon nicht geben kann. Es hat über einhundert Jahre gedauert, bis die Physiker darauf die passende Antwort finden konnten, woraus man schließen kann, wie clever der Dämon konzipiert war.

Wir werden zu einer überraschenden Lösung kommen, müssen aber vorher den Gipfel der Wissenschaft ersteigen, den wir als Zweiten Hauptsatz schon benannt haben. Wer diese Bezeichnung hört, wird unschwer erraten, dass es daneben einen ersten solchen Hauptsatz geben muss, und er wird fragen, ob es darüber hinaus noch einen dritten oder gar vierten Hauptsatz in dieser Reihe gibt. Die korrekte Antwort lautet, es gibt drei solcher Grundaussagen der physikalischen Wissenschaft, die sich mit der Wärme beschäftigt. Im Ersten Hauptsatz wird festgestellt, dass in allen Reaktionen und bei allen Bewegungen die Energie weder vernichtet noch erzeugt wird, sondern vielmehr konstant bleibt. Man spricht daher auch vom Erhaltungssatz der Energie, und im 19. Jahrhundert fühlten sich die Physiker so stark, dass sie es riskierten, daraus eine globale Aussage zu zimmern: Die Energie der Welt ist konstant.

Da wir den Rest dieses Beitrags dem Zweiten Hauptsatz widmen, sei rasch erwähnt, dass die dritte Grundlegung dieser Art eine Auskunft über den absoluten Nullpunkt der Temperatur gibt. Um dies zu verstehen, muss man nur daran denken, dass Gegenstände schrumpfen, wenn es kälter wird. Sie können natürlich nicht beliebig klein werden. Es muss da eine Grenze geben, die auch verhindert, dass die Temperatur noch weiter absinken kann. Hier ist wortwörtlich alles festgefroren. Man spricht vom absoluten Nullpunkt der Temperatur, um ihn von relativen Nullpunkten zu unterscheiden, wie wir sie etwa von der Celsius-Skala auf unseren Thermometern kennen. Dieser Nullpunkt ist willkürlich durch das Frieren von Wasser festgelegt und dient dazu, sich über gemessene Temperaturen verständigen zu können. Der Dritte Hauptsatz der Thermodynamik besagt nun, dass es ausgeschlossen ist, den absoluten Nullpunkt, der in Celsius-Graden bei −273 Grad liegt, zu erreichen, wobei wir die Frage offen lassen, die Witzbolde an dieser Stelle aufwerfen, wenn sie wissen wollen, was wir eigentlich in dieser Kälte zu suchen haben.

Die Richtung der Natur

Das große Interesse der Physik und anderer Wissenschaften an der Energie hing im 19. Jahrhundert vor allem mit der Notwendigkeit zusammen, besser zu verstehen, wie Maschinen funktionierten. Es war die Zeit der großen Industrialisierung, und überall wurden Dampf- und Elektromaschinen installiert, um Arbeiten zu verrichten. Die Unternehmer – und nicht nur sie – wollten wissen, wie man mit möglichst geringem Aufwand möglichst viel aus einer Maschine herausholen kann, was physikalisch eine Antwort auf die Frage verlangte, wie viel von der Energie, die man etwa in Form von Kohle oder Strom in eine Maschine einbrachte, in Arbeit umgesetzt wurde. Klar war, dass nicht alle Energie nutzbar gemacht werden konnte und viel verlorenging – etwa durch Reibung oder dadurch, dass heiße Teile einer Maschine einfach abkühlten (Dissipation). Um hier genauer Auskunft geben zu können, unterschieden die Physiker zwischen der Gesamtenergie, die sie einem Apparat zuführten, und der freien Energie, die sie in Arbeit umwandeln konnten, wie sie sich etwa im Transport von Lasten zeigte.

Bei ihren Versuchen, genauer zu erfassen, was diese freie Energie sein könnte, fiel den Physikern ganz allgemein auf, dass sie dann, wenn sie nur über Energie nachdachten, einen wesentlichen Aspekt sowohl der Naturvorgänge als auch der Abläufe in Maschinen außer Acht ließen und nicht in den Griff bekamen – nämlich die Richtung, in der Prozesse ablaufen. Mit der Richtung ist nicht gemeint, ob eine Kugel nach oben oder unten fliegt oder ob ein Ball umkehrt, nachdem ihn jemand gegen eine Mauer geschossen hat. Mit Richtung ist gemeint, dass zum Beispiel dann, wenn man einen Eiswürfel in ein Wasserglas gibt, die Wärme stets vom warmen Flüssigen zum kalten Gefrorenen strömt und niemals die Gegenrichtung einschlägt. Wer ein kühles Glas Wein in einer lauen Sommernacht trinkt, wird merken, dass dessen Temperatur nur ansteigt. Es scheint ausgeschlossen zu sein, dass die warme Luft sich zusätzlich aus der Energie der Flüssigkeit bedient. Das Weinglas wird wärmer, bis es das Niveau der Abendluft erreicht hat. Dann kommt der Vorgang des Energietransports an sein Ende.

In den Worten von Max Planck: Ob »Wärmeleitung in die Richtung vom wärmeren zum kälteren Körper erfolgt oder umgekehrt, daraus lässt sich aus dem Energieprinzip allein nicht das Mindeste schließen«. Mit »Energieprinzip« meint Planck den Ersten Hauptsatz der Thermodynamik, dem er in seinen berühmten »Vorlesungen über Thermodynamik« bald den Zweiten an die Seite stellte, den er folgendermaßen formulierte: »In der Natur existiert für jedes Körpersystem eine Größe, welche die Eigenschaft besitzt, bei allen Veränderungen, die das System allein betreffen, entweder konstant zu bleiben oder an Wert zuzunehmen.«

Für diese Größe hatte der Physiker Rudolf Clausius einen Namen eingeführt, der wie Energie klingen sollte, was bekanntlich aus dem Griechischen kommt und hier als *energeia* so etwas wie Wirksamkeit und Kraft meinte. Als Clausius auf der Suche nach dem richtigen Ausdruck das griechische Wort *entrepein* entdeckte, das »umkehren« heißt, bildete er daraus die Entropie, die uns seitdem beschäftigt. Offenbar gibt es in der Natur Vorgänge, die umkehrbar sind – Wasser kann erst zu Eis gefrieren und dann wieder schmelzen, wenn die Temperatur steigt –, aber die meisten Abläufe der Natur sind unumkehrbar. Und darüber entscheidet nicht die zu- oder abgeführte Energie, sondern die Entropie. Sie steigt an, wenn ein Vorgang nicht umkehrbar ist, und sie kann nur ansteigen und niemals abnehmen. Mit anderen Worten, die Vorgänge der Natur laufen meistens so ab, dass die Entropie zunimmt, was Clausius in einer universalen Formulierung zusammenfasste: Die Entropie der Welt strebt einem Maximum zu.

Maxwells Sortiermaschine

Es ist heute eher schwer vorstellbar, welches Interesse die Physik des 19. Jahrhunderts in einigen intellektuellen Kreisen fand, vor allem, nachdem sie es riskiert hatte, universale Behauptungen aufzustellen. Bald erörterte man heftig die Frage, was diese Entropie genau sein könne (ohne zu bemerken, dass man im Grunde auch nicht wusste, was die scheinbar eingängige Energie genau sein sollte, die immerhin die dramatische Eigenschaft aufwies, unzerstörbar zu sein). Bald gab es einfache Deutungen der Entropie, die mit dem anschaulichen Konzept der Ordnung agierten und besagten, dass dem Zweiten Hauptsatz der Thermodynamik zufolge die Unordnung der Welt nur zunehmen könnte. Damit wurde ein Sachverhalt benannt, den wir alle aus dem Alltag kennen, in dem die Unordnung eines Zimmers nur wachsen kann, wenn niemand aufräumt.

Tatsächlich sahen einige besonders kluge Intellektuelle in dem Zweiten Hauptsatz einen physikalischen Beweis für den Untergang der Kultur, wobei wir diesen Unsinn nur erwähnen, um anzudeuten, wie leicht es ist, wissenschaftliche Einsichten zu missbrauchen. Die Urheber des Zweiten Hauptsatzes hatten ganz andere Probleme, nämlich zu verstehen, was die Entropie tatsächlich erfasst und wie die Naturabläufe mit ihrer Hilfe die Richtung bekommen, die sie haben. Es ist doch keine Frage, dass es gerichtet in der Natur zugeht und etwa ein Tintentropfen in einem Wasserglas nur zerfließt und sich nie wieder rückbildet. Und wenn man ein Gefäß, in dem sich ein Gas mit hoher Temperatur befindet, neben ein Gefäß stellt, in dem dasselbe Gas eine niedrigere Temperatur hat, dann wechselt die Energie nur von der warmen auf die kalte Seite – und nicht umgekehrt –, und dieser Austausch hört auf, wenn beide die gleiche Temperatur haben. Die Entropie des Systems hat jetzt ihr Maximum erreicht.

Die Fachleute hatten auch angefangen, diesen Vorgang präzise zu erfassen, und zwar durch die Annahme, dass die Gase (oder andere physikalische Systeme) aus Atomen bestehen. Hier ist ein wenig Vorsicht geboten, denn so einfach dieser Satz heute klingt, so skeptisch wurde er damals begrüßt. Niemand wusste sicher zu sagen, ob es diese Gebilde gab, die ihren Namen schon in der Antike bekommen hatten. Und erst recht hatte damals niemand auch nur eine vage Idee, wie die Atome aussehen sollten. Trotzdem – als Hypothese darf man sie einführen, und wer das macht, verfügt über die Möglichkeit, der Temperatur eines Gases eine Deutung zu geben. Er denkt sich Atome als kleine, harte und elastische Kügelchen, die schneller oder langsamer unterwegs sind und zusammenstoßen können. Sind die Atome schnell, ist die Temperatur des Gases, das aus ihnen besteht, hoch. Sind die Atome langsam, ist die Temperatur des Gases, das aus ihnen besteht, niedrig. Wenn schnelle und langsame Kügelchen zusammenstoßen, tauschen sie ihre Energie aus, und da die langsamen Atome dabei vor allem etwas von den schnellen Exemplaren abbekommen, lässt sich jetzt der Zweite Hauptsatz gut verstehen. Er besagt, dass als Folge der Zusammenstöße zuletzt die Geschwindigkeiten von allen umhersausenden Kügelchen gleich sind, und das ist ja auch genau das, was man beobachtet.

Es war für Planck und seine Mitstreiter offensichtlich, dass diese mechanische Deutung der Wärme ein befriedigendes Gesamtbild der physikalischen Wirklichkeit abgab, und es störte

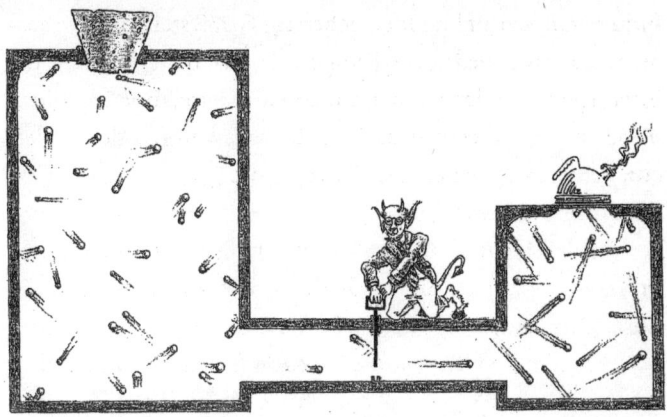

Links ist es warm (die meisten Atome sind schnell), rechts ist es kalt (die meisten Atome sind langsam). Im Normalfall gleicht sich alles aus. Der Dämon sortiert die Atome so, dass das Gegenteil passiert. Er lässt von links nur die langsamen und von rechts nur die schnellen Atome passieren. Dann wird das Warme durch das Kalte wärmer. In der Natur kommt so etwas nicht vor, was die Frage aufwirft, was an dem Dämon nicht funktionieren kann. Warum kann es ihn nicht geben?

sie nicht, dass es viele Kritiker dieser Theorie gab, die vor allem darauf hinwiesen, dass die Atome im Zentrum des Verstehens nur sehr unzulänglich beschrieben waren und ihr Wirken im Detail unklar blieb. Dieser Einwand war sicher berechtigt, aber es ist – wie in »Brenners Besen« gezeigt wird – nicht zu erwarten, dass eine gute Hypothese gleich alle Fragen der Physik klärt. Es reicht, wenn sie in einigen Fällen weiterhilft – aber nur, wenn sie nicht zugleich größere Probleme schafft. Genau dies aber schien der Fall zu sein, und zwar durch ein Gedankenexperiment des Schotten Maxwell, das als Maxwells Dämon berühmt geworden ist und die Fachwelt bis in unsere Tage beschäftigt hat.

> Maxwell stellt sich die beiden oben erwähnten Gase vor, die er in zwei Kammern nebeneinander platziert und mit einer Klappe versieht. Dort positioniert er seinen Dämon, dem er eine einfache Aufgabe stellt. Er soll die Atome sortieren. Wenn aus der warmen Kammer ein schnelles Atom kommt, soll er es abweisen; wenn aus der warmen Kammer ein langsames Atom kommt, soll er es durchlassen. Umgekehrt: Wenn aus der kalten Kammer ein schnelles Atom kommt, soll er es durchlassen; wenn aus der kalten Kammer ein langsames Molekül kommt, soll er es abweisen. Maxwell setzt für das Funktionieren seiner diabolischen Sortiermaschine voraus, dass nicht alle Atome gleich schnell oder langsam sind. Es gibt vielmehr eine Verteilung ihrer Geschwindigkeit – sie heißt in der Fachsprache Maxwellsche Verteilung und liefert die Grundlage für eine statistische Behandlung von Gasen –, was konkret bedeutet, dass es auf der warmen Seite sehr viele schnelle, aber auch ein paar langsame Atome, und entsprechend auf der kalten Seite sehr viele langsame, aber auch ein paar schnelle Atome gibt.
>
> Ohne Dämon käme es zu dem Ausgleich der Temperaturen, wie ihn der Zweite Hauptsatz vorhersagt. Aber mit dem Dämon wird das warme Gas wärmer und das kalte Gas kälter, und Maxwells Frage aus dem Jahre 1871 lautet, warum es solch einen Dämon nicht geben kann. Wie rettet man den Zweiten Hauptsatz vor dem Eingreifen solch eines Teufelchens?

Eine Frage der Information

Der Ausdruck »Maxwellscher Dämon« stammt von dem britischen Physiker Lord Kelvin, der sich 1874 mit dem Thema befasste und bemerkte, dass in dieser Konstruktion schon aus dem Grund ein ernstes Problem steckte, weil weder der Erste noch der Zweite Hauptsatz der Thermodynamik bewiesen waren. Bei ihnen handelte es sich um die Zusammenfassung von Erfahrungen, zu denen sich ja jederzeit neue gesellen konnten, und wer konnte schon sicher sein, dass sie stets mit den entsprechenden Aussagen der Physik in Übereinstimmung sein würden? Was wäre, wenn man tatsächlich ein trickreiches technisches System konstruieren könnte, das die natürliche Richtung von Prozessen umkehrt?

Viele Zeitgenossen von Maxwell, Lord Kelvin, Clausius und Planck bemühten sich, das Teufelchen zu erledigen, aber außer dem eher hilflosen Hinweis, dass es sich hier um ein akademisches Spielchen ohne praktische Folge handelte, ist den Wissenschaftlern jahrzehntelang nichts von Interesse eingefallen. Tatsächlich dauerte es bis 1929, bis auf diesem Gebiet endlich wieder ein Fortschritt zu vermelden war. Damals publizierte der aus Ungarn stammende Physiker Leó Szilárd eine Schrift mit dem umständlichen Titel *Über die Entropieverminderung in einem thermodynamischen System bei Eingriffen intelligenter Wesen*.

Wer sich auf die etwas vertrackte, aber wissenschaftlich präzise Sprache einlässt, wird daraus ablesen können, dass Szilárd erstens genau auf Maxwells Dämon anspielt und zweitens den Finger auf die Wunde legt. Der Teufel kann nicht bloß als physikalischer Apparat funktionieren, er muss darüber hinaus auch intelligent sein. Der Dämon muss ja Entscheidungen treffen, und sie kann er nur ausführen, wenn er über die dazu nötigen Kenntnisse verfügt. An dieser Stelle kommt ein Konzept ins Spiel, das wir heute ganz selbstverständlich verwenden, das aber – wie viele große Ideen der Menschheit – erst einmal entdeckt und eingeführt werden musste. Gemeint ist das Konzept der Information, das nach dem Zweiten Weltkrieg immer populärer wurde und aus dem heutigen Sprachschatz gar nicht mehr wegzudenken ist.

Maxwell und Planck mussten – wörtlich verstanden – ohne diese Information auskommen, und dann stellt der Dämon das geschilderte Problem dar. Mit der Information wird die Sache übersichtlicher, denn das Teufelchen muss die für seine Entscheidungen nötigen Informationen erst einmal erwerben, was nicht ohne Entropieerzeugung vor sich geht, wie Szilárd grob ausrechnen konnte. Aber was noch wichtiger ist, der Dämon muss die Information auch irgendwo speichern, was verhindert, dass er beliebig klein konstruiert sein kann. Szilárd führte vor, dass die Physik nicht verstanden werden konnte, ohne Konzepte wie Messung, Information und Speicherung mit in ihre Rechnungen einzubeziehen, und wenn man seine Lösung für Maxwells Problem einfach ausdrücken will: Die neue Unübersichtlichkeit verwirrt den Dämon so, dass er irgendwann nicht mehr genau genug zwischen schnellen und langsamen Atomen unterscheiden kann, und der Zweite Hauptsatz schien unbeschadet überlebt zu haben.

Der Preis des Vergessens

Die Physiker bewunderten Szilárd, der übrigens kurz nach seinem Angriff auf den Dämon sich mit Albert Einstein zusammentat, um mit ihm gemeinsam den legendären Brief an den amerikanischen Präsidenten Roosevelt zu schreiben, in dessen Folge das Manhattan Projekt ins Laufen kam. In den unruhigen Zeiten des Zweiten Weltkriegs galt es, andere Dämonen als den von Maxwell zu beseitigen, und so dauerte es bis in die frühen 1950er Jahre, bevor sich einige Physiker erneut Szilárds Lösung vornahmen, unter anderem mit der Absicht, die Wechselwirkung zwischen dem Dämon und den Kügelchen – den alten Atomen – im Rahmen der neuen Physik genauer zu verstehen, die ja mit Quanten operierte. Dabei fiel ihnen unter anderem auf, dass die alte Größe Entropie und die neue Größe Information in der Tiefe zusammenhängen. Die eine ist mehr oder weniger das Gegenstück zu der anderen, was zu der Konsequenz führt: Information ist physikalisch. Sie unterliegt den Gesetzen der Physik. Als in den späten 1950er und frühen 1960er Jahren die Konstrukteure von Computern an die Stelle der Konstrukteure der Dampfmaschinen des 19. Jahrhunderts traten, wollten auch sie wissen, an welcher Stelle es zu thermodynamischen Verlusten kommen kann.

Besonders intensiv kümmerte sich Rolf Landauer bei der Firma IBM um diese Frage, und er versuchte – mit dem Zweiten Hauptsatz der Thermodynamik und Maxwells Dämon im Hinterkopf – genau die Stelle ausfindig zu machen, an der in den Rechenmaschinen Energie in Wärme umgewandelt wird und so für ihren eigentlichen Zweck verloren geht. Im Jahre 1961 hatte er Erfolg, und er konnte ein Prinzip – Landauers Prinzip – formulieren, mit dem zum ersten Mal wirklich verstanden werden kann, was dem Dämon das Leben schwer macht.

Im Gegensatz zu der traditionell vertretenen Ansicht – so Landauer – entstehen die thermodynamischen Verluste nicht, wenn Information verarbeitet (aufgenommen und genutzt) wird. Der einzige Schritt, bei dem sich ein elementarer Verlust nicht vermeiden lässt, ist die Zerstörung von Information – das Vergessen. Man halte sich nur einmal vor Augen, was der Dämon alles leisten muss: Es muss ja nicht nur ein oder zwei Atome im Kasten messen und sortieren, sondern gigantische Mengen von Atomen ansehen und prüfen, und das heißt, dass er ein ebenso gigantisches Gedächtnis – Speicherplatz – benötigt, was ihn sicher bald größer als die ganze Anlage – und damit völlig wertlos – macht. Der Dämon muss also neben seiner Aufgabe der Informationsgewinnung die noch viel wichtigere Aufgabe der Informationsvernichtung betreiben. Er muss seinen Speicher unentwegt löschen, und dafür zahlt er das, was man poetisch den »Preis des Vergessens« nennen könnte. Er wird vom Zweiten Hauptsatz eingefordert, der jetzt tatsächlich endgültig alle Dämonen und ihre Vertreiber souverän überstanden hat.

Als der amerikanische Physiker Charles Bennet im Jahre 1984 Landauers Prinzip auf das Gedächtnis von Maxwells Dämon anwenden und dabei zeigen konnte, dass auf diese Weise das Gas und seine Atome genau mit der Entropie wieder ausgestattet werden, die der Zweite Hauptsatz verlangt, hatte die Physik endlich die innere Ruhe zurückgewonnen, die Maxwells Dämon ihr vor mehr als hundert Jahren genommen hatte. Es sei denn, morgen findet jemand einen Aspekt, den wir bislang übersehen haben. Diese Möglichkeit sollten wir nicht vergessen, auch wenn wir dafür Entropie zahlen müssen.

Olbers' Paradoxon

Nachdem schon einige Male von der Nachtseite der Wissenschaft die Rede war, wollen wir uns jetzt der Nachtseite der Welt zuwenden und versuchen, die Farbe der Nacht – das Schwarz des Himmels – zu verstehen. Zunächst erscheint es nicht verwunderlich, dass es dunkel wird, wenn die Sonne untergeht bzw. wenn sich die Erde so dreht, dass die Sonne für Menschen auf europäischem Boden aus dem Blickfeld verschwindet, während sie sich den Menschen erst in den USA und dann in Asien zeigt (falls es keine Wolken gibt). Was sollen wir denn anderes sehen als die Farbe Schwarz, wenn das Zentralgestirn unseres Planetensystems nicht sichtbar ist, wenn also die Nacht den Tag abgelöst hat? Was gibt es da zu staunen bzw. zu fragen?

Zunächst der Hinweis auf das an dieser Stelle eher nebensächliche Problem, dass der Himmel bei Nacht tatsächlich keineswegs farblos ist. Unsere Augen sehen nur nichts Buntes. Wenn wir ein physikalisches Messgerät nutzen, das uns über die Wellenlängen des von ihm eingefangenen Lichts informiert, würden wir feststellen, dass die Dunkelheit des Himmels voller Farben – also bunt – ist. Unserem Sehapparat mit Augen und Gehirn erscheint der Nachthimmel nur deshalb schwarz, weil wir die lichtempfindlichen Zellen, die für Farben empfänglich sind, nur tagsüber nutzen und nachts in Ruhe lassen. Nachts sind bekanntlich alle Katzen grau und alle Himmel schwarz. So hat uns die Evolution eingerichtet, und mit diesem Hinweis wollen wir das Physiologische und das Visuelle auf sich beruhen lassen.

Ein kosmisches Problem

Die Dunkelheit der Nacht interessiert uns als kosmisches Problem, und die Frage nach ihr trägt hier einen Namen. In der wissenschaftlichen Literatur spricht man vom »Olbersschen Paradoxon« und ehrt damit den aus Bremen stammenden Heinrich Wilhelm Olbers (1758–1840), der am Tag Arzt und in der Nacht Astronom war. 1820 gab er – vorgeblich aus Gesundheitsgründen – seine Praxis auf, um sich fortan intensiv und kontinuierlich mit dem Paradoxon zu beschäftigen, das ihn irritierte, und zwar aus folgendem Grund: Für Olbers war die Annahme selbstverständlich, dass es im Universum »unermesslich« viele Sterne gibt, wie er schrieb, und damit entsteht sein Problem. Denn durch unermesslich viele Sterne kann man ebenso wenig hindurchschauen wie durch einen dicht bewachsenen Wald. Irgendwann trifft jeder Blick dabei auf einen Baum, und entsprechend sollte jeder Blick an den Himmel irgendwann auf einen leuchtenden Stern treffen. Der Nachthimmel dürfte also nicht schwarz, er müsste vielmehr weiß wie die frisch gestrichene Decke eines Zimmers aussehen – wenn es unermesslich viele Sterne gibt.

Doch der Himmel ist nicht weiß. Er und das ganze Weltall sehen schwarz aus, wie bekannt ist, seit es Blicke auf den Mond und Bilder vom Mond gibt. Und die Frage lautet, wie dies zu erklären ist. Warum wird der kosmische Himmel dunkel, wenn die Sonne nicht mehr scheint?

Übrigens – die Farbe Blau, die wir an einem wolkenlosen Tag sehen, verdanken wir der Atmosphäre, die das Sonnenlicht in Abhängigkeit von seiner Energie streut und daher das Blaue bevorzugt. (Dieses Licht wird bei einer tief stehenden Sonne am Abend gerade durch die Streuung abgelenkt; wir sehen beim Sonnenuntergang, was übrig bleibt, und das ist das schöne gelbliche Rot, das uns in eine warme Stimmung versetzt.)

Warum ist die Nacht schwarz?

Was könnte harmloser klingen als diese Frage? Vermutlich steckt hier der Grund, weshalb es so lange gedauert hat, bis sich die Wissenschaftler ihrer mit ausreichendem Ernst angenommen haben. Sie wunderten sich zuvor über etwas anderes, nämlich über das, was direkt ins Auge fällt: Wie kommt es, dass Sterne leuchten? Brennt auf ihnen ein Feuer? Wie lässt sich weiter erklären, dass Sterne funkeln? Und warum sehen alle Lichter am Nachthimmel gleich groß aus? Sind die fernen Sterne etwa alle gleich groß oder erscheinen sie uns nur auf diese Weise?

Alles schwierige wissenschaftliche Fragen, die inzwischen gut beantwortet werden können – im Gegensatz zu unserer Ausgangsfrage nach der Nacht und ihrer Farbe, der wir uns jetzt wieder zuwenden wollen. Wer sich vor einem Laienpublikum erkundigt, warum abends die Dunkelheit hereinbrechen kann, bekommt als spontane Antwort den Hinweis auf das Offensichtliche, auf die Tatsache nämlich, dass die Sonne untergegangen ist und nicht mehr am Himmel steht und leuchtet. Dies trifft natürlich beim ersten Blick zu, greift aber viel zu kurz, denn das Weltall hört bekanntlich bei der Sonne nicht auf. Selbst bevor sie die zahlreichen Millionen Lichtjahre abmessen und zahlreiche Haufen und Superhaufen zählen konnten, waren die Menschen sicher, dass es mehr Sterne als nur den einen gibt, um den wir auf der Erde rotieren. Natürlich kann niemand genau wissen, wie viele sonnenartige Himmelskörper die Welt aufbietet, aber mit dieser Selbstverständlichkeit kann sich niemand davonschleichen, denn sie hat eine Konsequenz. Wer etwas nicht weiß bzw. nicht wissen kann, was für ein ihm gestelltes Problem relevant ist, muss Mutmaßungen anstellen, und jemand, der die Frage nach der Dunkelheit bei Nacht beantworten will, muss sein Bild des Universums vorstellen, mit dem er sich an des Rätsels Lösung wagen will.

Beschäftigt man sich mit dieser Frage, so kann man nicht bei der Abwesenheit der Sonne stehen bleiben. Man muss sich genauer über den Kosmos äußern bzw. in keineswegs trivialer Weise festlegen, wie die Welt aussehen soll. In welchem Kontext – unter welchen Vorgaben – soll das Schwarze am Himmel erklärt werden?

Angebotene Antworten

An dieser Stelle taucht häufig der Einwand auf, dass die Helligkeit der Sterne mit zunehmender Entfernung abnimmt und daher erst immer weniger und zuletzt nichts mehr zu sehen ist. Dies trifft zwar zu. Aber es stimmt auch, dass bei einer gleichmäßigen Besetzung des Himmels – und eine andere kommt ohne weitere Vorgaben nicht in Frage – die Zahl der Sterne weiter außen zunimmt, und zwar so, dass die schwindende Leuchtkraft der einzelnen Sterne durch ihre zunehmende Zahl ausgeglichen wird.

Die Frage nach dem schwarzen »Warum« bleibt also bestehen, und sie irritiert, weil sie so direkt vor Augen liegt. Eine höchst menschliche Antwort hat der Philosoph Hans Blumenberg vorgeschlagen. Er hat in seinem Buch über *Die Vollzähligkeit der Sterne* die hübsche und paradox klingende Formulierung gefunden, dass wir gerade dann keine Sterne sehen könnten, wenn es nur Sterne gäbe. Tatsächlich: Wenn der Nachthimmel gleichmäßig erleuchtet wäre von den riesigen Sternenmengen des Kosmos, dann wäre eben nur ein durchgängiges Weiß, aber kein einzelner Stern zu sehen. Der Grund für die Dunkelheit steckt so gesehen darin, dass uns Menschen damit eine Chance gegeben wird, überhaupt Sterne zu sehen und von ihrer Unermesslichkeit so erschüttert zu sein wie der große Kant, den erhabene Gefühle überkamen, wenn er den gestirnten Himmel über sich betrachtete. Vielleicht ist ihm dabei der Gedanke gekommen, dass es Fragen gibt, die der menschlichen Vernunft aufgegeben sind, ohne dass jemand in der Lage wäre, sie zu beantworten. Zu ihnen gehört die Frage nach der Zahl der Sterne, die in dem bekannten Kinderlied gestellt wird: »Weißt Du, wie viel Sternlein stehen, an dem hohen Himmelszelt?« Die Antwort kennt der liebe Gott, wie es im Lied heißt, das auch verrät, was der Grund dafür ist. Gott möchte sicher, dass ihm kein Sternlein fehlt. Bei Gott ist wirklich jeder gemeint, jeder Stern und jeder Mensch.

Von Seiten der Wissenschaft könnte jetzt eingewendet werden, dass Olbers bei seiner Erklärung des fehlenden Lichts von einer unzutreffenden Annahme ausgegangen ist. Vielleicht gibt es gar nicht unermesslich, sondern nur endlich viele Sterne. Der Blick an den Nachthimmel liefe dann durch sie hindurch, wie es der Blick durch ein kleines Wäldchen tut, der erkennt, was auf der anderen Seite hinter dem Wald ist.

Das Problem mit dieser Lösung liegt darin, dass die Annahme von endlich vielen Sternen zwangsläufig den Gedanken nahelegt, dass wir dann auch in einer Welt leben, die nur endlich groß ist. Denn was soll unendlich viel Platz, wenn er nicht gebraucht wird? Wo nichts ist, können wir auch nichts erkennen – weder eine Ordnung noch eine Unordnung. Ist das weit draußen überhaupt noch ein Kosmos, wenn es da nichts mehr gibt? Wenn das Universum aber nur endlich weit reicht, was finden wir dann hinter seinem Rand?

Mit anderen Worten – die Frage nach der Farbe des Kosmos muss sorgfältiger bedacht werden, als man zunächst meint, und sie erfordert gezielte Annahmen über die Welt, in der wir leben bzw. unseren Ort haben. Dabei fällt auf, dass die Annahmen zu Folgerungen führen, die jeweils mitzutragen und zu bezahlen sind. Die schwierigsten hängen dabei mit der Ausdehnung des Kosmos zusammen, das heißt mit der Frage, ob das Universum endlich ist oder unendlich weit reicht, und diese Unterscheidung bezieht sich zunächst nur auf die Dimension des Raumes. Wir können aber auch über die Zeit spekulieren, die dem Weltall zur Verfügung steht bzw. bis heute gestanden hat. Wenn wir sie nicht zu lang werden lassen, könnte es nämlich sein, dass Olbers und alle nach ihm die unermesslich vielen Sterne am Himmel allein deshalb nicht sehen, weil sie derart weit entfernt sind, dass das Licht noch nicht Zeit genug gehabt hat, um bei uns einzutreffen. Allerdings müssten wir in dem Fall die Frage zulassen, wie denn die Sterne selbst an diesen so fernen Ort gekommen sind. Oder waren sie da vielleicht schon immer?

Diesen zuletzt geschilderten Zusammenhang hat als Erster ein Zeitgenosse von Olbers, der amerikanische Dichter Edgar Allan Poe (1809–1849), in Erwägung gezogen. Im Februar 1848 – ein Jahr vor seinem vorzeitigen Tod – sprach Poe in der Society Library in New York mehr als zwei Stunden lang über die Entstehungsgeschichte des Kosmos, über die »cosmogony of the universe«, wie es wörtlich bei ihm heißt. Er fasste das dabei Vorgetragene später in einem Essay mit dem Titel »Eureka: A Prose Poem« zusammen, den er dem großen Naturforscher Alexander von Humboldt widmete. In diesem Text stellt sich Poe ein lebendig pulsierendes Universum vor, das abwechselnd expandiert und kontrahiert, so wie es ein schlagendes Herz tut. Poe, den als Poet die Dunkelheit mehr faszinierte als das Licht, wendet sich zuletzt dem Nachthimmel zu und schreibt: »Gäbe es eine endlose Folge von Sternen, dann würde uns der Hintergrund des Himmels eine gleichförmige Helligkeit präsentieren, so wie sie die Milchstraße zeigt – *denn dann gäbe es in dem ganzen Hintergrund absolut keinen Punkt, an dem kein Stern existieren würde.* Das einzige Schema, mit dem wir unter diesen Umständen die *Leere* verstehen können, die unsere Teleskope in unzählige Richtungen finden, müsste annehmen, dass die Entfernung des unsichtbaren Hintergrunds derart riesig ist, dass noch kein Lichtstrahl von da in der Lage gewesen ist, uns zu erreichen.«

Poe spricht die modernen Themen der Geschwindigkeit des Lichts und des Alters der Sterne an und bringt weitere originell und aktuell zugleich wirkende Ideen in die Debatte um den Kosmos. Er antizipiert zum Beispiel den heute nachweisbaren hierarchischen Aufbau des Universums als »cluster of clusters« und vermutet sogar, was im 20. Jahrhunderts bei Einstein zu dem maßgeblichen Gedanken seiner Kosmologie wird – *space and duration are one.* Anders ausgedrückt, Raum und Zeit bilden eine Einheit (ein poetischer Gedanke, den Albert Einstein in seiner Relativitätstheorie in Physik verwandelte).

Poe's Wort von der Dauer macht deutlich, dass er nur die messbare physikalische Zeit im Auge hat, wenn er den Kosmos beschreibt. Im Märchen zum Beispiel braucht man keine Uhren, und niemand will wissen, wann »es war einmal« einmal war.

Wir verlassen die eben eingeführte Einheit, die bei Einstein Raumzeitkontinuum heißen wird, um bei der Farbe der Nacht zu bleiben. Es gibt nämlich noch zahlreiche weitere Möglichkeiten, die Dunkelheit zu erklären. Eine besteht darin, die Annahme einzuführen, dass das Universum gar nicht leer ist, sondern von Stoffen durchsetzt ist, die wie Staub oder Nebel das Licht schlucken können, das aus der Tiefe des Raumes kommt, seinen Weg zur Erde sucht und in unser Auge bzw. in ein Teleskop gelangt. Die Schwierigkeit mit diesem Versuch zeigt sich, wenn man genau werden will und dabei bemerkt, dass absorbiertes Licht Energie bedeutet. Wenn Materie eine sehr lange Zeit hindurch sehr viel davon aufnimmt, dann heizt sie sich derart auf, dass sie zuletzt zu glühen anfängt. Mit anderen Worten, auch wer das Licht einfach verschwinden lassen will, damit wir es nicht sehen, kommt nicht an der Kasse der Wahrheit vorbei. Er muss seinen Preis entrichten, und seine Höhe verhindert die ersehnte Lösung.

Die moderne Lösung des alten Rätsels

Wir hatten bereits erwähnt, dass das Schöne von Olbers' Paradoxon darin besteht, dass eine sinnvolle Erörterung der Frage nach der Dunkelheit der Nacht nur möglich ist, wenn man sich einen kosmologischen Rahmen vorgibt. Mit anderen Worten, erst sage ich, wie ich mir den Kosmos vorstelle, und dann versuche ich zu erklären, warum er schwarz aussieht.

Wer sich heute ein Bild des Universums machen will, muss auf jeden Fall die Einsichten der Relativitätstheorie nutzen, und er darf sich die Entstehung der Welt infolge einer Art von Schöpfungsakt aus einem Punkt heraus vorstellen. Gemeint ist das kosmische Ereignis vor undenkbar ferner Zeit, das wir als

Urknall (»Big Bang«) bezeichnen und mit dem selbst die Hüter der katholischen Lehre im Vatikan ihren Frieden machen können.

Das für unseren Zweck Wesentliche an der Relativitätstheorie besteht in einer Einsicht, die Alexander von Humboldt schon im 19. Jahrhundert durch den Hinweis poetisch formuliert hat, dass jeder Blick in den Raum auch ein Blick in die Zeit ist. Wir sehen die Sterne am Himmel nicht so, wie sie jetzt aussehen, sondern so, wie sie ausgesehen haben, als das Licht auf die Reise ging, das heute unser Auge erreicht. Wir sehen am Himmel keine Gegenwart, sondern Vergangenheit. Wir sehen die Sonne, wie sie vor einigen Minuten ausgesehen hat; wir sehen den Polarstern, wie er vor einigen Jahren ausgesehen hat, und wir sehen den Andromedanebel, wie er vor Millionen von Jahren ausgesehen hat. Dies hat mit den riesigen kosmischen Distanzen zu tun, die so groß sind, dass sie in Lichtjahren – oder Lichtminuten – gemessen werden.

An dieser Stelle wird manchmal ein witziger Schluss gezogen: Die Astronomie lehrt uns offenbar, dass Sterne auch dann noch am (politischen oder gesellschaftlichen) Himmel leuchten können, wenn sie schon längst untergegangen sind. Aber damit wollen wir uns nicht aufhalten, um erneut an den Sternen vorbei auf das Dunkel zu schauen und uns dabei mit dem Gedanken vertraut machen, dass das Schwarze, das wir da sehen, uns zeigt, wie das Universum vor sehr langen Zeiten ausgesehen hat.

> Stellen wir uns einen Beobachter in der linken unteren Ecke der Abbildung vor. Er blickt in das Weltall und gleichzeitig in dessen Vergangenheit. Dies wird möglich und unvermeidlich, weil die Geschwindigkeit des Lichts zwar sehr groß, aber nicht unendlich groß ist. In unserer Nachbarschaft sehen wir andere Galaxien (neben den Ster-

> nen aus unserer eigenen Milchstraße), und weiter zurück sehen wir das Universum zu einer Zeit, als es noch keine Sterne gab. Die Materie konnte damals überhaupt noch keine Strukturen bilden, wie die Physiker wissen, die auch Auskunft geben können über das, was es noch weiter draußen, also noch weiter zurück in der Vergangenheit gegeben hat. Konkret können sie die Zeit ins Auge fassen, als nach dem Urknall rund 300 000 Jahre vergangen waren. Dies ist der Augenblick (!), »in dem die Welt gerade durchsichtig wird«, wie Rudolf Kippenhahn in seiner *Kosmologie für die Westentasche* schreibt. Das heißt konkret: »Wir starren auf eine undurchsichtige Wand«, die nach den Modellen der Physik eine Temperatur von 3000 Grad Kelvin besaß. Danach – wenn das Weltall weiter abkühlt – können Atome entstehen, und sie lassen Licht durch. Vorher bestand der Kosmos aus einer Art Plasma, das für Licht so undurchlässig war wie dichter Nebel. Das Schwarz des Himmels ist also »eine undurchsichtige Wand von 3000 Grad Kelvin«, wie Kippenhahn schreibt, um hinzuzufügen: Es ist nicht so, »dass die Materie weiter draußen heute noch undurchsichtig wäre, nein, sie war es damals, als sie das Licht aussandte, das uns heute erreicht. Weiter hinaus, oder, besser gesagt, weiter zurück in die Vergangenheit reicht unser Blick nicht.«

Was wir sehen, ist das Universum zu einem Zeitpunkt, als es noch undurchsichtig war. Das heißt genauer, dass der Stoff, aus dem die damalige Welt war, kein Licht durchließ. Materie im heutigen Sinne mit Atomen gab es so kurz nach dem Urknall nicht. Dazu war es zu heiß. Die elementaren Teilchen – Protonen und Elektronen – versuchten sich zwar aufgrund ihrer unterschiedlichen Ladung einzufangen – um Wasserstoff zu bilden –, aber immer wieder kam ein Lichtteilchen vorbei und trennte, was sich finden wollte. Erst als das Weltall auf 3000 Grad Kelvin abkühlte, blieben die Atome zusammen und das Licht konnte passieren.

Wenn es nachts dunkel wird, sehen wir die Welt in dem Zeitpunkt, in dem sie noch undurchsichtig war. Damit scheint Olbers' Paradoxon gelöst – aber noch nicht ganz. Immerhin re-

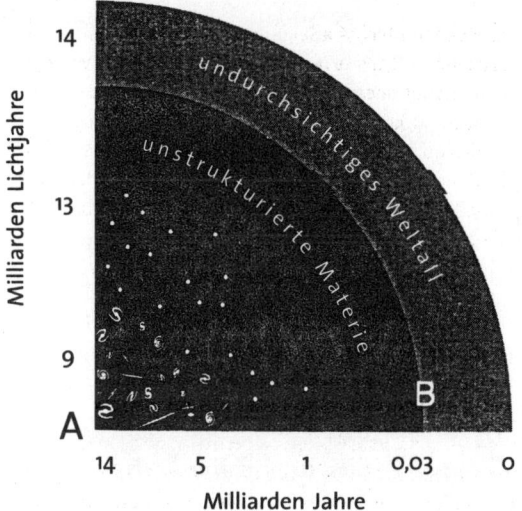

In der unteren linken Ecke steht der Beobachter A und blickt in das Weltall und zugleich in die Vergangenheit. Auf der Achse nach oben kann man die Entfernung ablesen, auf der Achse nach rechts das Weltalter, zu dem ein Photon ausgesandt wurde, das ihn heute erreicht. Man hat den Eindruck, dass der Beobachter in der Mitte der Welt steht. Er steht aber nur in der Mitte seines Horizonts. Heute sieht es am Ort des Beobachters B genauso aus wie bei A. Aber wenn B zu A blickt, schaut auch er in die Vergangenheit und sieht dort die Materie gerade durchsichtig werden.

den wir noch von einer Temperatur von vielen tausend Grad. Selbst wenn dies von einem superheiß gedachten Urknall aus nach wenig klingt, so bleibt doch zu konstatieren, dass jede derart erhitzte Materie der bekannten Art zu glühen anfangen und hell leuchten würde. Sie sieht aber pechschwarz aus. Wie heben wir diesen Widerspruch auf?

Die Antwort steckt in der Relativitätstheorie und der mit ihr möglichen Idee, dass sich das Universum ausdehnt. Die Materie bewegt sich von uns weg, was dazu führt, dass das uns erreichende Licht energiearm und langwellig geworden ist.

Das Licht ist so langwellig geworden, dass unsere Augen es nicht mehr registrieren können, wohl aber die physikalischen Geräte der Astronomen, die es uns als die berühmte kosmische Hintergrundstrahlung erkennen lassen.

In den Worten von Rudolf Kippenhahn: »Dass es nachts dunkel wird, zeigt uns, dass es die Sterne nicht seit jeher gibt und dass sich das Weltall ausdehnt. Es verwundert, dass für die Beobachtung, die uns zu solchen grundlegenden Eigenschaften des Weltalls führt, keine Riesenteleskope und auch kein Fernrohr in einer Umlaufbahn nötig sind. Dazu genügt allein der Blick aus dem Fenster.«

Wir müssten nur unsere Augen vom Bildschirm lösen und uns selbst ein Bild vom Wunder des Nachthimmels machen.

Faradays Käfig

Der englische Physiker Michael Faraday (1791–1867) hat einen so großen Einfluss auf die Geschichte der Wissenschaft, dass es fast zu schade ist, ihn nur als Erfinder eines Käfigs vorzustellen. Faradays Käfig besteht aus einem Material, das elektrisch leitfähig ist – Metalle wie Kupfer oder Silber sind dafür am besten geeignet – und dadurch verhindert, dass ein elektrisches Feld von außen kommend in das Innere gelangt. Im praktischen Alltag stellen Autos oder Flugzeuge Faradaysche Käfige dar, was bedeutet, dass Blitze, die bei einem Gewitter entstehen, die Insassen bzw. Passagiere nicht treffen und umbringen können. Kein Wunder, dass Faradays Entdeckung in unseren mobilen Zeiten hoch geschätzt wird und sein Name in Verbindung mit dem effektvollen Käfig bekannt geworden ist, in dem jeder von uns von Zeit zu Zeit sitzt und gefahrlos unterwegs sein kann, selbst wenn es blitzt und donnert.

Es lohnt sich aber, noch einen zweiten Blick auf Faraday zu werfen, der überhaupt die Idee hatte, von elektrischen und magnetischen Feldern zu sprechen. In einem Versuch war zu Beginn des 19. Jahrhunderts beobachtet worden, wie ein elektrischer Strom in einem Draht dazu führte, dass sich eine Magnetnadel bewegte, die in einiger Entfernung davon stand. Wodurch waren der Draht und die Nadel verbunden? Was bewegte sich da durch die Luft? Darüber rätselte die Fachwelt, bis

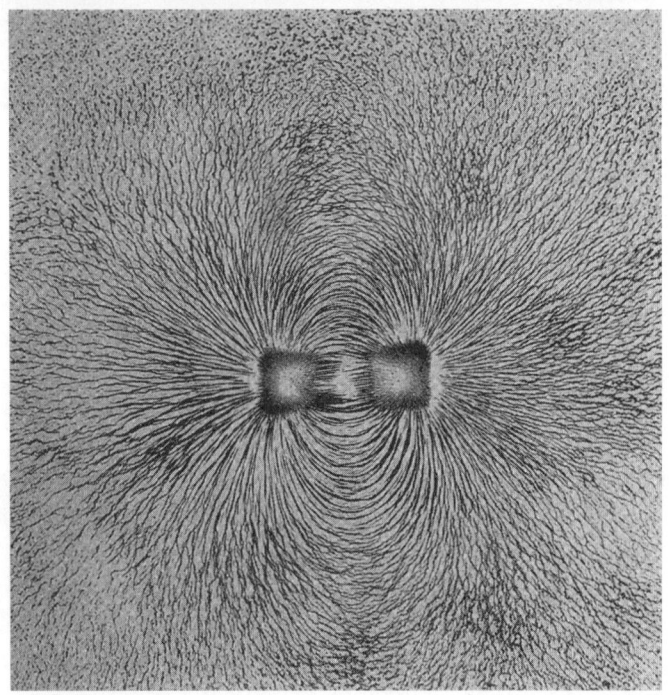

Mit Eisenfeilspänen können die magnetischen Feldlinien sichtbar gemacht werden.

der Autodidakt Faraday den Raum durch ein Feld überbrückte, das er sogar mit Eisenfeilspänen sichtbar machen konnte.

So schön dieser Erfolg war, Faradays Denken fing jetzt erst an. Denn wenn ein elektrischer Strom ein Magnetfeld produziert, dann – so dachte er – sollte doch auch umgekehrt ein Magnetfeld einen elektrischen Strom in Gang setzen können. Nach jahrelangem Probieren gelang ihm der Nachweis, dass diese Umsetzung tatsächlich möglich ist. Sie wird »elektromagnetische Induktion« genannt und stellt die Basis der Stromversorgung bis heute dar.

Faradays Überzeugung, dass die Natur symmetrisch operiert, ist auf das Denken der Romantik zurückzuführen, der Epoche, in der der englische Physiker lebte und die sich unter anderem durch ein Verstehen der Natur in Polaritäten auszeichnet. Zum Tag gehört die Nacht, zur Wirklichkeit gehört der Traum, zum Innen gehört das Außen, zum Bewussten gehört das Unbewusste, und wenn etwas Elektrisches etwas Magnetisches generieren kann, dann muss auch etwas Magnetisches etwas Elektrisches hervorbringen können. Ein hübscher Gedanke, dass die ganze Technik der Stromproduktion sich einem romantischen Einfall verdankt!

Faraday hatte (mindestens) noch einen romantischen Einfall, nämlich den, die Wissenschaft aus der Privatsphäre der Laboratorien zu holen und in die Öffentlichkeit der Theater zu bringen. Zu diesem Zweck erfand er die bis heute durchgeführten Weihnachtsvorlesungen in London, die »Christmas Lectures«, die er auch für Kinder veranstaltete und mit seiner »Naturgeschichte einer Kerze« einleitete. Hier drückte er aus, was eine Weihnachtsvorlesung tatsächlich soll. Sie soll nicht bloß eine zusätzliche Vorlesung sein (auch wenn viele so daherkommen), sondern vielmehr die Zuhörer so entzücken, dass in ihnen eine Kerze angezündet wird und sie anschließend das von ihr ausgehende Licht der Wissenschaft in die Welt tragen. Wenn einem dabei Blitze der Abneigung entgegenkommen, kann man sich ja in einen Faradayschen Käfig retten.

Maxwells Gleichungen

Zu Beginn der zweiten Hälfte des 19. Jahrhunderts hat der schottische Physiker James Clerk Maxwell (1831–1879) über die Kräfte nachgedacht, die durch die elektrischen und magnetischen Felder erzeugt werden, die Michael Faraday erfunden und aufgedeckt hatte. Wenn diese Felder durch Eisenfeilspäne (siehe »Faradays Käfig«) sichtbar gemacht wurden, kamen Linien zum Vorschein, die nicht ohne ästhetischen Reiz waren. Sie sahen aber zugleich auch so aus, als ob sie sich einer mathematischen Beschreibung beugen würden.

Als Maxwell sie länger betrachtete und seinen inneren Augen und ihrem malenden Schauen zuführte, tauchten plötzlich die Symbole auf, mit denen sich dies bewerkstelligen ließ. Er brauchte sie nur noch aufzuschreiben, wie er seinen Freunden mitteilte.

In den späten 1850er Jahren brach aus dem noch jungen Maxwell ein System von Gleichungen heraus, das von zeitgenössischen Physikern nur bewundert werden konnte. »War es ein Gott, der diese Zeichen schrieb?«, fragten viele von ihnen mit einem Zitat aus Goethes *Faust*, um ihrem Staunen Ausdruck zu verleihen.

Maxwells Gleichungen erklärten, wie sich elektrische und magnetische Felder gegenseitig anregen und aufbauen können, um als bewegte Welle in Erscheinung zu treten und den

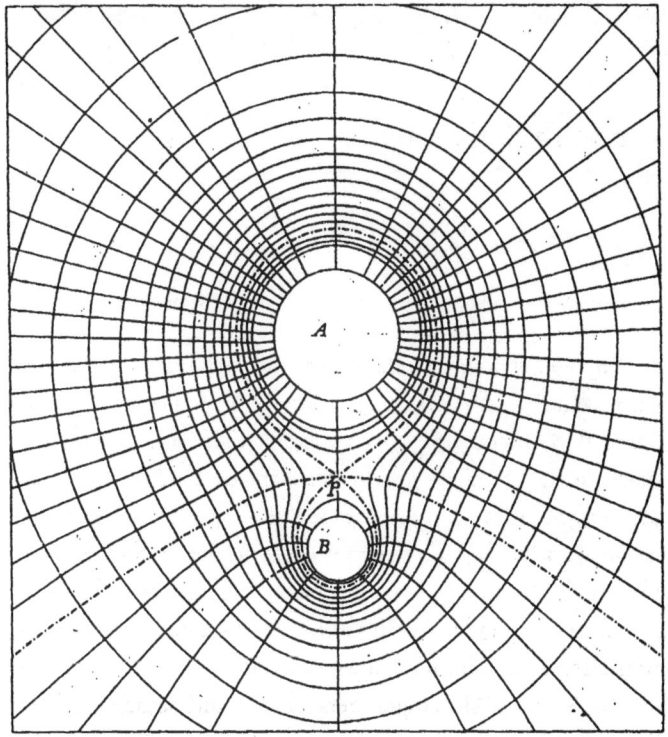

Feldlinien (Kraftlinien) von elektromagnetischen Feldern.

Raum zu durchqueren. Beim genaueren Hinschauen sah man, dass sie beschrieben, wie eine Lichtwelle entsteht und sich bewegt, wobei die Lichtwelle nur als Spezialfall von bislang unsichtbaren elektromagnetischen Wellen auftrat. Maxwells Gleichungen zeigten den Zugang zu neuen Möglichkeiten, die am Ende des 19. Jahrhunderts Wirklichkeit wurden. Dann konnten die Physiker zum ersten Mal systematisch die elektromagnetischen Wellen erzeugen und versenden, ohne die unser heutiger Alltag undenkbar ist. Wir nutzen sie beim Radio,

Die Schreibweise, die in heutigen Physik-Lehrbüchern für Anfänger üblich ist:

$$\nabla \cdot \mathbf{E} = 4\pi\rho \qquad (1)$$

$$\nabla \cdot \mathbf{B} = 0 \qquad (2)$$

$$\nabla \times \mathbf{E} + \frac{1}{c}\dot{\mathbf{B}} = 0 \qquad (3)$$

$$\nabla \times \mathbf{B} - \frac{1}{c}\dot{\mathbf{E}} = \frac{4\pi}{c}j \qquad (4)$$

Die weniger stark komprimierte Schreibweise, die Maxwell zu Beginn seiner Forschungen verwendet:

$$\frac{\partial Ex}{\partial x} + \frac{\partial Ey}{\partial y} + \frac{\partial Ez}{\partial z} = 4\pi\rho \qquad (1)$$

$$\frac{\partial Bx}{\partial x} + \frac{\partial By}{\partial y} + \frac{\partial Bz}{\partial z} = 0 \qquad (2)$$

$$\left.\begin{array}{l} \dfrac{\partial Ey}{\partial x} - \dfrac{\partial Ex}{\partial y} + \dfrac{1}{c}\dot{B}z = 0 \\[4pt] \dfrac{\partial Ez}{\partial y} - \dfrac{\partial Ey}{\partial z} + \dfrac{1}{c}\dot{B}x = 0 \\[4pt] \dfrac{\partial Ex}{\partial z} - \dfrac{\partial Ez}{\partial x} + \dfrac{1}{c}\dot{B}y = 0 \end{array}\right\} \quad (3)$$

$$\left.\begin{array}{l} \dfrac{\partial By}{\partial x} - \dfrac{\partial Bx}{\partial y} - \dfrac{1}{c}\dot{E}z = \dfrac{4\pi}{c}jz \\[4pt] \dfrac{\partial Bz}{\partial y} - \dfrac{\partial By}{\partial z} - \dfrac{1}{c}\dot{E}x = \dfrac{4\pi}{c}jx \\[4pt] \dfrac{\partial Bx}{\partial z} - \dfrac{\partial Bz}{\partial x} - \dfrac{1}{c}\dot{E}y = \dfrac{4\pi}{c}jy \end{array}\right\} \quad (4)$$

Die stärker komprimierte relativistische Schreibweise:

$$\partial_\nu F^{\mu\nu} = \frac{4\pi}{c}j^\mu \qquad \text{(1 und 4)}$$

$$\varepsilon^{\mu\nu\kappa\lambda}\partial_\nu F_{\kappa\lambda} = 0 \qquad \text{(2 und 3)}$$

Drei Schreibweisen der Maxwellschen Gleichungen.

beim Fernsehen, beim mobilen Telefon und bei vielen anderen Gelegenheiten.

Maxwells Gleichungen beschreiben nicht nur, wie sich Licht bewegt, sondern verraten auch, dass es dabei eine besondere Eigenschaft zeigt. Es bewegt sich nämlich stets mit derselben Geschwindigkeit, unabhängig davon, ob es einer bewegten oder einer ruhenden Quelle entspringt. Das drückt die kleine Konstante c in Maxwells Gleichungen aus. Anders formuliert: Die Lichtgeschwindigkeit ist konstant, und obwohl dies dem gesunden Menschenverstand nicht so ohne weiteres einleuchtet – diese Vorhersage erwies sich als zutreffend, und sie veranlasste Albert Einstein, daraus den Grundstein für das Gebäude zu machen, das wir als Relativitätstheorie kennen.

Übrigens, wer sich – wie viele von uns – schwer tut mit mathematischen Zeichen, für den kann man Maxwells Gleichungen in Worte fassen:

1. Die Quelle eines elektrischen Feldes (E) ist eine elektrische Ladung (die positiv oder negativ sein kann).
2. Ein Magnetfeld (B) entsteht nicht aus einer magnetischen Ladung (es gibt keinen magnetischen Monopol).
3. Durch seine zeitliche Veränderung baut ein magnetisches Feld ein elektrisches auf.
4. Die zeitliche Änderung eines elektrischen Feldes erzeugt ein Magnetfeld, und dabei kommt es zum Fließen eines Stromes (j).

Wenn man sich den leeren Raum (ohne Ladung und Strom) vorstellt, schnurren die Gleichungen zu einer Wellengleichung zusammen, die das Licht beschreibt.

Newtons Eimer

Sir Isaac Newton (1642–1726) überragt alle anderen Naturforscher und Wissenschaftler, wobei er selbst bescheiden darauf hingewiesen hat, das könne er nur, weil er auf den Schultern von Riesen stehe. Newton meinte am Ende seines langen Lebens auch, er käme sich vor wie ein Kind, das am Strand spielt und Freude an ein paar von ihm gefundenen Muscheln empfindet, während in Wahrheit der ganze Ozean des Unwissens noch unerforscht vor ihm liegt.

So schön das klingt – seine Zeitgenossen und ihre Nachfolger haben ihren Blick vor allem auf die Muscheln gerichtet, die Newton in der Hand hielt und die wir seit diesen Tagen in den Schul- und Lehrbüchern als Gesetze der Newtonschen Mechanik bewundern und lernen können. Natürlich wissen wir spätestens seit dem Einstein-Jahr 2005, dass die folgenden Generationen Korrekturen an Newtons Theorie der Bewegung anbringen konnten, aber was der Engländer in jungen Jahren zustande brachte und 1687 in seinem Hauptwerk *Philosophiae naturalis principia mathematica* veröffentlicht hat, lohnt das Lernen immer noch. Schließlich kann man mit Newtons Mechanik nicht nur den Bremsweg eines Autos höchst genau berechnen, sondern auch die Bahnen, die eingeschlagen werden, um mit Raketen zum Mond und zurückzufliegen.

Newtons Apfel

Newtons Mechanik gilt nach wie vor, und sie gilt auf Erden und am Himmel, wobei es diese Tatsache war, die seine Einsichten zur Zeit ihrer Entstehung so eindrucksvoll erscheinen ließ. Die Legende, die an dieser Stelle von einem Apfel berichtet, der vom Baum fiel, während Newton ihn beobachtete, scheint der Wahrheit zu entsprechen. Als Newton der Apfel in den Schoß fiel, stand glücklicherweise oder zufällig der Mond am Himmel, was den denkenden Träumer zu der Frage führte, wie es dem Trabanten gelingt, oben zu bleiben, während das Obst und wir Menschen nach unten – zur Erde hin – fallen.

Newtons Nachsinnen brachte zwei wesentliche Einsichten hervor. Die erste besagt, dass einer Masse Kräfte innewohnen. Die Erde zieht den Apfel durch ihre Masse an (wobei man natürlich genauer sagen müsste, dass auch der Apfel durch seine Masse die Erde anzieht, nur dass man dies kaum bemerkt). Bald sprach man von der Schwerkraft der Erde oder ihrer Gravitation, und diese Idee erklärte endlich, wie es Menschen gelingt, überall auf einer Kugel namens Erde zu leben, ohne herunterzufallen und ins Weltall zu stürzen. Das Wort Schwerkraft erinnert auch an die alltägliche Erfahrung, dass wir mit unserem Gewicht gegen die Gravitation anzukämpfen haben, wenn wir aus einem Sessel aufstehen oder uns im Hochsprung üben wollen.

Das sportliche Beispiel haben wir nicht zufällig angeführt. Es soll vielmehr darauf hinweisen, dass Kräfte nicht nur durch Massen, sondern auch durch Bewegungen zustande kommen können, und dies führt zur zweiten Einsicht Newtons, der mit dem Apfel in der Hand plötzlich verstand, warum der Mond nicht zu ihm herunterfiel. Der Grund steckt in seiner Bewegung, die eine Drehung (Rotation) ist. Sie führt ihn um die

Erde herum und verleiht dem Trabanten eine Kraft, die der Schwerkraft der Erde entgegenwirkt (die Zentrifugalkraft). Das Ergebnis ist die Umlaufbahn des Mondes, die auf diese Weise sehr gut ausbalanciert und stabil wirkt.

Newtons Uhrwerk

Wenn jemand Naturgesetze findet, die auf Erden gelten, haben wir schon allen Grund, ihn zu bewundern. Wenn aber jemand Naturgesetze findet, die bis in den Himmel reichen, dann beginnen wir, ihn zu verehren. Und das ist mit Newton passiert, der noch aus (mindestens) einem weiteren Grund bestaunt wurde. Wie der Titel seines oben erwähnten Hauptwerks andeutet, der in der Literatur immer nur als *Principia* zitiert wird, drückt sich Newton erfolgreich in der Sprache der Mathematik aus. Er löst damit ein Versprechen ein, das Galileo Galilei (1564 bis 1642) gegeben hatte, als er davon fabulierte, das Buch der Natur sei in der Sprache geschrieben, die Newton nun zelebrierte. Galilei selbst kannte noch kein einziges exakt formuliertes Gesetz. Es war erst Newton, der die Vision mathematischer Naturgesetze Wirklichkeit werden ließ – und deshalb nicht ohne Hintersinn anmerkte, er sei im Todesjahr des Italieners geboren worden.

Newtons doppelter Triumph – seine Einsichten in die Kräfte der Natur und seine Fähigkeit, sie in der mathematischen Sprache auszudrücken – machten aus dem persönlich-menschlich eher schwierigen Genie eine historische Figur ohnegleichen. Der Philosoph Immanuel Kant hielt Newtons Physik für unwiderlegbar wahr, und er versuchte, dieses Wunder des humanen Erkennens in seiner *Kritik der reinen Vernunft* genauer zu verstehen.

Kant prägte auch den Begriff eines »Newtons des Grashalms«, mit dem er zwar andeuten wollte, dass es für die Biologie das nicht geben könne, was es für die Physik gegeben hat – nämlich einen Newton, der die mathematischen Gleichungen des Lebens finden kann. Das hinderte die anderen Wissenschaften aber nicht, dafür zu beten, dass in ihren Reihen doch solch ein Newton auftrete, der ihrem meist betulichen Sammeln von Daten den theoretischen Rahmen liefert, in dem sich dann eine exakte Disziplin entfalten kann. Alle Wissenschaft wollte Physik werden, und jede Wissenschaft wollte ihren Newton haben. Sie alle wollten ihren jeweiligen Gegenstand – den Kosmos, die Erde, den Ozean, das Leben – so beherrschen, wie es Newton gelungen war, der offenbar gezeigt hatte, dass das Universum wie ein kalkulierbares Uhrwerk ablief – und zwar nach seinen Gesetzen, wofür man auch »nach Seinen Gesetzen« sagen konnte, denn selbst wenn Newton sie gefunden hatte, gemacht hatte sie sicher ein Anderer, an den der fromme Physiker inbrünstig glaubte.

Die Metapher des Uhrwerks mag zwar nett klingen, aber sie hat nicht nur damals viele Menschen beunruhigt, die ihre individuelle Freiheit als Teil einer solchen Maschine gefährdet sahen. Das »clockwork universe« übt seine fatale Wirkung bis heute aus, wenn die zeitgenössischen Hirnforscher die Freiheit des menschlichen Willens durch ihre Forschungen gefährdet sehen und in Frage stellen. Sie können dies nur tun, weil sie der Überzeugung sind, dass im Inneren unseres Kopfes ein Newtonsches Uhrwerk abläuft, in dem alles stabil vonstatten geht und festliegt.

Newton selbst dachte aber nicht so. Seine Gesetze sind ja Gleichungen, und die Bewegungen der Körper im Himmel oder der Moleküle im Kopf sind die Lösungen dieser Gleichungen. Wenn es viele Körper oder Moleküle gibt, die sich gegenseitig beeinflussen, dann hat man es mit sehr vielen unbekannten Größen zu tun, und es war Newton nicht klar, ob die Zahl der Gleichungen, die seine Gesetze zur Verfügung stellen, ausreicht, um überhaupt Lösungen finden zu können. Newton vermutete eher, dass es mehr Unbekannte als Gleichungen gibt, weshalb er annahm, dass Gott ab und zu einmal korrigierend in den Lauf der Dinge eingreifen muss und das auch tut. Heute wissen wir, dass es selbst bei ganz einfachen Umläufen mehr Unbekannte als Gleichungen gibt, weshalb von einem vorbestimmten Ablauf des Geschehens keine Rede sein kann – am Himmel nicht und erst recht nicht im Kopf. Wenn man sich Sorgen macht, dann sollte man sich nicht um die Frage kümmern, ob wir frei sind, sondern wir sollten uns vielmehr wundern, dass sich überhaupt etwas vorhersagen lässt. Das Universum, in dem wir leben, ist weniger ein Uhrwerk und mehr eine Wolke, wie Karl Popper es einmal ausgedrückt hat. Überall gelten die Naturgesetze, aber daraus folgt nicht, dass wir wissen, was dabei am Ende herauskommt.

Ein Eimer mit Wasser

Auch nach Newton wissen wir weniger, als viele denken, und das Paradebeispiel für unser Herumtappen im Raum hat der hochverehrte Mann selbst in die Welt gesetzt. Es handelt von einem äußerst banal wirkenden Gegenstand, nämlich einem Eimer, der mit Wasser gefüllt ist. Er wird mit einem Seil an einem Haken befestigt und an der Decke eines Zimmers aufgehängt. Zunächst wartet man, bis alles in Ruhe ist, bis also das Seil unverdreht und unbeweglich den Eimer hält und die Wasseroberfläche sich glatt und eben zeigt. Noch ist alles schlicht und einfach. Doch bald wird es raffiniert und teuflisch. Wir brauchen nämlich bloß anzufangen, den Eimer zu drehen, ohne seine Lage im Raum zu verändern. Wir verdrillen das Seil, bis es genügend Spannung bekommt, und lassen dann los.

Um zu verstehen bzw. um erörtern zu können, was jetzt passiert, müssen wir ein Konzept einführen, das bislang noch nicht erwähnt wurde, obwohl es die zentrale Vorstellung der Newtonschen Mechanik ist: die Idee der Trägheit. Im Deutschen assoziiert man mit diesem Wort zunächst so etwas wie Schlappheit. Im Lateinischen heißt das Konzept »inertia«, was im Englischen nur anders ausgesprochen werden muss, und meint ausschließlich ein mechanisches Beharrungsvermögen. Newtons große Einsicht besteht darin, dass Körper dank ihrer Massen nicht nur Schwerkraft produzieren, sondern auch die Eigenschaft der physikalischen Trägheit bekommen haben. Das heißt: Wenn sie einmal in Bewegung sind, dann bleiben sie in diesem Zustand, bis eine Kraft sie daran hindert. Wenn ich beim Kegeln eine Kugel anschiebe, rollt sie so lange weiter, bis sie auf ihr Ziel oder eine Wand trifft. Wenn ich mit meinem Auto unterwegs bin, fährt es weiter, bis ich es abbremse, und wenn ich den Wagen abstoppe, bewegt sich mein Körper im Inneren weiter, bis er aufgefangen wird – hoffentlich im Notfall durch den Sicherheitsgurt.

Über bald zweitausend Jahre hindurch haben die Menschen nur zum Teil verstanden, was passiert, wenn man einen Stein in die Hand nimmt und wegschleudert (siehe »Buridans Esel«). Wie kann er weiterfliegen, wenn keine Kraft mehr auf ihn wirkt? Newtons Genie erst lieferte die Antwort, indem er die Eigenschaft von Massen erkannte, träge (oder beharrlich) zu sein. Und mit dieser Idee der Trägheit wenden wir uns dem Eimer zu, den wir oben losgelassen haben und der nun von dem verdrehten Seil bewegt wird.

Was passiert dabei? Zunächst beginnt zwar der Eimer, sich

langsam zu drehen, aber das Wasser in ihm macht diese Rotation nicht mit. Es ist träge, wie Newton erkannt hat, und verharrt in seiner Lage, was man daran sieht, dass seine Oberfläche glatt bleibt. (Man kann dies auch an einem Bierglas beobachten, das man vor sich auf einem Tisch stehen hat und leicht dreht. Wer etwa eine Mücke, die sich in das Glas verirrt hat und auf der gegenüberliegenden Seite schwimmt, auf diese Weise in die Nähe seiner Finger bugsieren will, merkt, dass dies nicht geht und er sich anders um das Tierchen bemühen muss.)

Wenn die kreisende Bewegung des Eimers schneller wird, überträgt sich irgendwann seine Rotation auf seinen Inhalt – dies vermittelt die Reibung zwischen Eimerwand und Wasser –, und die Oberfläche der Flüssigkeit beginnt sich wie ein U zu wölben. Das Wasser krabbelt die Wand hoch, es steht bald am Rand höher als in der Mitte, und dies ändert sich nicht, wenn wir den Eimer plötzlich anhalten. Das Wasser dreht sich zunächst weiter, bis es irgendwann durch die Reibung mit der Eimerwand zum Stillstand kommt. Das ist das Experiment mit Newtons Eimer, und die Frage ist, ob wir verstehen können, was dabei passiert ist.

Die relative Bewegung

Newton hatte da seine Probleme, die mit der Frage zusammenhängen, wie man Bewegung festlegt. Wenn sich etwas bewegt – etwa eine Kegelkugel oder ein Auto –, muss es etwas anderes geben, das sich nicht bewegt, das also in Ruhe ist (oder so angesehen werden kann). Jede Bewegung eines Körpers – so sagt man – wird in Bezug auf einen anderen Körper bestimmt, und wenn man »in Bezug auf« mit Wörtern lateinischer Herkunft ausdrückt, heißt es »relativ«. Die Kugel bewegt sich relativ zur

Kegelbahn oder zur Wand, das fahrende Auto bewegt sich relativ zur Straße oder zu Häusern in ihr, die Insassen bewegen sich weiter relativ zu dem abgebremsten Wagen, in dem sie sitzen, und Newtons gemeine Frage lautete, in Bezug auf was bewegt sich das Wasser in dem Eimer?

Natürlich wird jetzt manch einer rufen, dass sei doch klar, das Wasser bewege sich relativ zum Eimer. Aber das kann nicht die ganze Zeit so sein. Das ist nur am Anfang so, wenn wir den Eimer loslassen. In dieser Phase bleibt das Wasser unverändert, wie wir gesehen haben (und wie sich jederzeit im Experiment nachprüfen lässt), und das heißt, der Eimer rotiert zunächst relativ zum Wasser – was dasselbe meint wie der Satz, das Wasser bewege sich relativ zum Eimer.

Kurze Zeit später kreisen Wasser und Eimer zwar im Gleichklang – es gibt also keine relative Bewegung zwischen ihnen –, aber das Flüssige will trotzdem nach außen fliehen. Es steigt an den Wänden hoch, in ihm wirkt eine Kraft, die aus einer – seiner – Bewegung kommen muss. Und genau hier stellt Newton seine Frage: In Bezug auf was bewegt sich das Wasser im Eimer?

Wie subtil das Problem tatsächlich ist, bemerkt man, wenn man das Experiment etwas anders ausführt und den Eimer nicht abstoppt, sondern sich einfach weiter drehen lässt. Irgendwann erreicht das Seil die unverdrehte Ausgangsform, was aber die Bewegung dank der Trägheit nicht zum Stillstand kommen lässt. Das Seil wird erneut verdreht – in die entgegengesetzte Richtung –, bis es irgendwann so fest gewickelt wird, dass die Rotation erst abgestoppt und die Bewegung dann umgekehrt wird. Dabei gibt es am Umschlagpunkt für den Eimer einen Moment der Ruhe, während das Wasser – dank der Trägheit – sich weiter dreht.

So harmlos und selbstverständlich diese Situation erscheint, sie macht Newtons Eimer noch vertrackter. Denn in dem geschilderten Augenblick des Stillstands – bevor der Eimer die Richtung wechselt –, ist die relative Bewegung zwischen ihm und dem Wasser genau wie zu Beginn des Drehens – wir sehen eine ruhende und eine bewegte Komponente. Als wir den Eimer losgelassen haben, ruhte das Wasser, und jetzt ruht er selbst. Die relative Bewegung ist dieselbe – allerdings mit einem riesigen Unterschied: Die Form der Wasseroberfläche ist jetzt nicht mehr flach wie am Anfang. Sie ist vielmehr gewölbt (konkav). Folglich kann – wie schon gesagt – die sich hier zeigende Kraftwirkung nicht dadurch erklärt werden, dass man sagt, das Wasser bewegt sich relativ zum Eimer. Wodurch aber dann? Relativ wozu bewegt sich das Wasser in dem Eimer, den wir jetzt langsam zur Ruhe kommen lassen wollen?

Der absolute Raum

Newtons Versuche, Klarheit in der Frage zu erhalten, führten ihn aus seinem kleinen Zimmer hinaus zu einem kosmischen Gedankenexperiment. Er dachte sich einen Eimer aus, der irgendwo in den Tiefen des Weltalls rotierte und das Wasser mitzerrte. Wenn wir ihm auf dieser kosmischen Reise folgen, fällt uns zunächst auf, dass es dort draußen überhaupt schwierig wird, etwas zu finden, in Bezug auf das sich etwas anderes – Eimer oder Wasser – bewegen kann. Immerhin stellte sich Newton den Raum vollkommen leer vor. Was bleibt dann aber, um mit seiner Hilfe relative Bewegungen festzustellen?

Was uns verwirrt, stellte für Newton kein Problem dar. Für ihn lag die Antwort klar vor Augen. Es war der Raum selbst, dem er zusätzlich den Status verlieh, absolut zu sein, also ohne Bedingung zu existieren. Gott hatte ihn einfach gemacht, er hat ihn aus sich ausströmen lassen. In diesem absoluten Raum, der »stets gleich und unbeweglich« bleibt, finden alle Bewegungen statt, und er erklärt auch das Eimerexperiment, und zwar so:

»Zu Beginn des Experiments rotiert der Eimer in Hinblick auf den absoluten Raum, das Wasser ist jedoch in Hinblick auf den absoluten Raum in Ruhe. Daher ist die Wasseroberfläche flach. Wenn das Wasser die Bewegung des Eimers übernimmt, rotiert es in Hinblick auf den absoluten Raum, daher wird die Oberfläche konkav. Verlangsamt der Eimer seine Bewegung, weil sich das Seil immer fester zusammendreht, setzt das Wasser seine Drehbewegung fort – die Drehbewegung relativ zum absoluten Raum –, weshalb die Oberfläche konkav bleibt. Während also die relative Bewegung zwischen dem Wasser und dem Eimer die Beobachtungen nicht erklären kann, ist die relative Bewegung zwischen dem Wasser und dem absoluten Raum dazu durchaus in der Lage. Der Raum selbst liefert das Bezugssystem, welches die Bewegung definiert.«

Mach's besser, Einstein

So erklärt es Brian Greene in seinem Buch über den *Stoff, aus dem der Kosmos ist*, um anschließend darauf hinzuweisen, dass Newtons Eimer damit natürlich noch lange nicht ausgedient hat. Im Gegenteil! Wie auch diejenigen wissen, die mit Einsteins Theorien Mühe haben, haben seine Relativitätstheorien das klassische Konzept eines absoluten Raumes obsolet gemacht. Um in der Moderne wirklich zu verstehen, in Hinblick worauf der Eimer bzw. das Wasser in ihm rotiert, muss man sich an den Gedanken gewöhnen, dass wir nicht – wie noch Newton annahm – in einem absoluten Raum leben, durch den unabhängig und gleichförmig eine absolute Zeit strömt. Wir leben vielmehr in einer vierdimensionalen Gesamtheit, in der Raum und Zeit untrennbar verbunden sind und eine Einheit namens Raumzeit bilden, und Einsteins Theorie zufolge rotiert Newtons Eimer relativ zu dieser Raumzeit. Wenn die rotierende Wasseroberfläche konkav wird, dann zeigt sich hier eine Bewegung, die das Wasser relativ zu der gesamten Materie vollzieht, die überall im Kosmos verteilt ist.

Greene ringt fast 500 Seiten lang mit dem komischen kosmischen Eimer, und er versucht alles, um ihm mit Gravitationswellen, Stringtheorien und anderen Raffinessen auf den Leib zu rücken. Es sei niemandem, der daran interessiert ist, der weitere Spaß am Lesen seines Buches genommen. Wer sich darauf einlässt, wird unter anderem erfahren, dass Einsteins Idee der Raumzeit gar nicht so weit entfernt ist von Newtons ursprünglichen Konzepten, denn die Raumzeit »ist für die Relativitätstheorie so absolut, wie der absolute Raum und die absolute Zeit es für Newton waren«. Deshalb wollte Einstein ursprünglich nichts von dem heute so populären Namen der speziellen Relativitätstheorie wissen. Ihm ging es um das Gegenstück, nämlich um die Größen, die unveränderlich festliegen und deshalb Invarianten heißen. Seine Relativitätstheorie ist mehr eine Invarianztheorie, in der die Raumzeit ein für alle Mal festliegt. Dies ändert sich erst – dann aber dramatisch – in der nachfolgend entwickelten allgemeinen Relativitätstheorie, die der Raumzeit ihre traditionell passive Rolle nimmt und sie zu einer Mitwirkenden im kosmischen Tanz von Materie und Energie macht.

Der gesunde Menschenverstand

Keine Frage – um den rotierenden Eimer trotz aller anfänglichen Anschaulichkeit zu erörtern, mussten wir eine Reise in abstrakte Gefilde antreten, in denen sich der gesunde Menschenverstand rasch unwohl fühlt. Tatsächlich machen die Drehungen des Wassers ihn schwindlig, was zwar zu bedauern ist, aber vielleicht von denjenigen beherzt werden sollte, die Physik vermitteln oder verstehen wollen. Appelle an den Common Sense nützen nichts, und zwar nicht erst bei Einstein, sondern bereits bei Newton. Schon sein Konzept der Trägheit stellt unsere Intuition vor Probleme. Um dies einzusehen, braucht man nur erstens auf einer Wiese zu stehen und aus ein paar Metern Entfernung zuzusehen, wie Newton der Apfel in den Schoß fällt. Und jetzt will man zweitens den Apfel mit einem Stein treffen und hat also die Frage zu klären, wohin man zielen muss. Zielt man dorthin, wo der Apfel im Moment des Schauens – also jetzt – ist? Oder zielt man etwas tiefer, also dorthin, wo der Apfel sein wird, wenn der Stein seinen Fallweg kreuzt?

Wer sich für die zweite Lösung entscheidet, muss zurück auf Los. Er hat die Trägheit vergessen, die auch den geworfenen Stein so fallen lässt wie den Apfel. Und während wir das alles beobachten, dreht sich die Erde mit uns weiter, und irgendwo hängt erneut jemand wie Newton oder Greene einen Eimer mit Wasser auf – vielleicht sogar mitten im Universum, wo sich gar kein Haken anbringen lässt. Hoffentlich will er uns damit nicht einseifen, sondern nur sich waschen.

Röntgens Strahlen

Wilhelm Conrad Röntgen (1845–1923) hat 1895 eine neue Art von Strahlung entdeckt, wie er es selbst nannte. Seine Leistung kann auf drei Ebenen analysiert werden – auf der Ebene der Medizin, der Wissenschaft allgemein und in der Sphäre des menschlichen Denkens und der dazugehörigen Kultur.

Auf der Ebene der Medizin soll der Hinweis reichen, dass Röntgen die höchste Auszeichnung bekommen hat, die einem Forscher zuteil werden kann, und damit ist nicht der Nobelpreis für Physik gemeint, den er bekanntlich 1901 als erster Wissenschaftler entgegennehmen konnte, sondern vielmehr die Tatsache, dass »röntgen« klein geschrieben zu einem Tätigkeitswort geworden ist, von dem jeder weiß, was es bedeutet. Dies ist besonders passend bei einem Mann, der auf die Frage eines Reporters: »Was haben Sie denn gedacht, als Sie den durchdringenden Effekt der neuen Art von Strahlen bemerkt haben?« mit dem klassischen Satz geantwortet hat: »Ich dachte nicht, ich untersuchte.«

Auf der Ebene der Wissenschaft ist festzuhalten, dass Röntgens Strahlen den Weg zu der Disziplin bereitet haben, die heute als Molekularbiologie sich anschickt, unser Menschenbild gehörig zu beeinflussen und zu bestimmen. Dabei sind zwei Entwicklungen zu beobachten. Zum einen hat die Röntgenstrukturanalyse von Kristallen Einblick in die molekulare

Y-Strahlung	Röntgen	Ultraviolett	sichtbares Licht	Infrarot und Wärme	Radiostrahlung			
					Radar	UKW	Kurz	Mittel	Langwellen
1 pm	1 Å 1 nm			1 µm 1 mm 1 cm	1 m			1 km

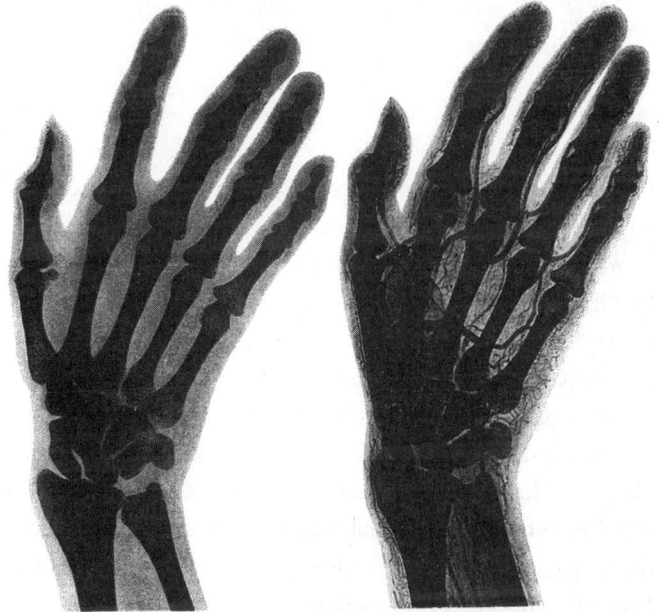

Das elektromagnetische Spektrum mit den Röntgenstrahlen (oben) und ihre Wirkung bei der Durchleuchtung einer Hand (unten).

Formenvielfalt der Proteine und Nukleinsäuren gewährt und dabei vor allem geholfen, die Ikone des 20. Jahrhunderts anzufertigen, nämlich die Doppelhelix aus der Erbsubstanz DNA. Der Weg zu dieser zentralen Struktur des Lebens wurde dabei – dies zum zweiten – stark erleichtert durch die Entdeckung aus dem Jahre 1927, dass Röntgenstrahlen für Mutationen im Erbmaterial sorgen können. Was aus heutiger Sicht vielleicht trivial klingt, wurde damals als höchst aufregend empfunden, denn plötzlich verwandelten sich die bislang eher unzugänglichen und im Inneren des Lebens verborgenen Gene in Gebilde, die von Röntgenstrahlen getroffen werden konnten. Gene bekamen einen physikalischen Charakter, sie konnten als stabile Verbände aus Atomen gedeutet werden, und es lohnte sich, deren Anordnung herauszufinden, was dann 1953 mit der Doppelhelix gelungen ist.

Die dritte Ebene, auf der Röntgens Strahlen ihre Wirkung hinterlassen haben, stellt die Sphäre der menschlichen Kultur dar. Ohne weiteren Blick auf die Naturwissenschaft lässt sich sagen, dass die neuen Strahlen unsichtbares Licht sind, wobei uns diese Begriffskombination heute ebenso vertraut ist wie unbewusstes Denken. Tatsächlich mussten beide Wirklichkeiten aber erst einmal gefunden werden, und wer sich auf historische Spurensuche nach ihren Ursprüngen begibt, macht eine merkwürdige Beobachtung. Unsichtbares Licht und unbewusstes Denken kamen zum ersten Mal in der berühmten Epoche in das Blickfeld der Menschen, die wir als Romantik kennen. Die Romantik verstand sich als Gegenbewegung zu der Idee der aufgeklärten Rationalität und erfasste die Welt folglich in Polaritäten. Für Romantiker gibt es neben dem (rationalen) Tag auch die (irrationale) Nacht, neben dem Allgemeinen das Individuelle, neben den Tatsachen die Werte, neben dem Denken das Träumen und neben dem Sichtbaren das Unsichtbare, und jedes Paar besteht aus gleichberechtigten Partnern. Tatsächlich konnten Physiker dieser Zeit infrarotes und ultraviolettes – also unsichtbares – Licht nachweisen, und dieser wissenschaftlich greifbare und nachvollziehbare Erfolg verlieh dem Vorhandensein des Unbewussten unumstößliche Plausibilität.

So spannend diese Entdeckungen sind, so eindrucksvoll ist für den Historiker der Tatbestand, dass hundert Jahre nach der Romantik sich die doppelte Entdeckung des Unsichtbaren und Unbewussten wiederholte. Denn als Röntgen seine neuen Strahlen fand, erkundete Sigmund Freud die dem Bewusstsein vorangehende Nachtseite unseres Denkens – eine Synchronizität, die wohl nicht zufällig, sondern erklärungsbedürftig ist.

So schockierend Freuds Traumdeutung und Psychoanalyse auch empfunden worden sind, mir scheint, dass Röntgens Entdeckung langfristig einen noch größeren Schock ausgelöst hat. Zusammen mit den zeitgleich entdeckten radioaktiven und kosmischen Strahlen und in Verbindung mit den damals erstmals produzierten elektromagnetischen Wellen zeigte sich nämlich plötzlich in aller Deutlichkeit für das breite Publikum, dass die Welt nicht so ist, wie sie aussieht. Damit ändert sich eine grundlegende Aufgabe der Kultur. Denn wer nach dieser Entdeckung die Welt zeigen will, wie sie ist, muss sie folglich anders darstellen, als sie aussieht. Und wer den letzten Satz akzeptiert, wird verstehen, dass sich nach Röntgens Entdeckung die Malerei ändern und andere Ziele suchen musste als die, die sie im 19. Jahrhundert verfolgt hatte. Tatsächlich trat jetzt unter anderem jemand wie Picasso auf, der bekannte: »Ich male nicht, was ich sehe; ich male, was ich denke.«

Auf das Sehen war plötzlich kein Verlass mehr, obwohl Röntgens Strahlen auf den ersten Blick dem Auge mehr zeigen, als ihm vorher zugänglich war. Aber beim zweiten Hinschauen zeigt sich eher das Gegenteil. Denn wir sehen jetzt, dass wir fast nichts von dem sehen, was die Wirklichkeit bietet. Und da derjenige, der den Schaden hat, sich um den Spott nicht zu sorgen braucht, fügen wir an dieser Stelle die Frage hinzu, ob wir angesichts dieses Befunds überhaupt noch wissen, was wir sehen. Können wir überhaupt sehen? Lernen wir es irgendwo, nachdem wir die Augen aufgemacht haben und das Licht der Welt einlassen? Röntgens Strahlen können uns die Augen öffnen, auch wenn oder gerade weil wir sie nicht sehen.

UMGANG MIT DEM UNENDLICHEN

Mandelbrots Apfelmännchen

Mandelbrots Apfelmännchen heißt manchmal eher schlicht und einfach Mandelbrots Menge. Gemeint ist in beiden Fällen eine fantastisch verlaufende und in sich geschlossene Linie mit höchst eindrucksvollen Eigenschaften. Die Art ihrer Anfertigung kann mit etwas Geschick so erweitert werden, dass ein Mandelbrotbaum entsteht, in dem sich Schrödingers Katze vor den Physikern in Sicherheit bringen kann, die ihr nach dem Leben trachten (siehe »Schrödingers Katze«).

Mit der Bezeichnung Apfelmännchen, die nicht unbedingt jedermann einleuchten muss, ehrt man die visionären Fähigkeiten des Mathematikers Benoit Mandelbrot, der die extrem verzweigte und wild ausgefranste Linienführung in den 1970er Jahren entdeckt und auf dieser Grundlage ein neues Verständnis von Natur entworfen hat. Mit dem Apfelmännchen sehen wir die Natur anders als vorher, und diese Schule des Sehens verdanken wir keinem Künstler, sondern einer Rechenmaschine. Dabei erkennen wir natürlich nur, was sie uns zeigt, wenn wir die Augen so offen halten wie der Mathematiker Mandelbrot, als er den Computer in den 1960er Jahren zum ersten Mal in Gang setzte und die visuellen Wunder produzierte, die wir als ästhetisch höchst reizvoll empfinden und deshalb eher zur Kunst als zur Wissenschaft rechnen. Ihr Schöpfer, der 1924 in Warschau geborene und heute in den USA beheimatete

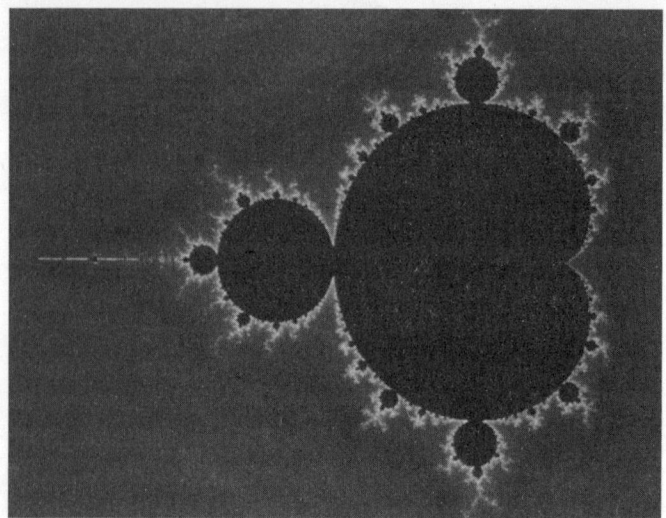

Mandelbrots Apfelmännchen.

Mandelbrot, hört das nicht ungern, wobei er keine Schwierigkeiten hat, Kunst zu definieren. Sie ist das, was in einem Museum hängt, und wenn man sein Apfelmännchen dort ausstellt (und einen entsprechend hohen Preis dafür zahlt), dann ist es eben ein Kunstwerk. T-Shirts mit Mandelbrots Kopfgeburt gibt es inzwischen überreichlich, und der Schönheit seiner Gestalt sind längst viele Bildbände gewidmet.

> So fantastisch Mandelbrots Apfelmännchen aussieht, so schlicht ist seine Herkunft. Sie ist geradezu erschütternd schlicht, wenn man sich nicht durch den Gedanken verwirren lässt, dass es um Mathematik geht. In diesem Bereich des Denkens gibt es Zahlen, die komplex genannt werden, weil sie zwei Dimensionen haben – eine reale und eine imaginäre. Das erste Wort leuchtet ein, und wir alle sind mit den realen – oder auch reellen – Zahlen gut vertraut, sie heißen zum Beispiel 1, 2, 3, und sie können auch gebrochen sein – $1/2$, $3/5$, $4/9$ und so ähn-

lich. Alle diese realen (reellen) Zahlen liegen auf einer Linie, dem so genannten Zahlenstrahl, und viele Jahrhunderte hindurch kamen die abendländischen und andere Mathematiker damit zurecht, ohne etwas anderes zu benötigen.

Das änderte sich zur Zeit der Renaissance, als jemand wissen wollte, ob die Gleichung $x^2 + 1 = 0$ eine Lösung hat. Eine reale Zahl kam dafür nicht in Frage, denn ihr Quadrat ist immer positiv. Zwar wollten einige Rechenkünstler zunächst nichts mit Zahlen zu tun haben, deren Quadrat negativ wird, aber dann entdeckten sie, dass sie auf den einen (realen) Zahlenstrahl einen zweiten stellen konnten, und zwar senkrecht dazu (a). Auf ihm gab nicht die reale 1 als Einheit den Ton an. Dies tat vielmehr die Lösung der obigen Gleichung, die mit dem Wurzelzeichen $\sqrt{\ }$ geschrieben wird und genauer $x = \sqrt{(-1)}$ lautet. Diese merkwürdige »Wurzel aus minus 1« benennen die Mathematiker heute mit dem Buchstaben i, und die damit behafteten Zahlen nennen sie imaginär. Das ist ein unglückliches Wort, weil dabei anzuklingen scheint, dass man sich das Ganze nur einbildet. Tatsächlich hat man sich Freiraum für die mathematische Erfassung der Welt geschaffen. Die neuen (imaginären) Zahlen öffnen neue Dimensionen, die nicht einfach auf dem ursprünglichen Strahl liegen. Sie befinden sich seitlich davon, weshalb auch vorgeschlagen wurde, sie als laterale Zahlen zu bezeichnen. Leider hat sich dieser Vorschlag nicht durchgesetzt. Seitdem sprechen die Mathematiker von der komplexen Zahlenebene mit realen und imaginären Zahlen (a), und in ihr kann man das Apfelmännchen generieren (b). Das geht jetzt tatsächlich höchst einfach.

Man beginnt mit einer komplexen Zahl Z, erhebt sie zum Quadrat, fügt eine weitere komplexe Zahl C hinzu und rechnet aus, was dabei herauskommt. (Das macht natürlich ein Computer.) Das Ergebnis der Rechnung – also $Z^2 + C$ – nimmt man als neue Ausgangszahl, mit der man die genannten Rechenschritte wiederholt – quadrieren und C addieren. Dabei erhält man erneut eine Zahl, und mit ihr geht man genauso vor, wobei dieses Wiederholen einer immer gleichen Operation als Iteration bezeichnet wird: Ein Z ergibt ein $Z^2 + C$, das ein neues Z wird, woraus ein nächstes $Z^2 + C$ wird, das wiederum ein Z ergibt, und so weiter, so lange man will bzw. so lange man den Computer rechnen lässt.

Würde man diese Iteration nur mit realen Zahlen machen, wäre das Ergebnis absehbar. Alle Rechnungen führten zu unendlich großen Werten: Fangen wir zum Beispiel mit Z = 1 an und wählen etwa C = 2, dann ergibt $Z^2 + C$ im ersten Schritt den Wert 3, im nächsten den Wert 11, im dritten 123, und so weiter. Das ist langweilig und ohne Interesse. Doch die Situation ändert sich grundlegend, wenn komplexe Zahlen zugelassen werden. Beim Quadrieren kann sich das Minuszeichen unter der Wurzel befreien und dafür sorgen, dass Iterationen endlich groß bleiben können und nicht alle ins Uferlose laufen. Ob das Rechnen zu immer größeren (und letztlich unendlichen) Resultaten führt, oder ob alles endlich bleibt, hängt von der Zahl C ab, die jetzt aus ihrer Nebenrolle heraustritt und dabei etwas Dramatisches produziert – nämlich die Linie, die wir als Mandelbrots Apfelmännchen kennen und bewundern. Mandelbrots Menge stellt eine Grenzlinie in einer Ebene dar. Innerhalb der von ihr umschriebenen Fläche liegen alle Zahlen C, die bei der Iteration zu endlichen Werten führen. Außerhalb der von ihr umschriebenen Fläche liegen alle Zahlen C, die bei der Iteration zu unendlichen Werten führen. Da der Weg in die Unendlichkeit verschieden schnell vollzogen werden kann, lassen sich willkürlich hier Bereiche mit verschiedenen Farbtönen bilden, die den Darstellungen ihre ästhetische Attraktivität geben. So schön das ist, der eigentliche Gag der Mandelbrot-Figur steckt in der Linie selbst. Sie ist nämlich an keiner Stelle gerade, und sie wird sich bei jedem näheren Hinschauen immer weiter verzweigen. So etwas hatte die Welt noch nicht gesehen, und seitdem können und müssen wir die Welt anders sehen.

Der visuelle Mathematiker

Benoit Mandelbrot hat als jüdischer Flüchtling und visueller Mathematiker ein äußerlich wie innerlich abenteuerreiches Leben geführt, das erst seit 1987 in ruhigeren Bahnen verläuft. Seit dieser Zeit ist er Professor für Mathematik an der Yale-Universität in New Haven (Connecticut). Der bis hierher keineswegs glatt verlaufene Weg hat im November 1924 in Polens Hauptstadt Warschau begonnen, als Mandelbrot als Sohn jüdisch-litauischer Kaufleute geboren wurde. 1936 musste die Familie vor der drohenden Gefahr des Nationalsozialismus nach Paris fliehen, wo sie aber nur drei Jahre lang bleiben konnte. Nach dem Ausbruch des Zweiten Weltkriegs waren die Mandelbrots wieder gezwungen, eine neue Wohnstatt zu finden. Sie gelangten in den Süden Frankreichs, wo Benoit die Jahre bis 1945 überlebte. In den Nachkriegsjahren gelang es Mandelbrot trotz eher mangelhafter Vorkenntnisse, an französischen Universitäten erst Mathematik und Ingenieurswissenschaften zu studieren und 1952 zu promovieren.

In der folgenden Zeit wechselte Mandelbrot häufig zwischen dem amerikanischen Princeton und europäischen Stationen (Genf und Lille), bevor es ihn 1958 an das Forschungszentrum in Yorktown Heights verschlug, das IBM im Staat New York eingerichtet hatte. Hier verbrachte Mandelbrot die nächsten Jahrzehnte, und während all dieser Jahre gelang es ihm, sich vom Hauptstrom der Forschung fernzuhalten, der sich vor allem mit statistisch vorhersagbaren und mathematisch berechenbaren Phänomenen befasste. Sein inneres Auge sagte ihm, dass damit nicht alles zu erfassen war, was Menschen interessierte bzw. was für Menschen interessant war.

Als Folge davon sah er sich auf zahlreichen und immer wieder neuen Gebieten um. Ihn störte nicht, dass die Themen dabei so verschieden waren wie die Schwankungen der Börsennotierungen, die Geräusche in Telefonleitungen, die Redundanz der Sprache und die Zerklüftung von natürlichen Landschaften, wie sie sich etwa bei der Küste von Großbritannien oder dem Verlauf norwegischer Fjorde zeigt. Denn als er einmal seinen Blick ganz genau auf den Umriss der englischen Insel richtete, fiel ihm etwas höchst Merkwürdiges auf: Auf die Frage, wie lang ihre Küstenlinie ist, gab es keine zuverlässige Antwort! Enzyklopädien unterschieden sich in ihren Angaben um mehr als 20 Prozent, und als er diesen Tatbestand näher analysierte, bemerkte Mandelbrot, dass das Ergebnis nicht zuletzt von dem

Maßstab der benutzten Landkarte abhing. Je genauer der benutze Maßstab war, desto länger schien die Küste zu werden!

»Wie lang ist die Küste von Großbritannien?« – so lautete schließlich der Titel seines bahnbrechenden Aufsatzes aus dem Jahre 1967, in dem er der Welt zum ersten Mal den Gedanken vorsetzte, dass sie Abschied von einer uralten Idee nehmen musste, der Idee nämlich, dass man die Natur mit Hilfe der klassischen geometrischen Figuren erklären könne, die Euklid in der Antike gezeichnet und entworfen hatte. Seine fest umrissenen geometrischen Gestalten – Kugeln, Kegeln, Kreise – sind zwar leicht und bequem zu berechnen, sie sind nur nicht das, was die Natur ausmacht. In den heute vielleicht eher schlicht wirkenden, die damaligen Forscher aber stark verstörenden Worten Mandelbrots: »Wolken sind nicht kugelförmig, Berge sind nicht kegelförmig, Küstenlinien sind keine Kreise, Rinden sind nicht glatt, und auch der Blitz folgt keiner geraden Linie.« Wer den Punkt betonen will, auf den es ankommt, könnte genauer und deutlicher sogar sagen: »Wolken sind nirgendwo kugelförmig, Berge sind an keiner Stelle kegelförmig, Küstenlinien sind nirgends Kreise, Rinden sind an keiner Stelle glatt, und auch der Blitz folgt in keinem Punkt einer geraden Linie.«

Die gebrochene Geometrie der Natur

Die Geometrie der Welt ist schlicht und einfach nicht so glatt und gerade, wie wir uns das gerne und gemütlich vorstellen, um sie uns einzurichten und berechenbar zu machen. Die Natur steckt vielmehr voller Gegenstände, die zerklüftet, verwinkelt und gebrochen sind. Sie besteht aus scharfkantigen Küstenlinien, aus absplitternden Rindenformen, aus rissigem

Buschwerk, aus abknickenden Flussverläufen, aus gegerbten und gefalteten Hautoberflächen, aus brüchigen und sich streckenden Spargelspitzen, aus wuselig verzierten Blumenkohlköpfen und vielen anderen Formen, die alles Mögliche tun, nur nicht so abgeschliffen und poliert daherkommen wie die Gegenstände, die wir etwa als Bilderrahmen, Bleistifte oder Lineale selbst herstellen. Die Geometrie der Welt ist nicht so glatt, wie Euklid zu sehen sie vorschlug.

In den 1970er Jahren hat er dafür ein besonderes Wort in die Wissenschaft eingeführt, das längst allgemein gebraucht wird und die kulturelle Welt bereichert. Gemeint ist der Begriff des Fraktals, der sich aus dem lateinischen Wort *frangere* für »brechen« ableitet, das in der Alltagssprache bereits als Fragment oder Fraktion seine Spuren hinterlassen hat. Fraktale sind also Objekte ohne glatten Rand. Das berühmteste und erste Fraktal haben wir eingangs vorgestellt, Mandelbrots Apfelmännchen.

Wenn wir sagen, dass Fraktale Objekte sind, deren Begrenzungslinien niemals glatt und gerade sind, dann könnte man meinen, dass ein gewöhnlicher Kreis dazu gehört. Natürlich ist ein Kreis überall gekrümmt, aber wenn man sich vorstellt, einen Ausschnitt dieses Kreises zu vergrößern und immer wieder zu vergrößern, dann wird sich das dort zeigende Gebilde immer mehr strecken und ganz zuletzt gerade sein. Genau das geht mit Fraktalen nicht. Wer irgendeinen Ausschnitt des Apfelmännchens wählt und die sich dort zeigende Linie vergrößert, kann mit diesem Verfahren fortfahren, so lange er will, er wird immer wieder nur neue Brechungen der Linie sehen, die es niemals schafft, gerade zu werden. Fraktale sind also Objekte, deren Begrenzungslinien niemals glatt und gerade werden können, wie genau wir auch hinschauen.

Dimensionen der Natur

Um zu Fraktalen zu gelangen, muss man etwas brechen. Aber was? Wer genau wissen will, was an einem Fraktal gebrochen ist, erhält als Antwort – seine Dimension. Im Alltag benutzt man dieses Wort etwa in dem Sinne, dass man alle Dimensionen prüft, die eine Frage aufwerfen kann. In der Sprache der Wissenschaft meint die Dimension eines Gegenstandes etwas Ähnliches, nämlich all die Richtungen, in die er sich erstrecken kann. Seit Jahrtausenden hatte man dabei drei Dimensionen vor Augen, die wir als Alternativen kennen, wenn wir uns nach oben oder unten orientieren, vorwärts oder rückwärts schauen oder und nach rechts oder links ausweichen. Das Zimmer, in dem ich sitze, hat drei Dimensionen, das Blatt Papier, auf dem ich schreibe, stellt mir zwei zur Verfügung, und die Linie, die ich darauf ziehe, ist eindimensional. Alles auf der Welt ist entweder ein-, zwei- oder dreidimensional – so dachte man, bis Mandelbrot kam, die Küste von Großbritannien in Augenschein nahm und sein Apfelmännchen auftauchen ließ.

Stellen wir die konkrete Frage: Welche Dimension hat die Küstenlinie von Großbritannien? Offenbar mehr als eine – sie windet sich zu sehr –, doch keine zwei, denn sie schließt ja eine Fläche mit dieser Dimension ein. Die Küste von Großbritannien kann also – wie auch alle anderen aus dem höchst krummen Holz der Natur geschnitzten Gegenstände – keine ganzzahlige Dimension 1, 2 oder 3 haben, wie Mandelbrot erst sich selbst und dann uns allen klarmachte. Sie kann nur eine gebrochene – eine fraktale – Dimension haben, und Mandelbrots Aufgabe bestand nun darin, diese visuelle Einsicht in ein mathematisches System einzufügen.

Selbstähnlichkeit

Ausgangspunkt war erneut eine visuelle Idee, die heute unter der Bezeichnung Selbstähnlichkeit bekannt ist. Bei seinen frühen Beobachtungen von scheinbar chaotisch verlaufenden Börsenkursen oder anderen erratisch umherirrenden Messkurven von schwankenden Werten (Fieberkurven, Wetterdaten) war Mandelbrot aufgefallen, dass sich ihre umfassende Linienform im Kleinen zu wiederholen schien. Bei genauerem Hinschauen stellte er fest, dass dabei keine Übereinstimmung, wohl aber eine hohe Ähnlichkeit – eben die Selbstähnlichkeit – zu erkennen war. Das heißt, wenn man etwa den Maßstab verkleinert, mit dem die Küste von Großbritannien gezeichnet wird, tauchen die gleichen Muster und Gestaltungen auf, die man schon aus dem groben Verlauf kennt. Dieser Wiedererkennbarkeit von gleichen Mustern ging Mandelbrot systematisch nach, und er entdeckte, dass die Natur davon voll war – etwa bei Venen und Arterien, deren Verzweigungen immer die gleiche Formung bis in die kleinsten Kapillaren hinein annahmen, oder bei Bergen, Felsen und Steinen, deren kristalline Formationen sich ebenfalls sehr ähnlich blieben, wenn man sie unter immer höherer Auflösung betrachtete.

Als gutem Mathematiker gelang Mandelbrot nach dem qualitativen Einstieg die quantitative Einbindung, und er definierte eine fraktale Dimension mit Hilfe der Anzahl von selbstähnlichen Teilen, die bei einem vorgegebenen Verkleinerungsfaktor (Maßstab) zu entdecken waren.

Mit der eleganten Lösung für die mathematisch erweiterte Definition der klassischen Dimension wird es möglich, die Frage zu stellen, welche Dimensionen natürliche Gegenstände wie Büsche oder Bäume denn nun haben. Dabei stellt sich heraus, dass die Küste von Großbritannien bei 1,26 liegt – also mehr eine Linie als eine Fläche ist – und sich das menschliche Gehirn mit seiner vielfach gefalteten Oberfläche irgendwo zwischen 2,73 und 2,79 befindet. Als Mandelbrot sich einmal bemühte, die Dimensionen von Wolken und Winden zu bestimmen, bemerkte er im Übrigen, dass ein System der Wettervorhersage nur funktionieren kann, wenn seine Komplexität – und damit seine fraktale Dimension – mindestens so groß ist wie die seiner Objekte.

Von der erwähnten Selbstähnlichkeit der fraktalen Strukturen aus gesehen ist es natürlich nicht mehr weit bis zu dem Verfahren, mit dem wir solche Formen herstellen oder »erzeugen« – so wie es beim Apfelmännchen geschehen ist. Man lässt ein und denselben Rechenvorgang immer wieder (iterativ) ablaufen, das heißt, man lässt ihn Schritt für Schritt vonstatten gehen, wobei jede neue Rechnung mit dem Ergebnis der alten beginnt, wie es im Kasten beschrieben ist. Dabei ist eine der aufregendsten mathematischen Entdeckungen des 20. Jahrhunderts gelungen, die Mandelbrot-Menge, die inzwischen als »das komplexeste Gebilde der Mathematik« gilt, und ihr Entdecker gerät bis heute in Verzückung, wenn er über sein Wunderwerk schreibt: »Diese Menge ist eine erstaunliche Kombination aus äußerster Einfachheit und schwindelerregender Kompliziertheit. Auf den ersten Blick handelt es sich um ein ›Molekül‹ aus gebundenen ›Atomen‹, von denen das eine wie ein Herz aussieht und das andere fast kreisförmig ist. Sieht man aber näher hin, so entdeckt man eine unendliche Menge kleinerer Moleküle, die ebenso geformt sind wie das große...«

Wir wollen jetzt nicht weiter von der Ästhetik dieser Menge schwärmen, der sich zahlreiche Bücher mit Titeln wie *Die Schönheit der Fraktale* gewidmet haben, in denen mit besseren Computern, als sie Mandelbrot anfangs zur Verfügung standen, und in vielen Varianten gezeigt wird, welche endlosen

Verzweigungen die Natur ermöglicht und wie erstaunlich tief man mit einem einfachen Verfahren – Mandelbrots Iteration – in das Innere der Strukturen vordringen kann.

Wir wollen aber fragen, wieso das Verfahren überhaupt einfach ist. Immerhin benutzt Mandelbrot – und benutzen seine Nachfolger – die Rechenoperation des Quadrierens. Ist das wirklich einfach? Geht es nicht einfacher?

Die Antwort ist ein klares Nein. Die Physik vor Mandelbrot kann man – etwas unfair und sehr salopp – zusammenfassen, wenn man sagt, sie war linear. Linear ist etwas, das man mit einem Lineal verfolgen kann und schön gleichförmig abläuft. Ein Anzug kostet 400 Euro, zwei Anzüge kosten 800 Euro, es sei denn, der Händler bietet Rabatt. Dann ist das Gradlinige vorbei und die Nichtlinearität beginnt. Von ihr handelt Mandelbrot, und die einfachste Art, sie in die mathematische Erfassung der Natur zu bringen, ist das Quadrat. Deshalb hat er es bei seiner Iteration probiert und seinen Volltreffer gelandet.

Plötzlich konnte man nicht nur lineare, sondern auch nichtlineare (komplexe) Vorgänge der Natur erfassen, die den raffinierten Gestalten des Lebens entsprechen. »Fraktale Gestalten hoher Komplexität lassen sich durch die Wiederholung einer einfachen geometrischen Transformation gewinnen, und geringfügige Änderungen dieser Transformation bewirken globale Änderungen. Dies legt nahe, dass eine kleine Menge genetischer Information die Entstehung komplexer Gestalten bewirken kann und dass daher auch geringe genetische Veränderungen erheblichen Gestaltwandel hervorrufen können.«

Hinter dieser Vermutung steckt ein großes Forschungsprogramm, das noch durchgeführt werden muss und in dem vielleicht *A New Kind of Science* steckt, um den Titel eines Buches aus dem Jahre 2002 zu zitieren, in dem der Brite Stephen Wolfram vorschlägt, die Welt nicht durch Naturgesetze, sondern

Erzeugung eines baumförmigen Fraktals. Jeder Ast verzweigt sich, bis eine Art Schirm entsteht. Nach der dreizehnten Iteration (rechts) fängt der Baum an, realistisch auszusehen.

durch Iterationen von elementaren Einheiten zu erfassen. Mandelbrot dürfte dieser Ansatz gefallen, aber er würde sich bescheidener ausdrücken. Für ihn zählt nicht eine neue Wissenschaft, sondern ihr altes Ziel. Es besteht darin, »die Komplexität der Welt auf simple Regeln zu reduzieren«. Daran arbeitet er nach wie vor. Mit den Fraktalen hat er die Mathematik auf jeden Fall näher zu den Menschen gebracht.

> Fraktale Kurven entstehen durch Verzweigungen. Deshalb gehören Bäume zu den beliebten Objekten, die Mathematiker mit fraktalen Neigungen anfertigen. Bäume bestehen ja vor allem aus Verzweigungen: Aus dem Stamm verzweigen sich die Äste, den Ästen entspringen die großen Zweige, denen die kleinen und immer kleiner werdenden Zweige folgen. Man muss dem Computer bloß den geeigneten Verzweigungswinkel eingeben und ihn dazu bringen, ihn auf beständig kleiner werdenden Maßstäben (Skalen) anzuwenden. Nach einem Dutzend Iterationen beginnt der Mandelbrotbaum, bereits realistisch auszusehen. Wenn man es korrekt machen will, kann man noch die Dicke der Stämme variieren, und ein ästhetisch veranlagter Mathematiker wird dabei nach der Regel von Leonardo da Vinci vorgehen, der zufolge das Verdünnen der Äste bei fortschreitender Verzweigung so erfolgt, dass die Gesamtdicke erhalten bleibt.

Eulers Zahl

Wir leben in einer Zeit, die oft und gerne von Wachstum spricht. Wir wünschen uns zum Beispiel ein gesundes Wirtschaftswachstum, oder wir machen uns Sorgen über ein zu schnelles Bevölkerungswachstum. Bei den Debatten über dieses Thema werden im Wesentlichen zwei Formen des Wachstums unterschieden, von denen eine langsam und übersichtlich verläuft, während sich die andere explosionsartig und unheimlich vollzieht. Nicht nur in der Fachsprache, sondern auch im politischen Tagesgeschäft werden dafür die beiden Ausdrücke lineares und exponentielles Wachstum benutzt. In Letzterem steckt eine zugleich wundersame und merkwürdige Zahl, die der aus Basel gebürtige Mathematiker Leonhard Euler (1707-1783) in die Welt der Wissenschaft eingeführt hat. Sie wird durch den kleinen Buchstaben e bezeichnet, was es unserem Gedächtnis leicht macht. Es kann sich nämlich jetzt problemlos merken, dass e von Euler stammt und das exponentielle Wachstum beschreibt.

Eulers Zahl ist nur eine von den grandiosen Geschenken, die der wohl produktivste Mathematiker des 18. Jahrhunderts der Menschheit während der vielen Jahre gemacht hat, die er an den Akademien in Berlin und vor allem in St. Petersburg gelehrt und gearbeitet hat. Seine Interessen umfassten unter anderem eine *Musiktheorie* und eine *Theorie der Planetenbewegung*, er schrieb eine *Schiffstheorie*, stellte sogar *Neue Grundsätze der Artillerie* auf, und fand auch Zeit, um *Briefe an eine deutsche Prinzessin über verschiedene Gegenstände der Physik und Philosophie* zu schreiben, womit die 16-jährige Friederike von Brandenburg-Schwedt gemeint war, der Euler einmal Unterricht in Mathematik gegeben hatte. Das von Euler auf Französisch vorgelegte umfangreiche Buch ist 1769 zum ersten Mal erschienen und heute noch lieferbar. In diesen Briefen riskiert der Mathematiker mutig, sich auch über Sachen zu äußern, von denen er zwar »nicht das geringste versteht«, wie er offen zugibt, bei denen er aber vielleicht dem Verständnis auf die Sprünge helfen kann – zum Beispiel bei der Frage, »warum eine schöne Musik in uns die Empfindung von Vergnügen erregt«. Wie seine Antwort lautet (die er für die Prinzessin am 6. Mai 1760 aufgeschrieben hat), soll hier nicht verraten, die Lektüre der Briefe aber umso mehr empfohlen werden.

Das exponentielle Wachstum

Es wäre zu schön gewesen, wenn Euler in den Briefen an die Prinzessin auch seine Zahl e und das damit erfassbare exponentielle Wachstum erklärt hätte. Aber darauf hat er leider verzichtet, weshalb wir uns selbst an die Arbeit machen müssen.

Wer vom Wachstum spricht, meint, dass etwas im Laufe der Zeit zunimmt, und dabei lassen sich – wie oben angedeutet – zwei Formen unterscheiden. Die Zunahme kann im Laufe einer Zeiteinheit um einen Betrag erfolgen, der fest (konstant) bleibt, oder sie kann um einen Betrag erfolgen, der das nicht tut, der sich also ändert. Die Zeiteinheit wird gewöhnlich nach dem Problem gewählt, um das es geht. Bei den Zinsen auf das Sparkonto rechnet man etwa in Jahren, bei der Vermehrung der Informationen im Internet denkt man in Wochen, bei den (leider nicht nur steigenden) Aktienkursen denkt man in Tagen oder Stunden, und beim biologischen Wachsen von Bakterien in Stunden oder Minuten, wobei diese kurze Aufzählung klarmacht, wie groß der Anspruch der Mathematik ist, wenn sie sagt, sie kann das Gemeinsame in all diesen Wachstumsprozessen – ihr Muster – erkennen und ausdrücken. Jedenfalls versucht sie das, und wir bemühen uns hier, zu verstehen, was sie dabei und wie sie das macht.

Bleiben wir bei dem Wachstum, das pro Zeiteinheit um einen festen Betrag erfolgt. Als einfaches Beispiel wählen wir das Ansteigen des Zeitungsberges in dem Kasten, in dem wir Altpapier sammeln. Da wir jeden Tag eine Zeitung hineinlegen, wächst die Menge (Höhe) dort proportional zu der Zahl der Tage. Mathematiker sagen dann, das Wachstum geht linear mit der Zeit vor sich.

Jetzt bleiben wir bei unserer Zeitung, nur wollen wir sie diesmal nicht entsorgen, sondern mit ihr spielen. Wir reißen sie in der Mitte durch und legen die beiden Hälften aufeinander. Dann reißen wir dieses Päckchen erneut in der Mitte durch und legen die neu kreierten Hälften aufeinander, und das setzen wir einige Male fort, bis entweder unsere Kraft nicht mehr ausreicht, um die immer dicker werdenden Papiermengen zu zerreißen, oder bis wir die Zeitungsschnipsel nicht mehr als Haufen bändigen können und alles durcheinanderfliegt.

Auch wenn es uns praktisch nicht gelingt, können wir uns natürlich vorstellen, die Papiertürme immer wieder zu teilen und zu verdoppeln, und dabei nimmt deren Höhe rascher zu als der Zeitungsberg beim Altpapier. Das Wachstum der Schnipsel ist nicht linear, da es nicht um einen festen Betrag pro Zeiteinheit geht, der hinzukommt. Die Papierhöhe wächst vielmehr exponentiell, sie nimmt pro Zeiteinheit um einen festen Prozentsatz zu. Die Papierhöhe wächst nicht proportional mit der Zeit, sondern proportional zum Bestand.

Diese Feststellung gilt in ihrer Allgemeinheit auch für die Weltbevölkerung. Schließlich bekommen mehr Menschen auch mehr Kinder, unsere Zahl wächst also in Abhängigkeit von der Zahl, die wir schon erreicht haben, und das heißt, sie nimmt auf keinen Fall nur linear zu. Sie nimmt exponentiell zu, wenn sich die Bevölkerung so verhält wie die Papierhöhe, die wir oben durch Zerreißen von Zeitungen errichtet haben, nämlich dann, wenn die Zeit, die zur Verdopplung benötigt wird, fest und konstant bleibt. Inzwischen sind die Statistiker aber der Meinung, dass die Weltbevölkerung in den letzten Jahrzehnten sogar noch schneller gewachsen ist – nämlich so, dass der Zeitraum, den wir für die Verdopplung unserer Zahl gebraucht haben, nicht konstant bleibt, sondern kürzer wird. Doch diese dritte Art des Wachstums – Fachleute kennen dafür das Wort hyperbolisch – bleibt hier unbeachtet, da wir uns für Eulers Zahl interessieren, von der wir behauptet haben, dass sie im exponentiellen Wachstum zu finden sei.

Hochzahlen

Die Wörter »exponentiell« und »exponieren« haben dieselbe lateinische Wurzel, die besagt, dass etwas herausgestellt wird. Ein Exponat ist bekanntlich ein Ausstellungsstück, und ein Exponent ist eine hochgestellte Zahl. In Albert Einsteins berühmter Gleichung $E = m \cdot c^2$ ist die 2 ein Exponent, der besagt, dass die Lichtgeschwindigkeit mit sich selbst multipliziert werden muss. Einstein hätte auch schreiben können, $E = m \cdot c \cdot c$, aber das würde niemandem gefallen.

Mathematiker haben die Hochzahlen zunächst erfunden,

um große Zahlen besser zu schreiben, etwa statt Tausend (1000) – also 10 · 10 · 10 – schreiben sie lieber 10^3 (»zehn hoch 3«), und statt einer Million (1 000 000) – also 10 · 10 · 10 · 10 · 10 · 10 – schreiben sie lieber 10^6 (»zehn hoch 6«), und so lässt sich das weiter stricken. Irgendwann haben die Mathematiker gemerkt, dass sich diese Schreibweise verallgemeinern lässt und man sinnvoll definieren kann, was 10^x ist, auch wenn der Exponent x keine ganze Zahl mehr ist.

Eine Zahl, die mit einem Exponenten versehen wird – in dem zuletzt aufgeführten Beispiel war es immer die 10 – nennt man die Basis der Exponentialzahl, und es überrascht niemanden, wenn er erfährt, dass die Mathematiker sich hier auch alle Freiräume erobert haben. Man kann zum Beispiel die Lichtgeschwindigkeit mit einer beliebigen Hochzahl versehen – also etwa $c^{2,7}$ schreiben (womit eine eindeutig berechenbare Zahl gemeint ist, auch wenn sie nicht notwendigerweise eine physikalische Bedeutung hat) –, und man kann natürlich auch Eulers Zahl e so behandeln und also e^x schreiben. Das Merkwürdige besteht nun darin, dass Hochzahlen mit Eulers Zahl e als Basis – also Zahlen wie e^x (»e hoch x«) – genau das beschreiben können, was oben als exponentielles Wachstum dargestellt wurde und sich täglich auf der Welt abspielt – etwa wenn sich Zinsen akkumulieren oder die Zahl der Transistoren auf Computerchips (und damit die Performance der neuen Maschinen) zunimmt (siehe »Moores Gesetz«).

Steigungen und Ableitungen

Um das Besondere von e^x einzusehen, blicken wir noch einmal auf das lineare Wachstum. Wir haben gesagt, dass es konstant vor sich geht, das heißt, seine Änderung bleibt fest, sie ändert

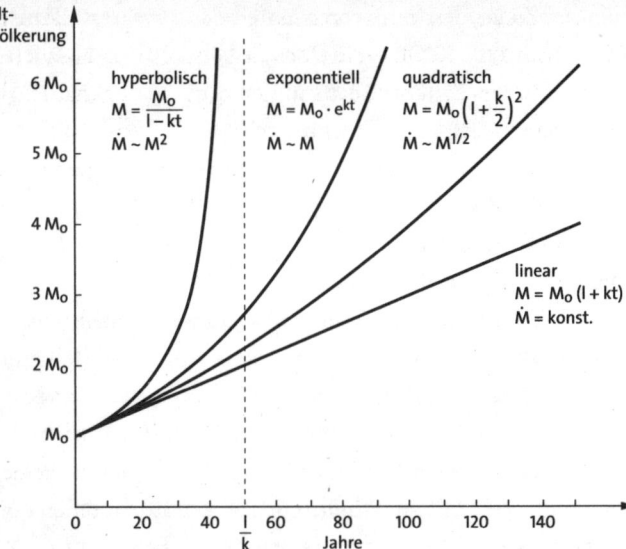

Lineares und exponentielles Wachstum, wie sie im Text genauer definiert und hier gezeichnet werden.

sich also nicht. Beim exponentiellen Wachstum sieht dies anders aus. Hier ändert sich die Zunahme, und zwar so, dass die Änderung genauso groß ist wie das Wachstum selbst.

Die Mathematiker berechnen die Änderung eines Verlaufs durch die Steigung der Kurve, die dazu gehört, wobei der Ausdruck »Steigung« in Fachkreisen verpönt ist. Hier sagt man Ableitung dafür – aus guten Gründen, die uns aber hier nichts angehen.

Eine Gerade, die ein lineares Wachsen beschreibt, hat eine konstante Steigung, und eine Kurve, die ein exponentielles Wachstum beschreibt, hat eine veränderliche Steigung, und zwar eine, die durch die Kurve selbst festlegt, und dies auf zugleich einfache und spannende Weise: Die Steigung einer exponentiell ansteigenden Kurve ist nämlich mit der Kurve selbst identisch. Die Ableitung von e^x ist wieder e^x, wie es Mathematiker ausdrücken, und diese Übereinstimmung ist ausschließlich mit Eulers Zahl e als Basis möglich, die jetzt genauer definiert werden soll.

Grenzwerte und Reihen

Euler selbst ist auf sein kleines e nicht aus den genannten praktischen Gründen, sondern aus Lust an Zahlen und Reihen gekommen. Ihn und seine Kollegen interessierte unter anderem, wie man unendliche Reihen von Zahlen erfassen kann. Was passiert zum Beispiel, wenn man $1 + 1/2 + 1/3 + 1/4 + 1/5 + 1/6$ und so weiter bis unendlich zusammenzählt? Kommt dabei etwas Endliches heraus?

Man kannte unendliche Reihen, die nicht unendlich groß werden. Wer etwa $1/2 + 1/4 + 1/8 + 1/16 + 1/32$ und immer so weiter rechnet, wird rasch merken, dass er nie über die Summe 1 hinauskommt. Er addiert ja immer nur die Hälfte des bis zur 1 fehlenden Betrags hinzu, und zwar per Definition bei jedem Schritt.

Mathematiker interessieren sich nie nur für Zahlen einer Reihe, sondern immer für die Frage, ob es da allgemeine Gesetze zu erkunden gibt. Euler bastelte sich eine Funktion zurecht, die er mit dem griechischen Buchstaben Zeta ζ bezeichnete. $\zeta(1)$ war die oben erwähnte Reihe $1 + 1/2 + 1/3 + 1/4 + 1/5 + 1/6$ und so weiter, $\zeta(2)$ war $1/1^2 + 1/2^2 + 1/3^2 + 1/4^2 + 1/5^2 + 1/6^2$ und so weiter, und es ist leicht zu sehen, was —(n) sein soll. Was für Außenstehende sich eher als Spielerei ausnimmt, stellt für Mathematiker oft eine entscheidende Methode dar, etwas über Zahlen zu verstehen. Zu den spannendsten Zahlen gehören die Primzahlen, die nur durch 1 oder durch sich selbst teilbar sind.

Bis heute suchen die Mathematiker nach einer Regel, die es ihnen erlaubt, von einer bekannten Primzahl ausgehend zu berechnen, wie die nächste heißt. Es scheint, dass die Zeta-Funktion das Geheimnis der Primzahlen enthält, ein Verdacht, der die Fachwelt bis heute als Riemannsche Vermutung verfolgt, ohne ihn dingfest machen zu können.

Euler konnte bald $\zeta(2)$ dingfest machen (während $\zeta(1)$ sich als nicht zu bändigen erwies und Unendlichkeit anstrebte). Voller Stolz präsentierte er sein Ergebnis $\zeta(2) = \pi^2/6$, und die Fachwelt konnte nur staunen, und zwar darüber, wie er das gemacht hatte und wie eigentlich die Kreiszahl π dort hineinkam.

Wenn eine unendliche Reihe berechenbar bleibt, sprechen die Rechenkünstler von ihrem Grenzwert, und den kennen sie auch bei Zahlenfolgen. Euler fragte sich zum Beispiel, wohin die Folge der Zahlen sich entwickelt, bei der man zur 1 einen immer kleiner werdenden Betrag hinzufügt und das ganze auch noch mit einer Hochzahl versieht. Also erst $1 + 1/2$, $1 + 1/3$, $1 + 1/4$, $1 + 1/5$ und so weiter, was bei unendlicher Wiederholung natürlich die 1 selbst ergibt. Zuletzt kommt ja nichts mehr hinzu.

Doch was passiert, wenn man statt $1 + 1/n$ versucht, $(1 + 1/n)^n$ bis unendlich zu verfolgen? Wohin läuft die Folge der Zahlen $(1 + 1/2)^2, (1 + 1/3)^3, (1 + 1/4)^4, (1 + 1/5)^5$ und so weiter?

Als guter Mathematiker wollte Euler vor allen Dingen wissen, ob der anvisierte Grenzwert überhaupt existiert. Nachdem er sich davon überzeugt – es also bewiesen – hatte, konnte er dieser Zahl einen Namen geben. Sie ist die Eulersche Zahl e, und wer sie ausrechnet, kommt dafür auf den Wert e = 2,718281828459… Wie die Kreiszahl π hört die Entwicklung der Zahlen hinter dem Komma niemals auf, was bedeutet, dass e eine irrationale Zahl ist. Sie kann also nicht als Bruch aus zwei ganzen Zahlen geschrieben werden (und sie ist wie π sogar transzendent, wie es in der Fachsprache heißt und was für uns nur bedeutet, dass sie quasi ungreifbar ist, nämlich ungreifbar mit nicht zu komplizierten mathematischen Gleichungen).

$$e = \lim_{n \to \infty} (1 + 1/n)^n$$

$$e^x = \lim_{n \to \infty} (1 + x/n)^n$$

Bakterien, Bäume, Banken

Wer in einem Lexikon Eulers Zahl nachschlägt, wird dort häufig lesen, dass sie die »Basis des natürlichen Logarithmus« ausmacht. Das Logarithmieren kehrt den Vorgang um, den wir als exponieren kennen gelernt haben. So wie das Subtrahieren das Addieren und das Dividieren das Multiplizieren von Zahlen umkehren kann, so gibt es auch eine Rechenvorschrift, die die Hochzahlen in die Niederungen des gewöhnlichen Rechnens holt, was aber hier nicht weiter verfolgt werden soll. Das Attribut »natürlich« hat mit der Beobachtung zu tun, dass das exponentielle Wachstum bei vielen Abläufen in der Natur eine Rolle spielt. Wenn sich Bakterien in einer Kolonie vermehren, wenn die Biomasse von Bäumen zunimmt, wenn Atome radioaktiv zerfallen – immer lässt sich dies mit mathematischer Genauigkeit durch Eulers Zahl e ausdrücken. Wenn sich Zellen teilen, kann man ebenso mit ihrer Hilfe berechnen, wie viele es zuletzt von ihnen gibt, wie sich kalkulieren lässt, wie ein Vermögen wächst, wenn die Zinsen der Zinseszinsen mitverzinst werden.

Da Euler aus der Schweiz stammt, kann man vermuten, dass ihm diese Thematik vertraut war; tatsächlich hat einer seiner Mentoren, der ebenfalls in Basel residierende Mathematiker Jakob Bernoulli dies mit einem besonderen Twist wissen wollen: Wie wächst ein auf Zinseszinsen liegendes Kapital, wenn die Zinsen nicht erst am Jahresende oder zu sonst wie festgelegten Zeitpunkten, sondern kontinuierlich gezahlt werden – vom Moment der Einlage an? Wer dies ausrechnet, kommt auf Eulers Zahl und ihre Funktion e^x.

Eine wundervolle Identität

Es scheint, dass e immer dort auftaucht, wo sich etwas entwickelt, wo sich zum Beispiel auch das Leben entfaltet. Das alleine ist schon für sich wunderbar, aber Euler hat über seine Zahl noch etwas herausgefunden, das uns noch mehr Grund zum Staunen gibt. Wie gesagt, versuchen Mathematiker stets, ihr Thema zu verallgemeinern. Und so freute sich Euler zwar, dass sich sinnvoll e^x für beliebige Hochzahlen schreiben ließ, aber nur mit einer Einschränkung. Die Exponenten mussten reelle Zahlen sein, also Zahlen, die etwas Wirkliches messen konnten.

Nun hatte man daneben noch Zahlen entdeckt, denen das versagt war. Die Lösung der Gleichung $x^2 + 1 = 0$ zum Beispiel. Jede reelle Zahl, deren Quadrat man bildete, musste positiv sein; das war aber in der Gleichung nicht möglich. Zunächst versuchte man, hierin Sonderfälle zu sehen und sie zu ignorieren, aber seit der Renaissancezeit drängten sich ähnliche Zahlen aus ähnlichen Rechenaufgaben immer stärker auf. Euler war der Erste, der sie akzeptierte, ernst nahm und das Symbol i für sie einführte, weil er sie – etwas unglücklich – als imaginäre

Zahlen ansah, womit gemeint ist, dass er sie in der physikalischen Wirklichkeit nicht zu finden meinte. Seine imaginäre Zahl i war als Lösung der Gleichung $x^2 + 1 = 0$ definiert, also durch $i^2 + 1 = 0$ oder $i^2 = -1$.

Mit zwei neuen Zahlen kann ein Euler gar nicht anders als zu fragen, wie sie zusammenhängen. Natürlich stellte sich da zunächst das Problem, wie man so etwas wie e^{ix} definieren soll, aber wir nehmen für diesen kurzen Text einfach an, dass Euler dies gelungen ist. Und dabei ist ihm zu seiner großen Freude aufgefallen, dass er nicht nur e und i zusammenbringen konnte, sondern sogar besonders belohnt wurde, wenn er die Kreiszahl π noch dazu nahm. Wie Euler nämlich beim Umgang mit seinen Zahlen bemerkte, gilt folgende Identität:

$$e^{i\pi} + 1 = 0$$

In Worten zu sprechen als: e hoch i mal pi plus eins ist gleich Null. Man mag es dieser Formel zwar nicht unbedingt sofort ansehen, aber es gibt Leute, die in ihr das Geheimnis der Welt sehen – wenn man es denn nur da herauslesen könnte.

Bevor man sich über diese Annahme allzu lustig macht, sollte man bedenken, was da alles zusammengeschmiedet wird. Da steht zunächst die merkwürdige Zusammenballung von transzendenten und imaginären Zahlen, die multipliziert und exponiert werden. Diesen dem Laien fernen Wunderwerken der Mathematik stehen die einfachsten Dinge aus dieser Welt gegenüber – die Eins und die Null, das Plus- und das Gleichheitszeichen. Eulers Formel verbindet zudem das Geometrische – repräsentiert durch π – mit dem Algebraischen – repräsentiert durch das i – und dem Arithmetischen – repräsentiert durch 1 und 0, und das verbindende Element ist seine Zahl e.

Der amerikanische Mathematiker Keith Devlin hat die

vielleicht schönsten Worte für Eulers Identität mit dieser Zahl gefunden: »So wie ein Sonett von Shakespeare das wahre Wesen der Liebe erfasst oder ein Gemälde uns die Schönheit der menschlichen Gestalt zeigt, die sich nicht von der Oberfläche täuschen lässt, so reicht Eulers Gleichung bis weit in die letzten Tiefen der Existenz hinein.«

Und der Mathematiker Benjamin Peirce, der im 19. Jahrhundert an der Harvard-Universität lehrte, eröffnete seine Vorlesung über Eulers Identität mit den Worten: »Meine Herren, dies ist gewiss wahr; es ist absolut paradox, wir können es nicht verstehen, und wir wissen nicht, was es bedeutet. Wir haben es aber bewiesen, und daher wissen wir, dass es wahr ist.«

Eulers Identität zeigt uns durch eine Wahrheit, wie schön die Welt ist. Sie stellt die bemerkenswerte Formel der Mathematik dar, aber noch hat die Welt sie nicht für sich entdeckt.

Hilberts Hotel

Hilberts Hotel ist nach dem viele Kollegen turmhoch überragendem Mathematiker David Hilbert (1862–1943) benannt. Mit seiner Hilfe versucht man, anschaulich zu machen, wie merkwürdig das Konzept ist, das Hilberts Wissenschaft Unendlichkeit nennt. Natürlich benutzen wir auch im Alltag das Wort unendlich – zum Beispiel wenn uns etwas unendlich mühsam vorkommt oder in einer langweiligen Vorlesung sich der Uhrzeiger nur unendlich langsam weiterbewegt. Aber wenn Mathematiker sich eines Begriffs annehmen, verwandeln sie etwas, das eher vage zu verstehen war, in etwas, das eine höchst präzise Bedeutung hat. Das kann zu überraschenden Einsichten führen, etwa der, dass auch dann, wenn man unendlich viele Zahlen zusammenzählt, das Ergebnis nicht notwendig unendlich groß sein muss (siehe »Eulers Zahl«).

Die Besonderheit von Hilberts Hotel besteht darin, dass es über unendlich viele Zimmer verfügt, und der Vorteil dieser Anordnung zeigt sich, wenn wir erstens annehmen, es ist ausgebucht, und uns zweitens vorstellen, dass noch spät am Abend Gäste Einlass begehren. In einem normalen Hotel ist dann nichts mehr zu machen, und die Tür bleibt verschlossen. In Hilberts Hotel verschiebt man alle Gäste einfach einen Raum weiter. Dadurch wird das erste Zimmer frei, in das jetzt die Gäste einziehen können. Wenn noch mehr kommen, wiederholt man die Prozedur einfach, und selbst wenn dies die ganze Nacht hindurch weitergeht, bleibt immer noch Platz für neue Reisende auf Zimmersuche.

Hilberts Rede und die Klasse der Ehre

So nett dieser Aspekt von Hilberts Hotel ist, wir möchten der Wortkombination hier eine andere Bedeutung geben und darunter den Ort verstehen, an dem sich eine besondere Reihe von Mathematikern versammelt hat. Sie werden in der angelsächsischen Literatur als »The Honors Class« bezeichnet, wobei sich die Mitglieder dieser Klasse der Ehre dadurch auszeichnen, eines von Hilberts Problemen gelöst zu haben. Darunter versteht die Fachwelt die Themen, die er im Jahre 1900 auf dem Internationalen Mathematikerkongress vorgetragen hat, der damals in Paris stattfand. Hilbert sprach tatsächlich nicht über »Mathematische Lösungen«, sondern zählte stattdessen »Mathematische Probleme« auf, was auf den ersten Blick für eine Zeit seltsam wirkt, die dank der Riesenerfolge, die die Wissenschaften im 19. Jahrhundert erzielt hatten, optimistisch in die Zukunft blickte und vor allem Gutes und Besseres erwartete. Doch der zweite Blick macht deutlich, dass Hilbert sein Horn in dieselbe Richtung blies. Denn mit den 23 Problemen, die er in Paris aufzählte, wollte er die Schlüsselthemen angeben, die es möglichst rasch zu lösen galt, um so seiner Wissenschaft das Fundament für ein sicheres Urteilen über wahr und falsch zu geben. In Hilberts Worten: »Wir hören in uns den steten Zuruf: Da ist das Problem, suche die Lösung. Du kannst sie durch reines Denken finden; denn in der Mathematik gibt es kein Ignorabimus.«

> **Hilberts Probleme – eine wörtliche Auswahl**
>
> 1. Cantors Problem von der Mächtigkeit des Kontinuums
> 2. Die Widerspruchsfreiheit der arithmetischen Axiome
> 3. Die Volumengleichheit von gleicher Grundfläche und Höhe
> 4. Problem von der Geraden als kürzester Verbindung zweier Punkte
> 6. Mathematische Behandlung der Axiome der Physik
> 7. Irrationalität und Transzendenz bestimmter Zahlen
> 8. Primzahlenproblem
> 16. Problem der Topologie algebraischer Kurven und Flächen
> 18. Aufbau des Raumes aus kongruenten Polyedern
> 20. Allgemeines Randwertproblem

Mit dem lateinischen »Ignorabimus« – »wir werden es nicht wissen« – griff Hilbert eine Wendung des Physiologen Emil Du Bois-Reymond (1818–1896) auf, der sich 1872 öffentlich zu »Grenzen des Naturerkennens« bekannte und die Ansicht vertrat, dass es Rätsel gibt, die keine Wissenschaft zu lösen vermag. Wer wird schon ergründen können, was das Bewusstsein ist? »Wir wissen es nicht, und wir werden es nicht wissen«, sagte Du Bois-Reymond, und zwar auf Latein, wie es sich für einen gebildeten Menschen im 19. Jahrhundert gehörte: »Ignoramus et ignorabimus.«

Ein unerträglicher Gedanke für Hilbert, der mit seiner Pariser Rede einen Generalangriff gegen diesen Pessimismus startete und seinen Mitstreitern die 23 wichtigsten Ziele der mathematischen Attacken vor Augen führte. Dass er dies vor mehr als hundert Jahren tat, führt direkt zu der Frage, wie viele von Hilberts Problemen inzwischen schon gelöst bzw. wie viele der damit anvisierten Bereiche schon erobert sind. Merkwürdigerweise ist dies nicht so ohne weiteres zu sagen. Klar ist nur, dass es einige Lösungen gibt, und die Mathematiker, denen die dazugehörigen Beweise gelungen sind, bilden die Ehrenklasse, der wir Einlass ins Hotel Hilbert gewähren.

Probleme mit Zahlen

Wenn etwas äußerlich an Hilberts Problemen auffällt, dann die Tatsache, dass es 23 sind. Wir würden 10, 20 oder 25 Probleme aufzählen, aber nicht 23. Wir feiern ja auch unseren 50. Geburtstag in großem Stil und nicht unsern 49., obwohl dies eine Quadratzahl ist. Natürlich könnte es sein, dass es gerade diese 23 Probleme gibt. Wahrscheinlicher erscheint aber, dass Hilbert, der sich ja auf eine Zahl festlegen musste – sein Vortrag konnte nicht unendlich lange dauern –, für eine Primzahl votiert hat, also eine Zahl, die für sich allein steht und durch keine andere teilbar ist (abgesehen von der 1). Primzahlen haben für Mathematiker stets eine große Bedeutung gehabt. Sie nehmen die erste Stelle ein, da sie sich nicht zerlegen lassen, und deshalb wollte man immer schon mehr über sie wissen. Wie viele von ihnen gibt es eigentlich? Wie verteilen sie sich unter den natürlichen Zahlen? Und wie kommt man von einer Primzahl zur nächsten?

Wenn wir uns darauf einigen, dass es unendlich viele natürliche Zahlen 1, 2, 3, 4 und so weiter gibt – bekanntlich können wir immer weiterzählen und selbst zu der größten Zahl stets noch eins hinzufügen –, dann kommt einem zunächst der Verdacht, dass es nur endlich viele Primzahlen geben kann. Auf jeden Fall gibt es sehr viel weniger Primzahlen als natürliche Zahlen. Aber wie viele sind es genau? Zur allgemeinen Überraschung hatte bereits in der Antike Euklid den Beweis führen können, dass es keine größte und somit unendlich viele Primzahlen gibt (was Hilbert übrigens die Möglichkeit gibt, die Zimmer in seinem Hotel mit ihnen zu nummerieren). Und was noch merkwürdiger ist – die Mathematiker konnten bzw. können zeigen, dass die Primzahlen den natürlichen Zahlen diesbezüglich in nichts nachstehen. Wer sein

Denken ins Unendliche hinein erstreckt, wird finden, dass es gleich viele von beiden gibt. Beide Zahlenmengen sind gleich mächtig, wie es heißt, was auch bedeutet, dass man mit beiden satt werden kann.

Diese zwar beweisbare, dem gesunden Menschenverstand dennoch nur schwer zu vermittelnde Einsicht lockte einige Mathematiker, über die Frage nachzudenken, ob sich nicht noch irgendwo anders eine Menge von Zahlen finden lässt, deren Unendlichkeit sich von der der natürlichen Zahlen unterscheidet. Da man sich mit ihrer Hilfe Zahl für Zahl in die Regionen des Unendlichen vorarbeiten kann, sagt man, dass die natürlichen Zahlen abzählbar unendlich sind. Mit diesem Begriff lautet die oben gestellte Frage, ob es unendliche Mengen von Zahlen gibt, die anders abgeschätzt werden müssen und sich weder so einfach abzählen lassen wie die natürlichen Zahlen noch sich so verhalten wie die Primzahlen.

Die Antwort darauf lautet Ja, und gefunden hat sie der deutsche Mathematiker Georg Cantor (1845–1918), der ein so genanntes Diagonalverfahren ersinnen konnte, mit dem sich nachzählen ließ, dass die Menge aller Zahlen mächtiger war als die Menge der natürlichen Zahlen. »Alle Zahlen« – das meint gebrochene, die rationale, irrationale, transzendente und noch mehr Zahlen, die alle höchst genau definiert werden können – ohne dass wir dies hier ebenso halten wollen – und als reelle Zahlen bekannt sind. Mit ihnen und ihrer Unendlichkeit können wir zu Hilberts Problemen kommen, denn der Blick auf die Tabelle zeigt, dass das erste Problem auf Cantor Bezug nimmt. Es geht dabei zum einen um die beiden Unendlichkeiten, die er unterscheiden konnte – die der natürlichen Zahlen, die man abzählbar nannte, und die der anderen Zahlen, die Cantor überabzählbar genannt hatte. Und es geht zum zweiten um die Frage, ob es neben diesen beiden Unendlichkeiten noch weitere Formen gibt. Cantor nahm dies an und sprach daher von einem Kontinuum an Unendlichkeiten, dem er auf die Spur kommen wollte, ohne es bis zum Jahre 1900 geschafft zu haben.

Nun wollte Hilbert wissen, wie es mit »Cantors Problem von der Mächtigkeit des Kontinuums« aussieht, und er breitete damit sein erstes Problem vor den Kollegen aus. Sie haben es inzwischen gelöst – wenn man sich so ausdrücken darf. Die Lösung lautet nämlich, dass das Problem nicht gelöst werden kann. Es ist unentscheidbar, wie es offiziell so schön heißt und wie wir gleich näher ausführen, nachdem wir noch einen kurzen Blick auf das 8. Problem – das Primzahlenproblem – geworfen haben, das bis heute auf seine Lösung wartet. Es geht um die Frage, wie sich Primzahlen verteilen, was konkret die Suche nach einer Vorschrift meint, die es erlaubt, aus einer gegebenen Primzahl – zum Beispiel 23 – die nächste auszurechnen – in diesem Fall 29. Dass dies nicht einfach ist, wussten die Mathematiker schon immer, denn wie will oder soll man verstehen, dass die Abstände nicht immer größer werden und der 29 direkt die 31 folgt, um ein Primzahlpaar zu ergeben?

Das Primzahlenproblem hat die größten Geister der Zahlen über Jahrhunderte beschäftigt, ohne dass sich eine Lösung zeigte, und das Einzige, was sie haben, ist eine Vermutung. Sie geht auf Bernard Riemann (1826–1866) zurück, der allzu jung gestorben ist und über dessen Leistungsfähigkeit jeder Historiker ins Schwärmen geraten könnte. Riemann konnte beispielsweise eine von Euler eingeführte Zetafunktion ζ (siehe »Eulers Zahl«) so erweitern und verallgemeinern, dass ihr Zahlenwert auch einmal Null werden kann. Diese Nullstellen verteilen sich nun nicht beliebig. Sie zeigen vielmehr ein Muster und scheinen alle – Riemann zufolge – auf einer Linie zu liegen. Wenn man das beweisen kann, ist die Welt der Primzahlen in

Die Linie, auf der die Nullstellen von der durch Riemann erweiterten Zeta-Funktion liegen mit einigen konkret berechneten Werten.

Ordnung. Aber noch ist dies nicht gelungen – und da Riemann an dieser Aufgabe gescheitert ist, sei davor gewarnt, sich nebenbei auf sie einzulassen. Am Wochenende so auf die Schnelle wird sich da nichts zeigen lassen – dabei wäre es so wichtig, Riemanns Nullstellen zu verstehen. Es scheint nämlich, dass sie nicht nur angeben, wie Primzahlen verteilt sind, sondern auch enthalten, über welche Energien schwere Atome verfügen können. Die Welt des Geistes und die Welt der Materie – hier wären sie direkt über ein Muster verbunden, das viele Kenner von der Musik der Primzahlen schwärmen lässt. Wenn man nur wüsste, was mit den Nullstellen ist und ob Riemanns Vermutung zutrifft!

Unentscheidbarkeit

Es ist ausgeschlossen, sämtliche Probleme, die Hilbert angesprochen hat, zu erwähnen, und es würde auch mehr zur Verwirrung beitragen, wenn wir alle Namen von allen Mitgliedern der »Honors Class« aufzählen, also all die Mathematiker beim Namen nennen, die sich erfolgreich an Hilberts 23 Problemen versucht haben. Wir beschranken uns auf zwei Themenbereiche, und zum Glück hat Hilbert sie als seine ersten beiden Probleme benannt. Nach Cantors Kontinuum kommt »Die Widerspruchsfreiheit der arithmetischen Axiome« an die Reihe, und wenn dies auch eher eng und speziell klingt, so hat diese Forderung doch einen der wichtigsten Umstürze im mathematischen Denken provoziert. An dieser Stelle ist nämlich Hilberts Welt komplett kollabiert, und zwar im Jahre 1931. Damals glückte dem aus Wien stammenden Logiker Kurt Gödel (1906 bis 1978) der Nachweis, dass das »Ignorabimus« ein frommer Wunschtraum ist, den die Wirklichkeit nicht zulässt. Gödel bewies das, was heute als Gödelsches Theorem legendär geworden ist und vermutlich am besten – wenn auch etwas steif – wie folgt ausgedrückt werden kann:

»In jedem formalen System, das zumindest eine Theorie der natürlichen Zahlen enthält, gibt es eine unentscheidbare Formel, das heißt eine Formel, die nicht beweisbar und deren Negation ebenfalls nicht beweisbar ist. (Diese Aussage wird auch erster Gödelscher Unvollständigkeitssatz genannt.) Aus dem Satz folgt, dass die Widerspruchsfreiheit eines formalen Systems, das zumindest eine Theorie der natürlichen Zahlen enthält, nicht innerhalb des Systems nachgewiesen werden kann. (Diese Aussage wird auch Gödelscher Unvollständigkeitssatz beziehungsweise zweiter Gödelscher Unvollständigkeitssatz genannt.)«

So steht es in einer (amerikanischen) *Encyclopedia of Philosophy*, und was Gödel mit dem Beweis dieser Sätze getan hat, erschüttert bis heute die Welt des Denkens in ihren Grundfesten. Wenn man ganz einfach ausdrücken möchte, was uns seine völlig unzweifelhaft bewiesenen Einsichten mitteilen, kann man sagen: In jedem Denksystem, mit dem Menschen umgehen, lassen sich Aussagen formulieren, die sich nicht beweisen lassen. Man kann diese Aussagen als wahr (richtig) annehmen oder als unwahr (falsch) verwerfen, aber wenn man das tut, muss man mit dieser Entscheidung leben. Am Anfang ist jeder von uns frei, aber »beim zweiten sind wir Knechte«, wie Goethe im *Faust* selbst den Teufel erkennen und erklären lässt.

Mit Gödels Theoremen ist das in die Mathematik gekommen, was Hilbert so vermeiden wollte wie der Teufel das Weihwasser, nämlich Unentscheidbarkeit. Und ein konkretes Beispiel für eine unentscheidbare Frage steckt in Hilberts erstem Problem, mit dem er wissen wollte, ob es neben der abzählbaren und der überabzählbaren Form des Unendlichen noch andere gibt. Cantor selbst war der Ansicht, dass sich keine Menge finden oder konstruieren kann, die ihrer Mächtigkeit nach zwischen die natürlichen und die reellen Zahlen passt. Er nannte dies kurioserweise die Kontinuums-Hypothese und versuchte vergeblich, sie zu beweisen. So wurde sie zu Hilberts erstem Problem, und 1963 gab der Amerikaner Paul Cohen bekannt, dass dies auf ewig so bleiben wird. Die Frage, ob es neben den beiden Unendlichkeiten noch weitere gibt, ist und bleibt unentscheidbar, das Problem des Kontinuums ist und bleibt unlösbar. Wir wissen es nicht, und wir werden es nicht wissen, wie Cohen mit den zu seiner Zeit rund hundert Jahre alten Worten Du Bois-Reymond hätte sagen können, und wenn man dies auch in Hinblick auf Hilberts Person bedauern mag, so ist insgesamt die Mathematik jetzt doch menschlicher geworden. Irgendwie ist es auch schön, dass man selbst in diesen Sphären nicht alles wissen kann und Fragen offen bleiben. Allerdings gilt das nicht für alle – in Hilberts Hotel wird auch nach Gödel jeder Gast noch ein Zimmer bekommen.

Geheimnisse

So erschütternd Gödels Unvollständigkeit für Hilberts Programm einer durchgehenden Beweisbarkeit aller mathematischer Aussagen ist – sein Beweis fügt sich fast perfekt in ein Geschehen ein, das für große Teile der Naturwissenschaft charakteristisch ist, die sich im 20. Jahrhundert entwickelt. Es scheint, dass ihre Vertreter eine Vorliebe für die Vorsilbe »un-« entdecken – Max Planck weist die Unstetigkeit der Natur nach (siehe »Plancks Quantensprung«), Werner Heisenberg erkennt die Unbestimmtheit der atomaren Wirklichkeit (siehe »Heisenbergs Unbestimmtheit«), Benoit Mandelbrot und seine Kollegen machen die Unvorhersagbarkeit von komplexen Abläufen deutlich (siehe »Mandelbrots Apfelmännchen«), und so könnte man weiter fortfahren und Unvollständigkeit und Ungenauigkeit hinzufügen.

Alle diese Tendenzen – nicht nur Gödels Unentscheidbarkeit – weisen in eine Richtung, die im 19. Jahrhundert niemand erwartet hätte, die aber der Wissenschaft eine humanere Dimension gibt. Denn wenn selbst bei Kenntnis aller Gesetze die Entwicklung eines Systems unvorhersagbar bleibt, dann heißt das – positiv gewendet –, dass Freiheit möglich ist. Und wenn die Physiker unter Anleitung von Albert Einstein herausfinden, dass sie die Unvollständigkeit dadurch aufgezwungen bekommen, dass sie eine knifflige Sache wie das Licht nur dann umfassend verstehen, wenn sie zu einer Feststellung – Licht bewegt sich als Welle – auch ihr Gegenstück erlauben – Licht bewegt sich als Teilchen –, dann bedeutet dies nicht nur, dass wir nicht sagen können, was Licht ist, sondern dass wir – positiv gewendet – Licht auch dann noch als Geheimnis erleben können, wenn wir alles darüber wissen. Während Hilbert uns dieses Geheimnisvolle nehmen wollte – ihm ging die Frage der Sicherheit im Denken über alles –, hat Gödel es uns zurückgegeben. Mit und nach ihm bleibt Denken auch dann schön, wenn es allein logisch vorgeht. Es kann immer auf Überraschungen stoßen, auch es wenn Philosophen gibt, die dies bestreiten – wie etwa Ludwig Wittgenstein, der sich in seinem *Tractatus Logico-philophicus* geirrt hat, als er unter der Ziffer 61251 meinte, der Logik Langeweile bescheinigen zu müssen, und ihr keine Überraschungen zutraute.

Das 18. Problem

Eines der späten Probleme bei Hilbert handelt vom Aufbau des Raumes aus kongruenten Polyedern, was zwar abstrakt klingt, was aber einige konkrete Formen annehmen kann. Polyeder sind Körper mit gleichen Flächen wie etwa Pyramiden, und die Frage lautet zum Beispiel, wie man mit ihnen einen Raum ausfüllen kann und ob dies komplett und ohne Lücken möglich ist. Es fällt leichter, sich bei dem Thema auf eine Fläche zu beschränken, und dann ist schnell klar, dass man etwa mit Vierecken die Wand seines Badezimmers vollständig verkacheln kann. Doch wie sieht es mit anderen Figuren aus – mit Dreiecken, Fünfecken und mehr?

Wir müssen das allgemeine Problem außer Betracht lassen, um abschließend auf einen speziellen Dreh zu kommen, bei dem es darum geht, wie viele Farben man braucht, um die Länder, die eine Landkarte zeigt, so zu kennzeichnen, dass je zwei Staaten, die ein gemeinsames Grenzstück besitzen, verschieden bunt sind. Bereits im 19. Jahrhundert vermutete man, dass dazu vier Farben ausreichen, und seitdem bemüht man sich, dieses Vierfarbentheorem zu beweisen. Fortschritte gab es erst, nachdem Hilberts 18. Problem in Angriff genommen wurde, und inzwischen ist das Vierfarbentheorem »bewiesen«, wobei die Anführungszeichen andeuten, dass nicht alle Mathematiker mit diesem Wort einverstanden sind. Gelungen ist es, erst ein Verfahren anzugeben, um alle möglichen Landkarten zu entwerfen, und sie dann von einem Computer mit vier Farben füllen zu lassen. Als dies nach nicht unbeträchtlicher Rechenzeit geschafft war, beschloss man, dies als Beweis für das Vierfarbentheorem anzusehen.

Hilbert hätte sich dafür zwar interessiert, er wäre aber kaum amüsiert gewesen, und so bleibt auch an dieser Stelle noch etwas zu tun. Als in Fachkreisen erörtert wurde, ob das Vierfarbentheorem nun bewiesen ist oder nicht, hat sich auch die allgemeine Frage gestellt, wozu man überhaupt Beweise braucht. Die meisten von ihnen sind so kompliziert, dass sie sich einem öffentlichen Verstehen leicht entziehen. Der Mathematiker Andrew Gleason hat in dem Zusammenhang bemerkt, »Beweise haben nicht wirklich die Aufgabe, jemanden davon zu überzeugen, dass etwas wahr ist. Sie dienen nur dazu, uns zu zeigen, warum etwas wahr ist.«

Und haben wir nicht schon immer gewusst, dass Mathematik voller Probleme steckt? Hilbert hat es uns mit seiner Herausforderung bewiesen. Vielleicht verdienen wir jetzt auch ein Bett in seinem Hotel.

Russells Antinomie

Während wir reden, können wir uns leicht in Widersprüche verrennen. Wenn wir dabei zwei paradox klingende Aussagen zustande bringen, die wir gleich gut begründen können, stecken wir in einer Antinomie fest, wie Immanuel Kant die logischen Endlosschleifen genannt hat, in die das Denken geraten kann. Als Beispiele nannte er die Fragen, ob die Welt einen Anfang im Raum oder in der Zeit hat, da sich für beide Alternativen Beweise angeben lassen, die gleich gültig sind (was niemanden gleichgültig lassen kann).

Als populäre Antinomie wird immer wieder der Kreter namens Epimenides zitiert, der behauptet, dass alle Kreter lügen. Wenn der genannte Kreter die Wahrheit sagt, dann lügt er (was ein erster Widerspruch ist). Wenn Epimenides lügt – wenn also der Satz »Alle Kreter lügen« falsch ist –, dann ... ja, was ist dann? Falls das Gegenteil des Satzes »Alle Kreter lügen« lautet: »Alle Kreter sagen die Wahrheit«, dann würde jetzt gelten: Wenn unser Kreter lügt, dann sagt er die Wahrheit. Damit hätten wir den zweiten Widerspruch und damit eine Antinomie. Tatsächlich lautet aber die Verneinung von »Alle Kreter lügen«, dass es mindestens einen Kreter gibt, der nicht lügt. Und wer das Beispiel mit dem Kreter verstehen will, muss jetzt herausfinden, ob es unser Epimenides ist, der die Wahrheit sagt. Nur in dem Fall hätten wir eine Antinomie.

Diese Vorübungen sollen zeigen, dass das Finden einer Antinomie kein banales Geschäft ist. Eine der folgenreichsten Antinomien hat der aus Wales stammende Philosoph, Mathematiker und Schriftsteller Bertrand Russell (1872–1970) aufgestellt, der 1950 mit dem Nobelpreis für Literatur ausgezeichnet worden ist. Russell machte sich in den frühen Jahren des 20. Jahrhunderts seine Gedanken über die damals neu entworfene mathematische Mengenlehre, die aus den natürlichen Zahlen die Menge der natürlichen Zahlen und aus rechtwinkligen Dreiecken die Menge der rechtwinkligen Dreiecke machte, um sie besser verstehen zu können. Man konnte mit Mengen gut operieren, wenn eindeutig festlag, aus welchen Elementen sie bestanden, und das schien jeweils gut definierbar und somit problemlos zu sein. Aber nur, bis Russell kam und sich eine Menge ausdachte, bei der Schwierigkeiten auftraten. Solange nur irgendwelche Zahlen oder Figuren als Elemente auftraten, blieb alles ruhig. Der Sturm im mathematischen Wasserglas brach los, als Russel anfing, Mengen selbst als Elemente zuzulassen. Logisch lassen sich leicht Mengen definieren, die sich selbst nicht als Element enthalten – die Menge der natürlichen Zahlen gehört zum Beispiel dazu –, und man kann sich auch vornehmen, die Menge all derjenigen Mengen zu bilden, die sich selbst nicht als Element enthalten. Schwierig wird jetzt nur die Frage, ob diese zuletzt beschriebene Menge in sich enthalten ist oder nicht?

Wer dem nachsinnt, wird Russells Antinomie entdecken, die der Erfinder selbst viel schöner am Beispiel eines Barbiers erläutert hat. Wir denken uns ein Dorf mit einem Barbier, der für sich mit dem Spruch wirbt: »Ich rasiere alle Leute, die sich nicht selbst rasieren.« Wer jetzt fragt, wer denn den Barbier rasiert, der verrennt sich in Russels Antinomie. Denn wenn der Barbier sich nicht selbst rasiert, dann muss er sich selbst rasieren. Wenn er sich aber selbst rasiert, dann darf er sich nicht selbst rasieren.

Angewendet auf die oben eingeführte Menge: Wenn die Menge sich selbst als Element enthält, darf sie sich nicht als Element enthalten. Wenn sie sich hingegen nicht als Element enthält, muss sie sich als Element enthalten, und also sitzt das Denken fest.

Russels Antinomie zeigte auf, dass eine naive Mengenlehre irgendwann in Probleme rennt. Es galt also, eine logisch widerspruchsfreie (axiomatische) Basis zu finden, und er hat sich – zusammen mit dem Philosophen Alfred N. Whitehead – in dem berühmten Buch *Principia Mathematica* um solch eine Grundlegung bemüht. Wer wissen will, wie sich Russels Antinomie ganz einfach vermeiden lässt, der braucht nur aufzuhören, Sätze zu bilden, die sich auf sich selbst beziehen, zum Beispiel: »Dieser Satz kann bewiesen werden.« So etwas bringt irgendwann nur Ärger.

Turings Maschine

Alan Turing (1912-1954) gehört zwar längst zu den unsterblichen Wissenschaftlern, da sein Name dank der Turing-Maschine in das kollektive Bewusstsein des Abendlands eingedrungen ist. Doch zunächst hat man den britischen Mathematiker wegen seiner Homosexualität in den frühen Tod getrieben. Turing war kaum mehr als vierzig Jahre alt, als er sich nach anhaltenden Diskriminierungen mit Kaliumzyanid umbrachte.

Turing hat sich schon in sehr jungen Jahren mit einem der Probleme beschäftigt, die David Hilbert den Mathematikern gestellt hatte (siehe »Hilberts Hotel«). Es geht um das Entscheidungsproblem, und der knapp 25-jährige Turing zeigte, dass es unendlich viele Probleme gibt, die grundsätzlich unlösbar sind! Dabei entdeckte er auch etwas Positives, nämlich die Tatsache, dass es eine universelle Maschine gibt – die Turing-Maschine –, die jede andere ersetzen und jedes berechenbare Problem lösen kann. Mit diesen mathematisch-logischen Entdeckungen legte Turing die Grundlage für das Konzept des elektronischen Gehirns bzw. der denkenden Maschine, das er nach dem Krieg verwirklichte.

Turing stellte die eben skizzierten Einsichten in seiner Arbeit aus dem Jahre 1937 vor, die unter dem Titel *On computable numbers, with an application to the Entscheidungsproblem* erschien. Dabei entwickelte er auch das inzwischen vertraute Konzept, dass

Rechenmaschinen mit dem Dualsystem der Zahlen und Ziffern arbeiten müssen, wenn sie mehr als rechnen und zum Beispiel auch Schach spielen sollen.

Doch zunächst kam der Krieg, und Turing ließ sich vom britischen Geheimdienst anwerben, um zu versuchen, das Rätsel zu lösen, das in Form einer Chiffriermaschine namens Enigma gegeben war. Diese Maschine kodierte Funknachrichten auf so komplizierte Weise, dass die Leitung der deutschen Wehrmacht sicher war, an dieser Front unüberwindbar zu sein. Doch Turing konnte mit einer Mannschaft nicht nur den Enigma-Code grundsätzlich knacken, sondern auch bald die jeweils gültigen Maschineneinstellungen erraten und errechnen. Diese Leistung hat einige Historiker sagen lassen, dass es zwar übertrieben wäre zu behaupten, Turing hätte den Krieg gewonnen, dass die Behauptung aber zutreffe, ohne Turing hätte England den Krieg verloren.

Turing war also in den 1940er Jahren mit der Programmierung von Großrechenanlagen beschäftigt, und er entwickelte dabei die Idee von Unterprogrammen (»subroutines«) und die automatisierte Möglichkeit, die eingesetzte Software zu überprüfen. Mit den dabei gewonnenen Erfahrungen wandte er sich der ihn faszinierenden Frage zu: »Can a machine think?« Statt langer philosophischer Debatten schlug er einen konkreten Test vor, um diese Frage zu klären. Turing sah deutlich, dass sich ein Gehirn auf jeden Fall durch eine Rechenmaschine – durch einen Computer – simulieren lässt, und er nahm an, dass die Apparate immer besser werden. Wenn nun eines Tages deren Simulationen so gut würden, dass ein Mensch nicht mehr unterscheiden könne, ob eine Antwort von einem Computer gegeben worden sei oder aus einem menschlichen Gehirn stammte, dann sollte man – so Turing – auch zugeben, dass die Maschine denken könne.

Dieser Turing-Test ist nicht so überzeugend wie die Turing-Maschine, die sich besser verstehen lässt, wenn ein zentrales Konzept für die Berechenbarkeit eingeführt worden ist, und zwar die Idee des Algorithmus. Unter einem Algorithmus ist ein Verfahren zur Lösung eines Problems zu verstehen – etwa bei der Berechnung von Primzahlen –, das in endlichen Schritten vollzogen werden kann und eindeutige Ergebnisse liefert. Algorithmen braucht man zum Beispiel, um Gleichungen zu lösen, und ein altes Thema der Mathematik steckte in der Frage, ob alle Probleme durch einen Algorithmus lösbar sind.

Die um 1936 entwickelte Turing-Maschine versucht, dem Algorithmus eine praktikable (»explizite«) Form zu geben, und im Verlauf ihrer Konstruktion erkannte Turing, dass er eine entsprechende universelle Maschine bauen konnte, die sogar alle algorithmisch lösbaren Probleme in den Griff bekam. Damit zeigte er seltsamerweise zugleich, dass es Probleme gab, die nicht algorithmisch lösbar waren.

Eine Turing-Maschine ist eine besonders einfache Rechenmaschine, die aus fünf Teilen besteht – einem Arbeitsband, einem Transportmechanismus für das Band, je einem Lese-, Lösch- und Schreibkopf, einem Arbeitsspeicher und einer Steuertafel. Was die Maschine in einem bestimmten Arbeitstakt tut, hängt von zwei Größen ab: von der Beschriftung des augenblicklichen Arbeitsfeldes auf dem Band und von dem inneren Zustand der Maschine, der im Arbeitsspeicher festgehalten ist. Jeder möglichen Kombination dieser beiden Größen ist in der Steuertafel eine bestimmte Anweisung zugeordnet: Sie legt fest, ob ein Arbeitsfeld gelesen, gelöscht oder neu beschrieben wird, in welche Richtung das Band anschließend bewegt wird und wann die Maschine anhält. Das Herzstück der Turing-Maschine steckt in der Steuertafel, von der abhängt, ob eine Turing-Maschine addiert, subtrahiert, multipliziert oder eine andere Operation ausführt.

Geschickt programmierte Turing-Maschinen können zählen, rechnen, algebraische Umformungen vornehmen, logische Schlüsse ziehen, Mühle, Dame, Schach und mehr spielen; sie können mathematische Sätze beweisen, übersetzen und vieles mehr. Sie können alles, was algorithmisch machbar ist – aber das ist eben nicht alles, auch wenn dies oft gemeint wird. Schon 1936 konnte Turing – in Zusammenarbeit mit Alonzo Church – zeigen, dass es Probleme gibt, an denen jeder Algorithmus scheitert, und ein solches Problem ist das Halteproblem der Turing-Maschine. Es geht dabei um die Frage, ob eine Turing-Maschine, die mit einer vorgegebenen Bandinschrift arbeitet, nach endlich vielen Schritten zum Halt kommt oder nicht, wobei der Hinweis erfolgen muss, dass die Frage nach dem Anhalten zwar im Einzelfall beantwortet werden kann, dass es aber kein allgemeines Verfahren gibt, um dies entscheiden zu können.

Poincarés Vermutung

Zu seinen Lebzeiten war der französische Mathematiker Henri Poincaré (1854–1912) – übrigens ein Vetter von Raymond Poincaré, dem Präsidenten der französischen Republik zwischen 1913 und 1920 – nicht nur in seinem Vaterland höchst populär, sondern auch weltberühmt. Zu Beginn des 20. Jahrhunderts nickte man verständnisvoll, wenn der Name »Poincaré« fiel, während man bei »Einstein« mit den Schultern zuckte. Heute ist es umgekehrt. Das stellt ein interessantes Rätsel der Wissenschaftsgeschichte dar, doch scheint sich das allmählich zu ändern, seit die Zeitungen von Poincarés Vermutung berichten bzw. davon, dass sie durch den russischen Mathematiker Grigorij Perelman bewiesen worden ist. Perelman, der sich seit Jahren der Öffentlichkeit entzieht, Einladungen der Internationalen Mathematischen Union unbeantwortet lässt und die Entgegennahme der Fields-Medaille, einer der höchsten Auszeichnungen in der Mathematik, abgelehnt hat, konnte ein Problem lösen, an dem sich Experten seit hundert Jahren die Zähne ausbeißen.

Poincarés Vermutung gehört zu den 23 Problemen, über die im Kapitel »Hilberts Hotel« berichtet worden ist, und sie betrifft Eigenschaften von Flächen. Mathematiker unterscheiden Flächen, die einfach zusammenhängen, wie sie sagen, von denen, die das nicht tun. Ob Flächen diese Qualität aufweisen, lässt sich durch eine Linie prüfen, die man – in Gedanken – in die Fläche einbringt und zusammenzieht. Nur in einer einfach zusammenhängenden Fläche kann man die Linie auf einen Punkt zusammenschnurren lassen, sonst nicht. Auf der Oberfläche eines Autoreifens etwa kann man einen Strich anbringen, der einmal um das ganze Gebilde herumläuft und dabei das Loch in der Mitte umkreist. Dieser Strich kann jetzt nicht mehr auf einen Punkt kondensiert werden, und somit liefert ein Autoreifen uns keine einfach zusammenhängende Fläche.

Mathematiker lieben Verallgemeinerungen und höhere Dimensionen, und so konstruieren sie nicht nur drei-, sondern n-dimensionale Kugeln und fragen, wie sie deren Oberflächen charakterisieren können. Das ist auch außerhalb mathematischer Expertenzirkel interessant, weil wir Einsteins Relativitätstheorien zufolge auf der dreidimensionalen Oberfläche einer vierdimensionalen Raumzeit leben.

Die Vermutung von Poincaré besagt nun, dass alle einfach zusammenhängenden Flächen als Verformungen von Kugeloberflächen zustande kommen. Die Mathematiker vor ihm hatten bewiesen, dass dies für zwei Dimensionen gilt, und die Mathematiker nach ihm waren in der Lage zu beweisen, dass dies für mehr als drei Dimensionen gilt. Schwierig und ungelöst blieb ausgerechnet der Fall unserer Welt, die drei Dimensionen aufweist – bis sich eben Perelman an die Sache machte und jüngst einen Beweis vorlegte, in dem die Kollegen bislang keinen Fehler finden konnten.

Würde Poincaré noch leben, hätte er sich jetzt wohl Gedanken über die Frage gemacht, wie es kommt, dass wir – wenigstens im Hinblick auf seine Vermutung – in einer Wirklichkeit zu Hause sind, die mathematisch die höchsten Ansprüche stellt, und er hätte wohl ein Buch darüber geschrieben. Denn Poincaré hat wundervolle Bücher über die Wissenschaft im Allgemeinen verfasst – *Der Wert der Wissenschaft* und *Wissenschaft und Hypothese* zum Beispiel. In dem zuletzt genannten Buch heißt es etwa: »Der Gelehrte studiert die Natur nicht, weil das etwas Nützliches ist; er studiert sie, weil er daran Freude hat, und er hat Freude daran, weil sie so schön ist. Wenn die Natur nicht so schön wäre, so wäre es nicht der Mühe wert, sie kennen zu lernen.«

Man könnte dies Poincarés ästhetische Vermutung nennen, und wir können sie besser nachvollziehen, wenn wir uns einem Problem zuwenden, für dessen Lösung der schwedische König Oscar II. im Jahre 1885 einen Preis ausgesetzt hatte. Er wollte wissen, ob das Sonnensystem stabil ist oder nicht. Poincaré beteiligte sich an dem Wettbewerb und gewann ihn, indem er den Fall zweier Planeten untersuchte, die ein Zentralgestirn umkreisen. Seine Frage lautete: Wie werden die beiden Planetenbahnen beeinflusst, wenn ein Komet auftaucht und durch seine Masse neue Kräfte einbringt und die Planeten ablenkt?

Zu seiner Überraschung musste Poincaré feststellen, dass die Wahrscheinlichkeit, dass einer der Himmelskörper in eine instabile Bewegung abgleitet und seine Umlaufbahn verlässt, dann am größten ist, wenn das Verhältnis ihrer Umlaufzeiten eine rationale Zahl ist. Erst in den 1960er Jahren gelang es den Mathematikern einen Schritt weiterzugehen und zu zeigen, dass sich auch umgekehrt eine Bedingung für die Stabilität der Planetenbahnen angeben lässt: Sie liegt vor, wenn das Verhältnis ihrer Umlaufzeiten dem Goldenen Schnitt entspricht. Mit anderen Worten: Planetenbahnen, die sich gegenseitig nach der Vorgabe des Goldenen Schnitts abgestimmt haben, weisen die größte Stabilität auf, die es am Himmel gegen störende Einflüsse gibt. Sicherheit kommt durch Schönheit zustande! Nur weil die Natur schön ist, können wir sie überhaupt untersuchen, und von hier ist es nicht mehr weit bis zu Poincarés ästhetischer Vermutung.

Eine Seite wird durch einen Punkt im Verhältnis des Goldenen Schnitts geteilt, wenn das Verhältnis aus dem kleinen Stück zum großen Stück wie das Verhältnis aus dem großen Stück zur ganzen Länge ist. Im Goldenen Schnitt steckt ein harmonisches Wachstumsprinzip. Denn wenn man die Seite um das große Stück verlängert, das bei einer Teilung im Goldenen Schnitt entsteht, ist die neu gebildete Seite am Punkt der Verlängerung erneut im Verhältnis des Goldenen Schnitts geteilt. Wenn man ein Rechteck so zeichnet, dass seine Seiten den kleinen bzw. großen Stücken einer im Verhältnis des Goldenen Schnitts geteilten Seite entsprechen, empfindet ein Betrachter es als besonders schön. Es ist ein Goldenes Rechteck.

DES LEBENS VERTRACKTE REGELN

Darwins Finken

Einem hartnäckigen Gerücht zufolge soll Charles Darwin (1809 bis 1882) den entscheidenden und grundlegenden Gedanken der biologischen Wissenschaften, der heute als Evolution bekannt ist, beim Blick auf Finken bekommen haben. Doch so klar die unterschiedlichen Schnäbel der Finken auch zeigen, welche Varianten das Leben bilden kann, wenn die entsprechenden äußeren Umstände vorliegen und sich das innere Eingehen darauf auszahlt, die Vögel, die Darwins frühe Aufmerksamkeit besaßen, waren Spottdrosseln. Von ihnen hatte er auf seiner fünfjährigen Weltreise (1831–36) Exemplare eingesammelt und geordnet, und sie betrachtete er in den späten 1830er Jahren gemeinsam mit einem Ornithologen, der ihm bestätigte, verschiedene Arten gefunden zu haben. Dabei fiel Darwin ein, wie sich deren jeweils passende Veränderlichkeit erklären ließ, nämlich durch Varianten, die eine Art Konkurrenzkampf miteinander austragen. Das Leben bekommt man geschenkt, aber dann muss man sich anstrengen, es zu erhalten und fortzusetzen.

Darwins Bodenfinken: 1. Mittlerer Bodenfink (Geospiza fortis); 2. Großer Bodenfink (Geospiza magnirostris); 3. Spitzschnäbliger Bodenfink (Geospiza difficilis); 4. Kleiner Bodenfink (Geospiza fuliginosa).

Darwins Einsicht

Nichts macht in der Biologie Sinn, wenn es nicht im Licht der Evolution betrachtet wird, lautet das Credo der modernen Lebenswissenschaftler, und das ist zugleich richtig und anspornend. Die hinter dem Schlüsselwort stehende Idee zeichnet sich nämlich durch die beiden Eigenschaften aus, erstens gefährlich gut und zweitens unvermeidbar unvollständig zu sein. Was den letzten Punkt angeht, so meinen viele, dass man deshalb »und drittens höchst umstritten« hinzufügen müsste, aber das soll hier verweigert werden. Es lohnt sich nämlich nicht, auf die oft gedankenlosen Proteste von stur bleibenden Evolutionsgegnern einzugehen. Wir verzichten darauf, Leute überzeugen zu wollen, die ihr Herz der Wissenschaft gegenüber vollkommen verschlossen halten. Es lohnt sich mehr zu fragen, wie die Vielfalt der heute existierenden Arten sich einer für Menschen nachvollziehbaren Naturgeschichte des Lebens verdankt. Wir erweisen Gott keinen Dienst, wenn wir die uns gegebene Möglichkeit ungenutzt lassen, seine Schöpfung zu erkunden und vielleicht sogar zu verstehen.

Es geht also darum, den universalen Gedanken zu verstehen, der mit dem Namen eines einzigen Mannes – dem von Darwin – verbunden ist, obwohl dies unfair ist. Mindestens zwei weitere Männer müssen genannt werden, wenn es um die Geschichte der adaptiven Entwicklung geht, die das Leben auf der Erde genommen hat. Da ist zum einen Darwins ebenfalls aus England stammender Zeitgenosse Alfred Wallace, der in den Urwäldern des Amazonas unterwegs war und dabei auch bemerkte, wie sich Arten verändern und dadurch neu entstandene Lebensräume erobern können. Und da ist zum zweiten der ein halbes Jahrhundert vor den beiden Briten tätige Franzose Jean Baptiste Lamarck, der um 1800 als Erster feststellte, dass Arten keineswegs unveränderliche Schöpfungen sind, sondern sich vielmehr im Laufe der Erdgeschichte vielfach gewandelt haben. Das mussten sie tun, wie Lamarck erkannte, weil es in ihrem irdischen Umfeld keineswegs ruhig zuging und dauernd neue Bedingungen auf der Welt zu bewältigen waren.

Den bis heute als gültig akzeptierten Grund dafür konnte allerdings Darwin angeben. Doch so glänzend der Brite heute in den Augen der Menschen dasteht, er selbst hat sich eher wie ein Verbrecher gefühlt, als er seine Vorstellung von der Veränderlichkeit und Anpassungsfähigkeit der lebenden Arten zu Papier brachte: »Es ist, als gestände man einen Mord«, bekannte er bei dieser Gelegenheit, was die Frage aufwirft, wen Darwin bei seiner Einsicht in die Wandelbarkeit des Lebens getötet hat.

Darwins Beobachtungen

Wer den evolutionären Gedanken verstehen will, ist gut beraten, erst einmal zusammenzustellen, was Darwin als junger Naturforscher im Anschluss an seine Weltreise anhand der dabei gesammelten Proben und Erfahrungen erst beobachtet und dann in einen theoretischen Rahmen gefügt hat. Darwins Vorstellung der natürlichen Selektion kann in fünf Beobachtungen zusammengefasst werden, aus denen drei Folgerungen zu ziehen sind. Er führt zu diesem Zweck eher unauffällig einen neuen Begriff ein, der zwischen dem Individuum und der Art angesiedelt ist, nämlich den der Population. Damit ist eine Gruppe von Lebewesen gemeint, die als Lebensgemeinschaft zusammengehört und so die eigene Existenz sichert und für Nachkommen sorgt. In Darwins Sicht sind es keine Arten, die sich anpassen, sondern Populationen, und es ist vorstellbar, dass die jeweiligen Adaptationen die genetische und geografische Entfernung von der ursprünglichen Art so lange immer größer werden lassen, bis die ersten Exemplare einer neuen Art erscheinen. Und nun die von Darwin entwickelten Vorstellungen im Einzelnen:

Die erste Beobachtung betrifft die Fruchtbarkeit der Arten. Darwin bemerkte bei seiner Reise um die Welt, dass die Natur verschwenderisch vorgeht und ihre Geschöpfe äußerst fruchtbar sein lässt. Wenn alle Individuen, die in einer Population zusammenleben, sich in aller Freizügigkeit vermehren würden, dann könnte ihre Zahl über alle Maßen zunehmen. Doch – und damit gehen wir zur zweiten Beobachtung über – dies passiert nicht, denn abgesehen von saisonalen Schwankungen erweisen sich Populationen als stabil, das heißt, die Zahl ihrer Mitglieder bleibt konstant. Mit der dritten Beobachtung, dass die natürlichen Ressourcen in jeder Umgebung begrenzt sind und mit ihr stabil bleiben, kann die erste Schlussfolgerung gezogen werden: Unter den Individuen einer Population muss es Auseinandersetzungen um die Lebensgrundlagen geben, und dieses Bemühen gehört für Darwin mit zu dem Ringen um das Überleben, »the struggle for existence«, mit dem jedes Tier und jede Pflanze beschäftigt ist.

Von den Individuen, die mit- und gegeneinander agieren, sind keine zwei identisch, wie die vierte Beobachtung festhält. Innerhalb einer Population zeigen sich zahlreiche Unterschiede, die Darwin als Variationen (oder Varietäten) bezeichnet. Wie in der Musik lässt sich dabei an ein Thema denken, das von der Natur variiert wird. Das Thema ist natürlich durch die Art bzw. die Population vorgegeben, und es ist klar, dass das von ihm Ausgedrückte – also zum Beispiel »ein Pferd sein« oder »eine Rose sein« – vererbt wird. Doch – so die fünfte und letzte Beobachtung – auch die Variationen können erblich sein, zumindest ein Teil von ihnen. Und damit kann man die gesamte Ernte des Gedankens einfahren, denn nun lassen sich zwei weitere Folgerungen ziehen. Da sich unter den verschiedenen Individuen nicht alle in gleicher Weise behaupten und es notwendigerweise zu einem Ausleseprozess kommt, lässt sich zunächst sagen, dass das Überleben von der erblichen Konstitution abhängig ist. Es kommt – dritte und letzte Schlussfolgerung – zu einer (natürlichen) Selektion von Variationen, die zum Wandel der Population führen. Dies wiederum findet seinen wahrnehmbaren Ausdruck in einer Anpassung der Art.

Antworten und Fragen

Die Anpassung der Arten – sie ist es, die durch Darwin erklärbar wird, und nicht der »Ursprung der Arten«, wie er im Titel seines Buches aus dem Jahre 1859 schreibt. Die irreführende Titelformulierung soll aber nicht ablenken von dem entscheidenden Element in Darwins Konzeption, nämlich der Anpassung von Arten durch die Wirkung der natürlichen Selektion, wobei wichtig ist, dass es Variationen gibt, weil es sonst nichts auszuwählen gibt. Das Erscheinen von Varianten wird von Darwin dem Zufall angelastet. In seinem Weltbild gibt es nirgendwo eine lenkende Ursache, und die Naturgesetze beginnen ihre Wirkung erst, nachdem die Varianten entstanden sind. Die natürliche Selektion kann sich nun ihrer annehmen und dafür sorgen, dass sich einige verstärkt und andere überhaupt nicht ausbreiten.

Der Zufall stellt also einen wesentlichen Bestandteil der Konzeption namens Evolution dar, und dies hat mindestens eine besondere Konsequenz. Eine Theorie der Evolution kann niemals so vollständig werden, wie es zum Beispiel die Theorie der Bewegung ist, die von der Physik hervorgebracht worden ist. Hier geht es um das Allgemeine, und im Leben geht es um das Besondere, das immer verschieden sein und anders werden kann. Deshalb sollte niemand erwarten, dass sich das Biologische vollständig durch die Naturgesetze erfassen lässt, die physikalische oder chemische Abläufe festlegen. Es muss vielmehr darüber hinaus Naturgesetze geben, die dies nicht tun und anders sind, und genau dies hat Darwin entdeckt. Man könnte von einer zweiten Form der Naturgesetzlichkeit sprechen. Sie wird dann immer wichtig, wenn es nicht mehr um einfache Abläufe wie kreisende Planeten oder rollende Kugeln, sondern um komplexe Erscheinungen wie empfindsame Lebewesen mit einer Geschichte geht. Dies hat der amerikanische Philosoph Charles Peirce bereits 1877 festgehalten:

»Die Kontroverse um Darwin ist zu weiten Teilen eine Frage der Logik. Darwin schlug vor, die statistische Methode auf die Biologie anzuwenden. Dasselbe ist in einem sehr verschiedenen Zweig der Wissenschaft geschehen, in der Theorie der Gase. Obwohl sie nicht sagen konnten, wie die Bewegung eines bestimmten Gasmoleküls unter gewissen Voraussetzungen über die Zusammensetzung dieser Art von Körpern aussehen würde, konnten [die Väter des Zweiten Hauptsatzes der Thermodynamik (siehe »Maxwells Dämon«)] – schon acht Jahre vor der Publikation von Darwins unsterblichem Werk – durch Anwendung der Wahrscheinlichkeitspostulate (...) bestimmte Eigenschaften der Gase ableiten, besonders was ihr Verhalten bei Wärme anging. In gleicher Weise kann Darwin nicht sagen, was die Wirkung der Variation und natürlichen Selektion in irgendeinem Einzelfall sein wird, er zeigt aber, dass sich Tiere, auf lange Sicht gesehen, ihren Lebensumständen anpassen werden und angepasst haben.«

Mit anderen Worten: Darwin hat die universelle und weitreichende Gültigkeit des statistischen Gedankens entdeckt, und an ihm kauen wir bis heute.

Das Forschungsprogramm namens Evolution

Wenn um die Idee der Evolution gestritten wird, sagen die einen, es handele sich um eine Theorie, und die anderen meinen, es sei eine Tatsache. Ich vermute, es ist für die Praxis der Wissenschaft am besten, hier von einem Forschungsprogramm zu sprechen. Die Idee der Evolution ist ein Angebot, die mannigfaltigen Formen des Lebens zu verstehen, und die Frage lautet, wie weit der Gedanke getrieben werden kann und soll. Es ist durchaus möglich, dass viele Eigenschaften der Natur – etwa die vielen Farben der Fische, der Daumen des Panda oder das gefleckte Fell von Leoparden – keine raffinierten Anpassungen, sondern zufällig entstandene und nicht weiterentwickelte Eigenschaften sind. Doch selbst wenn dies so ist, wird es auf jeden Fall lohnend sein, den Versuch einer adaptiven Erklärung zu unternehmen. Wer dies tut, versteht dabei auf jeden Fall besser, was gemeint ist, wenn von Evolution die Rede ist und wie Individuum und Umwelt aufeinander einwirken.

Wer Evolution wirklich verstehen will, sollte sich an einem der drei im Folgenden genannten Probleme versuchen, die erkennen lassen, wie viele ungelöste Fragen Darwins universaler Gedanke seinen Nachfolgern lässt. Da ist zum einen die hohe Zahl von Nachkommen, die von der Natur produziert werden. Wenn sie das Rohmaterial der Selektion darstellt, dann müssten gerade die Arten hoch differenziert sein, die viele Nachkommen und kurze Generationszeiten haben. Doch in der Wirklichkeit ist das genaue Gegenteil der Fall. Hier sind die Arten besonders entwickelt – und wir gehören dazu –, die wenig Nachkommen haben und viel Zeit brauchen, um Kinder in die Welt zu setzen. Wie lässt sich dies im Kontext der Evolution erklären? (Mehr dazu in »Mendels Gesetze«.)

Das zweite Thema liefern Eigenschaften, die offenbar keinen Nutzen haben und eher als Luxus anzusehen sind. Als Beispiele dienten Darwin die Federpracht der Paradiesvögel, die bunten Farben von Fasanen und der unvermeidliche Schwanz des Pfaus. Wie kann die Evolution so etwas hervorbringen? Was haben solche Formen mit der natürlichen Selektion zu tun? Oder ist hier ein anderer Mechanismus am Werk? Und die dritte Frage bemüht sich um die Menschwerdung des Affen. Was hat unsere Vorfahren ausgezeichnet, um etwas anderes als eine weitere Affenart zu werden? Welchen Druck hat die Selektion ausgeübt, um das große Gehirn möglich zu machen, das uns charakterisiert?

Die sexuelle Selektion

Die genannten Fragen waren Darwin sämtlich gegenwärtig, und mindestens die zweite hat er so gut beantwortet, dass man staunen muss. Das Auftauchen von Luxuseigenschaften kann erklärt werden, wenn man bedenkt, dass die natürliche Selektion nur zu Anpassungen an die äußere Umwelt führen kann. Damit gemeint sind zum Beispiel das Klima, das Angebot an Nahrung, die Konkurrenz durch andere (feindlich gesinnte) Arten, die konkreten geografischen Vorgaben (wie Berglandschaft oder Seeufer, Tiefebene oder Hochplateau) und was einem sonst noch einfällt. Man kann sich weiter gut vorstellen, dass für eine Lebensgemeinschaft die Anpassung nach außen weitgehend abgeschlossen sein kann und somit keine natürliche Selektion mehr stattfindet. Damit tritt aber kein Stillstand ein, vielmehr besteht die Möglichkeit, die Auswahlkriterien an eine andere Stelle zu verschieben, nämlich nach innen.

Vor dem Ziel der Vermehrung steht bekanntlich die Hürde der Partnerwahl, und die Evolution hat zwei Möglichkeiten, hier Einfluss zu nehmen. Entweder überlässt sie das Feld den Männchen, oder sie gestattet die Auswahl den Weibchen. Beide Fälle sind in der Natur realisiert, und sie führen zu vollständig unterschiedlichen Ergebnissen, wenn man sich klarmacht, dass ein Weibchen, das Mutter wird, ungleich viel mehr in den Nachwuchs investiert als ein Männchen, das Vater wird. Dieses »parental investment« führt zu einem wesentlichen Unterschied zwischen Mann und Frau: Wenn nämlich die Evolution und ihre Kräfte vor allem mit der reproduktiven Fitness beschäftigt sind, dann werden sie dafür sorgen, dass Weibchen auf Qualität und Männchen auf Quantität achten. Die Männchen schauen den Weibchen nach, und die Weibchen schauen sich die Männchen an. Damit kann die Wirkung der sexuellen Selektion genauer erklärt werden.

In Darwins eigenen Worten: »Hier besteht ein krasser Gegensatz zu den Männchen, die gewöhnlich bereit sind, sich mit jedem Weibchen zu paaren, und häufig nicht einmal einen Unterschied zwischen Weibchen der eigenen und anderen Art machen. (...) Die Gründe für diesen krassen Unterschied beruhen auf dem Prinzip der Investition. Ein Männchen hat genug Samen, um zahlreiche Weibchen zu befruchten, seine Investition in eine einzelne Kopulation ist daher klein. Ein Weibchen dagegen produziert relativ wenige Eier und investiert viel Zeit und Mittel im Ausbrüten der Eier, Austragen der Embryonen und in der Brutpflege.«

Männchen werden sich darum bemühen, so viele Weibchen wie möglich – in Form eines Harems – zu begatten, und sie erreichen dieses Ziel, indem sie die Konkurrenten angreifen und zu verjagen versuchen. Ein Weg der sexuellen Selektion besteht also in männlichen Rivalenkämpfen. Die Lebensgemeinschaften bzw. Arten, in denen diese Praxis vorherrscht, bringen kräftige und ausdauernd kampffähige Tiere hervor, wogegen nichts einzuwenden ist. Beispiele finden Biologen vor allen Dingen unter Huftieren und Robben. Doch die Natur hat auch Gelegenheiten geschaffen, bei denen den Weibchen die entscheidende Rolle bei der Partnerwahl zufällt, und sie sollte auf Qualität ausgerichtet sein. Darwin spricht dabei von der weiblichen Wahl – »female choice« – und erklärt mit ihrer Hilfe die Schmucktrachten der Männchen. Weibchen wählen offenbar das Männchen, das ihnen am besten gefällt, und dieses Gefallen hat nicht unbedingt mit unbeugsamer Kampfeslust und brutaler Muskelkraft zu tun. Vögel, bei denen die weibliche Wahl praktiziert wird, sind schön (für den menschlichen Blick) wie zum Beispiel Paradiesvögel, während nahe Verwandte, bei denen die Weibchen nichts zu entscheiden haben, grau oder schwarz wie Krähen sind.

Wie kommt dieser Unterschied zustande? Darwin wusste, dass die Jungen bei Vögeln entweder Nesthocker oder Nestflüchter sind. Nun leuchtet es ein, dass eine Henne mit Nestflüchtern alleine besser zurechtkommt als mit Nesthockern, für die sie auf die Hilfe des Männchens angewiesen ist. Das heißt, die weibliche Wahl funktioniert vor allem bei der möglichen Alleinversorgung, bei der sich das Männchen nicht durch nützliche Qualitäten wie Futterbeschaffungsfähigkeit auszeichnet, sondern dem weiblichen »Schönheitsbedürfnis« genügen muss. Die Männchen mussten sich möglichst prächtig schmücken, während die Weibchen gerade umgekehrt unauffällig sein mussten, um ungestört brüten zu können.

Mit diesen wenigen Bemerkungen kann natürlich nur angedeutet werden, was alles in Bewegung ist, wenn die Prinzipien der Evolution ihre Auswahlarbeit verrichten. Der wesentliche Punkt besteht darin, dass Darwins Idee der sexuellen Selektion – vor allem in Form der weiblichen Wahl – eine Strategie darstellt, bei der es nicht um die klassischen Eigenschaften des Lebens geht, die mit dem unzulänglichen Ausdruck vom Kampf ums Dasein in Verbindung gebracht werden, also zum Beispiel um Härte, Stärke, Durchsetzungsvermögen und Gewaltbereitschaft. Die sexuelle Selektion sorgt vielmehr dafür, dass all die Qualitäten sich entfalten, die wir so sehr schätzen, also Farbmuster, Schönheit, Mitgefühl und Anmut, um nur einige von ihnen zu nennen.

Darwins Opfer

Wir ahnen, was Darwins Gedanke alles leisten kann, wenn man sich einmal mit ihm vertraut macht, was an die Frage erinnert, wen Darwin damit ermordet haben wollte. Wissenschaftshistorisch scheint die Antwort eindeutig zu sein. Sie kann bei dem Philosophen Friedrich Nietzsche nachgelesen werden, der am Ende des 19. Jahrhunderts verkündete, »Gott ist tot.« Der Darwin-Kenner Nietzsche meinte das genauso wie ein moderner Evolutionsbiologe, nämlich als Hinweis darauf, dass ein Verständnis des Menschen nicht mehr durch den Umweg über Gott gelingen kann. Der Weg zum Menschen führt für Forscher über den Affen, wie kürzlich wieder nachzulesen war, als das genetische Material des Schimpansen vollständig entziffert werden konnte und es nun möglich scheint, durch den Vergleich mit unseren Genen herauszufinden, was einen Affen zum Menschen macht.

Diese Richtung führt jedoch in die Irre, wie man an Darwins Idee der Auswahl sehen kann. Sie ist ihm bei der Lektüre eines Buches über die Entwicklung der Bevölkerung bei knapper werdenden Lebensmitteln gekommen. Darwin hat damit die Natur vom Menschen her verstanden und nicht umgekehrt, und daher scheint es ratsam zu sein, auch den Menschen nicht vom Affen her zu verstehen, sondern umgekehrt vorzugehen.

Doch zurück zu Darwins Mordopfer und dem Gott Nietzsches als Kandidaten. Wem das unmittelbar einleuchtet, übersieht, dass Darwin den Gedanken an Gott unabhängig davon aufgegeben hat. Es gab dafür persönliche Gründe – der sinnlose Tod seiner Lieblingstochter – und sachliche Erwägungen. Sie hingen mit seinen Einsichten in die Beschaffenheit der Natur zusammen. Sie stellte sich nämlich keineswegs als harmonisch dar, sondern erwies sich als brutal und gnadenlos. Wenn überhaupt, so hat Darwin einmal geschrieben, dann kann es nur der Teufel gewesen sein, der sich so etwas Grausames wie die Natur ausgedacht hat.

Wen aber, wenn nicht Gott, hat er dann ermordet? Vielleicht muss die Antwort darauf »den Menschen« heißen, wenn wir ihn als Subjekt verstehen. Darwins Gedanke der Evolution stellt nämlich vor allem in Aussicht, dass eine Erklärung der Natur – auch der des Menschen – allein durch eine Kausalbeschreibung gelingen kann, deren eventuelle Lücken sich zauberhaft durch Zufälle schließen lassen. In Darwins Welt kommt der Mensch nur als Gegenstand und nicht als dessen Gegenstück, nämlich als handelndes Subjekt, vor. Kein Wunder, dass sich das viele nicht gefallen lassen und die Evolution lieber selbst machen wollen. Als ob wir jemals etwas anderes gemacht hätten.

Mendels Gesetze

Man könnte annehmen, dass der Name des Augustinermönchs Gregor Mendel (1822–1884) vor allem dort berühmt ist, wo Deutsch gesprochen wird. Schließlich hat er in dieser Sprache 1865 das beschrieben, was wir heute als Gesetze der Vererbung kennen. Wir haben seinen Namen inzwischen sogar in ein Verb verwandelt und sagen, dass man eine Eigenschaft durch geeignete Kreuzungen »ausmendeln« kann. Mit anderen Worten, unsere Bewunderung des Vaters der Genetik scheint unübertreffbar zu sein. Doch das ist nicht der Fall, denn im Angelsächsischen macht Mendel noch mehr Eindruck. Wenn Vererbung etwas Biologisches meint, spricht man in England und den USA ganz selbstverständlich von »Mendelian inheritance«, vererbbare Eigenschaften heißen »Mendelian traits«, und wer ihre Wanderung durch die Generationen mit den Augen des Mediziners erforscht, kümmert sich vor allem um »Mendelian diseases«, die in unserem Sprachraum Erbkrankheiten heißen.

> Mendels Regeln geben Auskunft darüber, was die von ihm entdeckten Elemente der Vererbung können, die wir heute Gene nennen. Der Mönch hatte bemerkt, dass jeder der beiden Sexpartner über zwei Formen (»Allele«) eines Erbelements verfügt, die entweder gleich oder verschieden sein können. In Mendels erster Regel geht es darum, dass man nicht vorhersagen kann, welche Form eines väterlichen oder

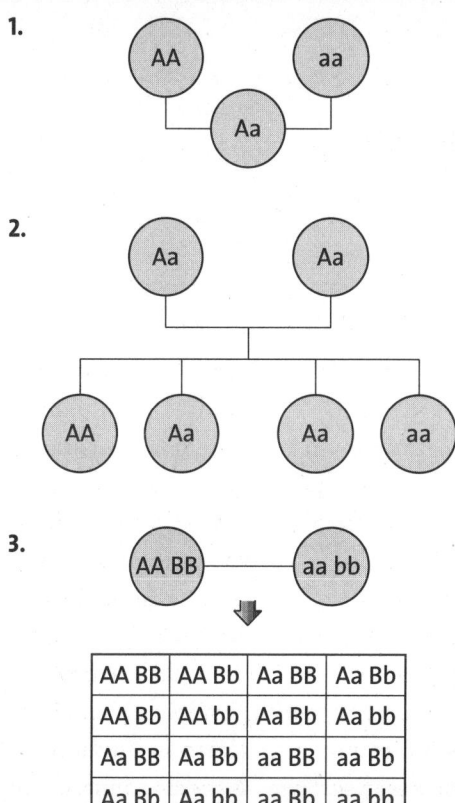

Da Mendels Gesetze anders sind als die Newtonschen Gesetze, spricht man oft auch von Mendels Regeln. Sie stellen statistische Zusammenhänge her, was genauer heißt, dass sie Auskunft über die Wahrscheinlichkeit geben, mit der eine Eigenschaft von einer Generation (Eltern) auf die nächste (Kinder) übertragen, mit der also etwas vererbt wird. Das Leben vermehrt sich weder völlig zufällig noch völlig vorhersehbar. Es vermehrt sich nach Mendels Regeln, allerdings nur, wenn es dabei Sex treibt. Die Erbgesetze kommen zur Anwendung, wenn zwei Geschlechtspartner – einer männlich, einer weiblich – zusammenfinden müssen, um Nachkommen zu zeugen. Unter der Vorgabe gelten die Regeln dann für Erbsen wie für Edelweiß und für Mäuse wie für Menschen.

mütterlichen Erbelements im Nachwuchs ankommt. Das spielt auch keine Rolle, solange die beiden Gene bei beiden Eltern jeweils gleich sind. Alle Kinder werden dann gleichartig bestückt sein. Die »Filialgeneration« ist in Hinblick auf dieses Merkmal uniform, wie man fachlich korrekt sagt. Das ist die erste Mendelsche Regel.

Die zweite handelt von dem, was passiert, wenn sich diese uniforme Generation fortpflanzt, wenn also zwei gleichartig bestückte Kinder (1. Filialgeneration) ihrerseits Kinder bekommen (2. Filialgeneration). Das ist vor allem dann interessant, wenn die ursprünglich verfolgten Erbelemente der Eltern (Parentalgeneration) zwischen Mann und Frau so verschieden sind, dass sie zu sichtbaren Unterschieden führen – etwa roten oder weißen Blüten bei den Erbsen oder blauen und schwarzen Augen beim Menschen. Mendels zweite Regel besagt, dass sich die Gene auf dem Weg in die 2. Generation so unabhängig auftrennen können, wie sie vorher zusammengefunden haben. Man spricht in den Schulbüchern etwas unglücklich von der Spaltungsregel und nutzt sie aus, um Mendels Regeln mit Zahlen zu garnieren.

Wenn die zwei Erbelemente, über die jemand für ein und dasselbe Merkmal – etwa eine Farbe oder eine Größe – verfügt, verschieden sind, kann nur eines von den Genen sichtbare Spuren zeigen. Mendel bezeichnete seine Form als dominant und den unterlegenen Partner als rezessiv. In diesem Fall kommt in der 2. Filialgeneration ein Verhältnis der beiden Eigenschaften von 3:1 zum Vorschein – das dominant vererbte Merkmal wird dreimal so häufig sichtbar wie das rezessive Gegenstück.

Bislang haben wir den Erbgang von einem Gen und dem dazugehörigen Merkmal betrachtet. Die dritte Mendelsche Regel erfasst die Vererbung von zwei solchen Elementen, und sie besagt in aller Kürze, dass es dabei erneut unabhängig zugeht, was bedeutet, dass in den Filialgenerationen alle möglichen Kombinationen auftreten können. Welche Erbelemente der Eltern in einem Kind auftauchen, kann ermittelt werden, wenn man jede mögliche Kombination als gleich wahrscheinlich ansieht.

Insgesamt weisen Mendels Regeln auf so etwas wie frei bewegliche Erbelemente hin, die sich in allen Kombinationen erst mischen und dann wieder trennen können, ohne an einem Gängelband zu liegen. Dies stimmt aber nur sehr grob, wie die moderne Molekularbiologie nach und nach aufdecken konnte.

So befinden sich viele Gene hintereinander auf zellulären Strukturen, die als Chromosomen bekannt sind. (Die Gene liegen auf den Chromosomen wie die Perlen auf einer Kette.) Irgendwie ist es Mendel gelungen, bei seinem Versuchsobjekt – der Erbse – gerade solche Gene in Augenschein zu nehmen, die auf verschiedenen Chromosomen liegen. Erbsen verfügen über sieben solcher Gen tragenden Strukturen, und Mendel hat genau sieben Eigenschaften seines Versuchsobjekts analysiert. Da hat der Mönch aber Glück gehabt! Und man kann nur staunen – auch was die Qualität seiner mitgeteilten Zahlen angeht; sie lässt viele Statistiker skeptisch blicken und den Verdacht äußern, dass jemand vor den Kreuzungsversuchen wusste, was dabei herauskommen sollte.

»Versuche über Pflanzen-Hybriden«

Es gehört zum falschen, leider nie mehr ganz korrigierbaren Standardwissen, dass Mendel von seinen Zeitgenossen lange Zeit nicht verstanden wurde, und erst die so genannte Wiederentdeckung seiner Befunde zu Beginn des 20. Jahrhunderts dafür gesorgt hat, dass eine exakte Wissenschaft der Vererbung – eine Genetik also – möglich wurde. Es stimmt tatsächlich, dass Mendel nicht verstanden worden ist, aber das liegt nicht so sehr daran, dass er seiner Zeit voraus war, wie uns oft raunend und beschwörend mitgeteilt wird, um mit dem Mönch Mendel einen Heroen verehren zu können, der seinen einsamen Kampf um die Wahrheit gegen ein verbohrtes wissenschaftliches Establishment kämpfen musste.

Der Grund, aus dem heraus Mendel nicht verstanden wurde, ist sehr einfach. Er liegt darin, dass seine berühmte Arbeit mit dem eher unauffälligen Titel *Versuche über Pflanzen-*

Hybriden kaum verständlich ist. Ein wörtliches Zitat als Beispiel für Mendels Mitteilungsstil: »Sind mehrere differirende Merkmale durch Befruchtung in einer Hybride vereinigt, so bilden die Nachkommen derselben die Glieder einer Combinationsreihe, in welcher die Entwicklungsreihen für je zwei differirende Merkmale vereinigt sind.«

Diese Einsicht nennen die Lehrbücher heute die freie Kombinierbarkeit der Merkmale, doch selbst wem in Mendels Satz jetzt irgendwie einleuchtet, was »für je zwei differirende Merkmale« bedeutet, wird im Original von 1865 Probleme bekommen, weil dem Text zur Illustration eine Art algebraische Formel beigegeben ist, die in Worte zurückübersetzt nur als »je ein (verschiedenes) Merkmal eines Paares« gelesen werden kann.

Wer Mendels Arbeit heute in die Hand nimmt, wird sich aber nicht nur über viele nebulöse Sätze wundern, sondern auch und vor allem bemerken, dass er dort nicht findet, was er eigentlich sucht – nämlich Mendels Regeln der Vererbung. In der vermutlich kaum gelesenen Urschrift der Genetik kommt weder das Wort Vererbung noch der Hinweis auf Regeln oder gar Gesetze vor. Deshalb kann Mendel auch nicht nach ihnen gesucht haben.

Wir wollen jetzt nicht weiter der Frage nachgehen, was der Mönch denn dann gesucht hat, sondern uns stattdessen darum kümmern, welche Folgen für die Gegenwart seine Arbeit im Klostergarten hatte. Zunächst sei aber darauf hingewiesen, dass Mendels Verehrung im Angelsächsischen darauf beruht, dass rund vier Jahrzehnte nach Mendels Präsentation seiner *Versuche über Pflanzen-Hybriden* jemand es sich zur Aufgabe machte, den Text ins Englische zu übertragen: Es war der Naturforscher William Bateson, der bald darauf – im Jahre 1906 – auch den Vorschlag machte, der jetzt begründeten Wissenschaft von der Vererbung einen angemessenen Namen zu geben – den der Genetik. Als Bateson sich an die Übersetzung von Mendels Text machte, konnte er die von den Biologen in den letzten Jahrzehnten gesammelten Erfahrungen nutzen, um alle Unklarheiten im Deutschen in Klarheiten zu verwandeln. Aus dem unverständlichen »je ein (verschiedenes) Merkmal eines Paares« wurde bei Bateson zum Beispiel »each pair of differing traits«, was einem Biologen sofort einleuchtet. Die Englisch sprechende Welt kennt also einen anderen Mendel als die Deutsch sprechende Welt, und der angelsächsische Mendel steht in den Augen der Historiker viel besser da.

Die Entdeckung der Gene

Wer amerikanische Genetiker fragt, worin Mendels Leistung besteht, bekommt eine klare Antwort. Sie lautet, er habe entdeckt, dass Vererbung partikulär funktioniert. Mit anderen Worten, unsere Erbanlagen sind nicht so flüssig wie etwa Blut, sondern so körnig wie Sand. Das mag banal klingen, stellt aber in der Geschichte des Denkens einen Bruch dar, wie man sich leicht klarmachen kann, wenn man daran denkt, dass in der Medizin lange Zeit hindurch angenommen wurde, dass die Gesundheit eines Menschen durch Flüssigkeiten bestimmt würde. Deshalb gab es ja Einläufe und Aderlässe. Und was die Vererbung angeht, so sprechen wir heute noch von der Blutsverwandtschaft oder sagen zu unseren Kindern, »Du bist von meinem Fleisch und Blut.«

Natürlich wussten die Menschen vor Mendel, dass es Eigenschaften gab, die in Familien weitergegeben – also vererbt – wurden, Farbenblindheit oder Lippenformen zum Beispiel. Aber man konnte sich keinerlei Vorstellung über die zugrunde liegenden Mechanismen machen, und völlig rätselhaft war, wie ein Vater seine Eigenschaften weitergeben konnte. Wie kam seine Augenfarbe oder seine Lippenform in die Samenflüssigkeit, mit deren Hilfe er Kinder zeugte?

Natürlich beantwortete Mendels Entdeckung von partikulären Erbelementen Fragen dieser Art keineswegs, was einen wichtigen Hinweis für den Fortgang der Wissenschaft gibt: Man darf nie erwarten, mit einer Einsicht alles zu erklären. Es reicht, wenn man eine Frage beantworten kann – in Mendels Fall einige Regelmäßigkeiten im Erbgang –, und man muss sich auch damit zufrieden geben, wenn sich aus verschiedenen Ecken Kritik meldet. Sie gab es reichlich selbst zu Beginn des 20. Jahrhunderts, als gleich mehrfach bestätigt wurde, was Mendel erkannt hatte, dass es nämlich teilchenartige Erbelemente geben muss, die sich mehr oder weniger unabhängig voneinander bewegen und auf dem Weg in die nächste Generation so zufällig mischen, wie es die Karten beim Skatspiel tun.

Die Hauptkritik kam von Biologen, die sich um die Entwicklung des Lebens kümmerten und dabei verfolgten, wie sich die lebende Form ändert, wenn aus einer Eizelle erst ein Embryo, dann ein Fötus und zuletzt ein neues Lebewesen wird. Diese Embryologen konnten den Formenreichtum der Natur dabei nur bewundern, und der Gedanke erschien ihnen absurd, eine derartige Pracht und Vielfalt durch irgendwelche einfältigen Partikel erklären zu wollen. Sie konnten sich nicht vorstellen, dass die Kügelchen, von denen Mendel etwas gemurmelt hatte, irgendeine Relevanz für die komplexen Gestalten der Organismen haben sollten.

Das war damals ein gutes Argument, und wenn man will, kann man in diesen beiden Positionen – Mendels statische Elemente auf der einen und die Dynamik des Embryos auf der anderen Seite – ein Gegenüber von zwei Wissenschaftsauffassungen sehen. Mendel und seine Anhänger erklärten das Leben als

Physiker, während die Embryologen alles andere im Sinn hatten, nur keine Physik. Was ist damit gemeint?

Die Physik stellt ohne Frage die erfolgreichste aller exakten Wissenschaften dar, und zu ihren großen Triumphen im 19. Jahrhundert zählte die Fähigkeit, bis zu diesem Zeitpunkt unverstandene Erscheinungen wie Wärme oder Druck durch die Bewegung und die Wechselwirkung von winzigen Teilchen erklären zu können. Diese winzigen Teilchen nannte man Atome, wobei wir aus heutiger Sicht vorsichtig mit dem Wort umgehen müssen. Wir wissen längst, dass Atome teilbar sind, einen Kern und eine Hülle haben und noch viel mehr. Zu Mendels Lebzeiten konnte man nur die Hypothese aufstellen, dass es Atome gibt, und wenn man sich überhaupt eine Vorstellung von ihrem Aussehen machte, dann dachte man an kleine Kügelchen, die hart aufeinanderprallten.

Es mag zwar nicht allgemein bekannt sein, aber nachdem Mendel in ein Kloster eingetreten war, hat man ihn nicht gleich in den Garten, sondern erst auf die Universität geschickt. Er sollte dort Physik studieren, um später dieses Fach zu lehren. Das zweite hat Mendel nicht geschafft – er scheint ein Mensch mit unüberwindlicher Prüfungsangst gewesen zu sein. Aber Physik hat er studiert und damit das damals aktuelle Denken, das alles aus unteilbaren Atomen aufbaute, die durch geeignete physikalische Wechselwirkungen die Eigenschaften der Stoffe hervorbringen, die aus ihnen bestehen. Als Mendel, der ohne Diplom kein Lehrer werden konnte und deshalb irgendwann eine Tätigkeit im Klostergarten zugewiesen bekam, dabei in aller Ruhe ins Sinnieren fiel, muss ihm der Gedanke gekommen sein, dass nicht nur die tote Materie der Physik, sondern auch der lebendige Stoff des Lebens aus kleinsten Einheiten – aus Atomen der Vererbung – aufgebaut sein musste. Es musste Erbelemente geben, und von denen konnte er sich vorstellen, dass sie – mit seinen Worten – »in lebendiger Wechselwirkung« zu den Eigenschaften der Organismen führen, die wir beobachten und eventuell zu fördern wünschen.

Nehmen wir an, Mendel sei im Anschluss an seine physikalischen Studien dieser Gedanke gekommen, dann stellte sich danach das Problem, wie er diese Idee untersuchen sollte. Er musste auf jeden Fall völlig anders vorgehen als die Biologen vor ihm und als Physiker. Ein Biologe nimmt sich eine einzelne Pflanze vor und beschreibt bewundernd möglichst viele ihrer Merkmale. Ein Physiker geht umgekehrt vor. Er sucht sich ein Merkmal aus – etwa die Blütenfarbe oder die Samenform – und fragt, wie es sich bei sehr vielen Pflanzen ausbildet und verteilt.

Mendels *Versuche über Pflanzen-Hybriden* stellen eine typische Experimentalreihe der Physik seiner Zeit dar, und als Ergebnis bringen sie genau die Einsicht, die ein Physiker sucht. Sie beweisen, dass es Atome der Vererbung gibt. Mendel nennt sie Elemente, und wir kennen sie heute als Gene.

Was ist ein Gen?

Den Namen Gen tragen die partikulären Strukturen der Vererbung seit dem Jahre 1909. Damals hat der dänische Genetiker Wilhelm Johannsen angeregt, Mendels Entdeckung mit diesem griechisch klingenden Wort zu bezeichnen. Sein Vorschlag, von Elementen zu sprechen, geriet in Konflikt mit der Chemie, die an ihrem Periodensystem der Elemente arbeitete und dabei an Sauerstoff, Blei, Eisen, Quecksilber und ähnliche materielle Grundbausteine dachte. Johannsen suchte ein kurzes Wort, das sich leicht kombinieren ließ, und das Gen war bereits aus Begriffen wie Genesis oder Generation vertraut. Das Verrückte besteht nun darin, dass Johannsen zwar bei Mendels Wort ansetzt, aber einen seiner grundlegenden Gedanken fast völlig übersieht. Und daran leidet das Gespräch über Genetik bis heute.

Während Mendel zwar eindeutig und klar partikuläre Strukturen der Körper im Sinn hatte, blieb er zurückhaltend, wenn er sagen sollte, wie diese Gene von innen her die außen erkennbaren Wirkungen – die Merkmale der Organismen – zustande bringen können. Wenn es gestattet ist, so etwas wie Mendels Logik an dieser Stelle einzuführen, dann besteht sie in der folgenden Einsicht (die nach wie vor gültig ist): Man kann nicht sagen, dass zwei Organismen, die in einer vererbbaren Eigenschaft übereinstimmen, die gleichen Gene haben. Man kann aber sagen, dass zwei Organismen, die sich in einer vererbbaren Eigenschaft unterscheiden, sich dann auch in einem Gen unterscheiden. Es lässt sich nicht sagen, dass gegebene Gene zu gegebenen Eigenschaften führen. Es lässt sich nur sagen, dass unterschiedliche Eigenschaften durch unterschiedliche Gene bedingt sind.

Diese zwar vorsichtige, aber korrekte Logik gibt Johannsen auf. Er führt das Wort Gen ein, damit man »Gen für die oder die Eigenschaft« sagen kann, und er denkt etwa an Gene für Körpergröße, Gene für Augenfarben und mehr. Und wie es so oft passiert – leider hält sich ein einmal verzapfter Unsinn hartnäckig, wenn man sich das Denken mit seiner Hilfe bequem machen kann. Es fällt uns seit diesen Tagen allzu leicht, über ein Gen für Intelligenz zu sprechen oder in der Bach-Familie Gene für Musikalität zu vermuten. Und wenn einmal etwas in Mode gekommen ist, machen alle mit, und man kann sich beim Lesen aktueller Zeitungen nur wundern, wofür es so alles Gene geben soll – Gene für Untreue, Gene für Kriegsbereitschaft, Gene für das Böse oder Gene für Gott.

Dabei sind Gene zunächst einmal nur Strukturen in einer

Zelle, die sich orten lassen. Sie liegen auf den Chromosomen, und zwar aneinandergereiht. Man kennt ihre chemische Zusammensetzung und kann sich ein genaues Bild von ihrem molekularen Aufbau machen. Er versetzt einige Gene in die Lage, biologisch relevante Informationen zu speichern, die von einer Zelle dazu benutzt werden, höchst raffiniert gebaute Moleküle anzufertigen, die als Katalysatoren funktionieren und all die chemischen Reaktionen in Gang setzen, die zum Leben (Stoffwechsel) einer Zelle gehören.

Darwin und Mendel

Neben dieser Art von Genen – sie heißen Strukturgene – verfügt das Leben noch über regulierende Gene, aber hier soll ja keine Einführung in die Molekularbiologie gegeben werden. Hier geht es um Mendels Regeln, ihre Entdeckung und ihre Bedeutung beim Verständnis des Lebens.

Eine erste Rolle spielen Mendels Regeln für die Idee, die nur wenige Jahre zuvor öffentlich vorgestellt wurde und Evolution heißt (siehe »Darwins Finken«). Darwin hätte das in Mendels Gesetzen sich ausdrückende Verständnis der Vererbung gut gebrauchen können, um seine Theorie der Anpassung von Arten auf eine materielle Basis stellen zu können. Ab und zu liest man, dass es fast dazu gekommen wäre, denn über verschlungene Wege war ein Exemplar von Mendels Arbeit auf Darwins Schreibtisch gelandet – ohne allerdings dort gelesen zu werden. Leider hätte die Lektüre Darwin nicht sehr viel weitergeholfen, wie oben ausgeführt worden ist. Selbst wenn Darwins Deutschkenntnisse für das Lesen ausgereicht hätten, verstehen konnte er erst etwas in der englischen Fassung, die zu Darwins Lebzeiten nicht vorlag.

Dennoch können wir die beiden großen Fortschritte der biologischen Wissenschaften aus der Zeit um 1860 zusammenbinden, um eine der Fragen zu behandeln, die wir zum Verständnis der Evolution im Darwin-Kapitel gestellt haben. Es geht um die Schwierigkeit, die mit der Tatsache zusammenhängt, dass gerade die Arten besonders hoch entwickelt sind, die wenig Nachkommen haben und viel Zeit brauchen, um Kinder in die Welt zu setzen. Wie lässt sich dies im Kontext der Evolution erklären?

Die Lösung steckt in Mendels Genen bzw. in der Tatsache, dass Organismen, die sich sexuell vermehren, zwei Exemplare (so genannte Allele) eines Gens tragen, die unterschiedlich sein können. Wenn man einmal annimmt, dass sich nicht beide Allele (Genkopien) gleichzeitig ändern und nur eins von ihnen variiert (mutiert), und zwar so, dass es für die Evolution günstig ist, dann besteht die Aufgabe darin, ein Lebewesen in die Welt zu setzen, das zwei Kopien dieser Variante hat. So kann sie sich nämlich am besten zeigen, um von der Selektion erfasst und ausgewählt zu werden. Die geeignete Strategie, um Gene mit günstigen Wirkungen nicht nur möglichst oft zusammenzubringen, sondern danach auch möglichst effizient zusammenzuhalten, besteht nun in kleinen Fortpflanzungsgemeinschaften (Familien), wie eine genaue (mathematische) Analyse im Rahmen der Wissenschaft zeigt, die als Populationsgenetik bekannt ist. In Riesengemeinschaften (großen Populationen) zerstreuen sich geeignete Gene sehr rasch, bis sie völlig unauffällig werden. Genau hier liegt der Grund, warum Arten mit hohen Nachkommenzahlen weniger komplex werden als Arten mit wenig Nachwuchs.

Wenn aber die Zahl der Kinder klein ist – dies kommt als zweites hinzu –, muss jedes einzelne von ihnen möglichst gut betreut und ausführlich versorgt werden. Mit andern Worten, kleine Nachkommenzahlen und langsame Generationenfolge weisen in dieselbe Richtung, und so lässt sich in aller Kürze verständlich machen, was die Evolution an dieser Stelle hervorgebracht hat. Das Leben in Familien und der Abstand von ein paar Jahren, in denen wir Kinder bekommen, können als evolutionäre Strategien verstanden werden, die dem Ziel der höheren Komplexität dienen und dies offenbar auch erreicht haben. Mendels Gesetze machen Sinn – wie alles in der Biologie, wenn man es im Licht der Lampe anschaut, die Evolution heißt.

Kekulés Traum

Im frühen 19. Jahrhundert – zur Zeit Goethes und der Romantiker – wurden Theater und andere öffentliche Gebäude durch ein Gas beleuchtet, das sich aus Walöl gewinnen ließ. Um das Gas an den Ort seiner Bestimmung bringen zu können, musste man es in Stahlflaschen abfüllen und deshalb enorm komprimieren. Bei diesem Vorgang fiel eine aromatische Flüssigkeit an, die leicht verdampfte. In London nahm sich der berühmte Physiker Michael Faraday (1791–1867) (siehe »Faradays Käfig«) dieses Stoffes an, nannte ihn Benzol und ermittelte im Jahre 1825, dass er aus nur zwei Elementen bestand, nämlich aus Wasserstoff und Kohlenstoff. Faraday entdeckte zusätzlich, dass beide Elemente in gleichen Anteilen (Proportionen) vorlagen, und er wunderte sich sehr. Die damals bekannten Verbindungen aus Kohlenstoff und Wasserstoff – so genannte Kohlenwasserstoffe – enthielten stets mehr Wasserstoffe als Kohlenstoffe, deren Zahl gering blieb. Und nun gab es das Benzol, das sich kurz darauf in großen Mengen aus dem Teer gewinnen ließ, der als hasslicher Rückstand bei der Verarbeitung von Kohle übrig blieb. Das Interesse an dem Stoff nahm allein deshalb zu, weil sich viele Chemiker Gedanken darüber machten, wie sie dieses Teerzeug industriell nutzen konnten. Bald wussten sie, dass sich in den Benzolmolekülen sechs Kohlenstoffe mit sechs Wasserstoffen ein

Alkan $CH_3 - CH_2 - CH_2 - CH_3$

Alkin $HC \equiv C - CH_3$

Cycloalken

verbrückt
polyzyklischer K.

Spiro-K.

Kohlenwasserstoffe

Stelldichein gaben. Aber wie machten sie das? Wie sah die Struktur von C_6H_6 aus?

Der Wissenschaftler, dem die folgenreiche Lösung dieses Problems dank einem (von ihm selbst erzählten) Traum gelingen sollte, hieß Friedrich August Kekulé von Stradonitz (1829 bis 1896). Er war noch gar nicht geboren, als sich das Rätsel des Benzols stellte, und so ist es auch für diesen Bericht ratsam, wenn wir uns langsam in Richtung seiner Lösung bewegen.

Kohlenwasserstoffe bestehen aus den Elementen Kohlenstoff (C) und Wasserstoff (H). Ein einzelnes Kohlenstoffatom kann vier Wasserstoffe binden (Methan, CH_4), wie man heute weiß. Wenn sich zwei Kohlenstoffe vereinen, können sie noch jeweils zwei Wasserstoffe binden (Ethylen, C_2H_4). Die beiden genannten Moleküle sind sehr wirksam – das Methan als Treibhausgas und das Ethylen als Pflanzenhor-

> mon. Die hier gezeigte Schreibweise geht auf den Chemiker August Kekulé (1829–1896) zurück, dessen Traum im Mittelpunkt dieses Kapitels steht. Die Striche deuten das an, was Wissenschaftler Valenz nennen und womit sie eine Bindungsstelle meinen. In einer stabilen Verbindung müssen alle verbraucht bzw. besetzt sein. Damit also eine Strukturformel richtig sein kann, muss jedes Kohlenstoffatom vier Striche und jedes Wasserstoffatom einen solchen aufweisen. Das Problem bestand darin, die Formel für das Benzol zu finden, nachdem nachgewiesen war, dass sich in dem Molekül sechs Kohlenstoffe mit sechs Wasserstoffen zusammengefunden haben.

Organische Chemie

Kurz nachdem Faraday sich mit dem Benzol beschäftigt hatte, gelang einem deutschen Chemiker ein sensationelles Experiment, das selbst Goethe beeindruckte. Gemeint ist der aus Frankfurt stammende Friedrich Wöhler (1800–1882), der sich zuvor als Erster mit einer bis heute in der Medizin relevanten Frage beschäftigt hatte, nämlich welche Substanzen mit dem Harn ausgeschieden werden, nachdem man ein Medikament eingenommen hat. In diesem Zusammenhang analysierte Wöhler auch, woraus der Harnstoff bestand, den lebende Organismen produzierten und der deshalb einer Wissenschaft zugewiesen wurde, die Organische Chemie hieß. Sie wurde fein säuberlich getrennt von ihrem Gegenstück, der Anorganischen Chemie, die sich mit Kochsalz, Natronlauge, Soda und ähnlichen Substanzen beschäftigte, die in der lebenden Welt fremd und nahezu bedeutungslos zu sein schienen.

Als Wöhler den Harnstoff untersuchte, bemerkte er, dass in ihm vier Elemente vorkamen, nämlich Kohlenstoff, Wasserstoff, Sauerstoff (O) und Stickstoff (N), und zwar im Verhältnis 1:4:1:2. Was ihn elektrisierte, war die Einsicht, dass sich ge-

Harnstoff $\quad \begin{matrix} H_2N \\ H_2N \end{matrix} C = O$

Die Strukturformeln für das anorganische Ammoniumcyanat und den organischen Harnstoff.

nau dieselbe Zusammensetzung in einem Stoff fand, der überhaupt nichts mit dem organischen Leben zu tun hatte, in der Fachsprache Ammoniumcyanat hieß und Wöhler vor ein faszinierendes Rätsel stellte. Wieso können dieselben Moleküle einmal etwas Anorganisches und dann etwas Organisches sein?

Man kann auch praktischer fragen: Wenn sich in den beiden Molekülen dieselben Atome befinden, kann man ihre Strukturen dann auch ineinander überführen? Wöhler unternahm das entsprechende Experiment 1828 und hatte Erfolg, und zwar nachhaltig und umfassend. Offenbar konnte man – wie er es drastisch ausdrückte – Harnstoff herstellen, ohne eine Niere dazu gebrauchen zu müssen. Und wenn es auch nur ein erster Schritt über eine bislang festgezurrte Grenze war, so zeigte Wöhlers Experiment unmissverständlich, dass es zwischen den Stoffen der belebten Natur (dem Organischen) und den Stoffen der unbelebten Natur (dem Anorganischen) keine grundlegenden, sondern höchstens praktische Unterscheidungen gab. Die Chemie ließ den spekulativen Gedanken einer besonderen Lebenskraft plötzlich sehr alt aussehen, und sie selbst stand damit viel interessanter als vorher dar.

Goethe nahm die Chemie nun noch ernster als vorher. Wenn schon jemand mit höchst einfachen Mitteln – dem vorsichtigen Verdampfen von Ammoniumcyanat – Harnstoff herstellen konnte, dann könne es nicht mehr lange dauern, bis jemand im Laboratorium verkündete: »Es wird ein Mensch gemacht.« So kann man es in der entsprechenden Szene in *Faust*.

Zweiter Teil lesen, in dem ein Menschlein – der Homunkulus – auf die Bühne springt. Goethe hat die Handlung nach Wöhlers erfolgreichem Experiment so verändert, dass er dem synthetischen Wesen nur künstlichen Raum – in einer Phiole – und kein freies Leben zugesteht.

Die Suche nach der Struktur

Was die Chemie angeht, so hatte Wöhlers Herstellung von Harnstoff endgültig und in aller Klarheit gezeigt, dass Stoffe nicht allein dadurch charakterisiert werden können, dass man angibt, welche Atome in ihnen vorhanden sind. Es galt vor allem herauszufinden, wie diese Atome zu- und miteinander angeordnet sind. Mit anderen Worten, es galt, die Struktur von Molekülen zu bestimmen. Doch so leicht sich diese Aufgabe heute formulieren lässt, so mühsam war sie für die Generation der Chemiker durchzuführen, der Wöhler und Faraday angehörten. Zum Glück rückte bald eine neue Generation nach, und zu ihren herausragenden Vertretern gehörte Kekulé, der trotz seines französisch klingenden Namens ein Deutscher (aus Darmstadt) war. Allerdings – seine großen Erfolge erzielte er im Ausland, und in beiden Fällen spielten traumartige Zustände eine Rolle. Berühmt ist vor allem der Traum, der ihm 1865 im belgischen Gent zeigte, wie die Benzolstruktur aussieht. Als 1890 ihr 25-jähriges Jubiläum mit einem großen Fest in Berlin zelebriert wurde, hat Kekulé aber nicht nur die Geschichte dieser Entdeckung erzählt, sondern ein zweites Traumgesicht vorgestellt, das ihm Jahre zuvor während einer Busfahrt durch London erschienen ist. Mit ihm wollen wir beginnen, da es die Grundlage für den Benzoltraum liefert.

Wir befinden uns in der zweiten Hälfte des 19. Jahrhunderts, und Kekulé hält sich in England auf, um das zu erörtern, was Chemiker sachlich »Konstitutionsfragen« nennen. Wie konstituieren sich Moleküle aus Atomen? Wie können sich gleiche Atome verschieden anordnen, um unterschiedliche Moleküle zu bilden?

Beim täglichen Diskutieren mit Kollegen und dem anschließenden Grübeln war klar geworden, dass der Kohlenstoff eine besondere Rolle spielen musste. Er kann bis zu vier Atome an sich binden, wie Kekulé verstehen konnte, nachdem er allgemein den Begriff der Valenz bzw. der Wertigkeit geprägt hatte. Er gab die Zahl der Bindungen an, die Atome eingehen konnten. Wasserstoff war demnach einwertig, Sauerstoff zwei-, Stickstoff drei- und Kohlenstoff vierwertig – es gab H_2O als Wasser, NH_3 als Ammoniak, CH_4 als Methan. Aber dies blieb alles eng und begrenzt, bis Kekulé an einem schönen Sommerabend mit dem Bus aus der Mitte Londons nach Hause fuhr. Er nickte ein wenig ein, döste und träumte so vor sich hin, als plötzlich Atome vor seinem inneren Auge zu tanzen anfingen. Kekulé sah, wie zwei Atome ein Paar bildeten, wie ein größeres zwei kleine umarmte, wie noch größere drei oder vier kleinere festhielten, und als der Schaffner die Endstation ausrief, hatte Kekulé verstanden, dass sich Kohlenstoffatome kettenförmig miteinander verbinden und dabei viele der organischen Stoffe hervorbringen können, die seine Kollegen und die Natur kannten.

So herrlich das war, das Benzol verstand Kekulé damit immer noch nicht. Das Problem ruhte noch ein paar Jahre in seinem Geist. Es brach sich erst Bahn, als Kekulé in Gent arbeitete und eines Abends vor einem Kamin erst sinnierte und dann einnickte. Wieder tauchten Atome vor seinem inneren Auge auf, die erneut umhertanzten und sich zu fassen und festzuhalten versuchten. Und dann kam der entscheidende Moment plötzlicher Klarheit: »Wieder gaukelten die Atome vor meinen Augen. Kleinere Gruppen hielten sich diesmal bescheiden im Hintergrund. ... Lange Reihen, vielfach dichter zusammengefügt; alles in Bewegung, schlangenartig sich windend. Und siehe, was war das? Eine der Schlangen erfasste den eigenen Schwanz und höhnisch wirbelte das Gebilde vor meinen Augen. Wie durch einen Blitzstrahl erwachte ich. Und auch diesmal verbrachte ich den Rest der Nacht, um die Konsequenzen der Hypothese auszuarbeiten.«

Kekulés Traum

Das ist Kekulés Traum von 1865 in seinen eigenen klaren Worten aus dem Jahre 1890, denen kaum etwas hinzuzufügen wäre. Trotzdem wollen wir das Erzählte in Hinblick auf drei Aspekte kommentieren und beleuchten.

Zum ersten erkennt Kekulé durch den Biss der Schlange in ihren eigenen Schwanz, dass das Benzol anders als alle bis dahin geschauten Strukturen ein ringförmiges Aussehen hat, und dies hat sich sowohl für die chemische Forschung als auch für die dazugehörige Industrie als äußerst wichtig erwiesen.

Die ringförmige Struktur des Benzols kann auf zwei Weisen gezeichnet werden. Das ist keineswegs uninteressant, wie im Text erläutert wird. In diesen Sphären gilt die Quantenlogik, die den Grundsatz der klassischen Logik aufhebt, »Ein Drittes gibt es nicht.« Beim Benzol gibt es das Dritte doch – in Form gestrichelter Linien.

Zum zweiten – und hierauf legen die gestandenen Chemiker stets am meisten Wert – bleibt Kekulé nicht bei dem Traumergebnis stehen. Im Gegenteil. Er unterwirft es strengster Kontrolle durch die Rationalität der Chemie, was zur guten Praxis jeder Forschung gehört. Zumindest muss Kekulé nachprüfen, ob alle Atome ihrer Wertigkeit (Valenz) nach zutreffend angeordnet sind, oder ob da Lücken bleiben bzw. Widersprüche erkennbar werden (etwa ein fünfwertiger Kohlenstoff, den es in der Natur nicht gibt).

Zum dritten ist zu beachten, dass Kekulé nicht irgendetwas träumt, sondern dass sich seinem inneren Auge ein uraltes Symbol zu erkennen gibt. Tatsächlich stellt Kekulés Traum ein Beispiel für die Behauptung dar, dass wissenschaftliche Theorien dadurch zustande kommen, dass Menschen innere und äußere Bilder zur Deckung bringen. Die äußeren Bilder entstammen unserer empirischen Erfahrung, und ihre inneren Gegenstücke entstammen unserer Seele, wie man früher gesagt hätte und was man in der heutigen modernen Zeit durch eine psychologische Sprechweise genauer ausdrücken muss. In dieser Darstellung stellen die inneren Bilder – also der Uroboros als sich in den Schwanz beißende Schlange – die Bewusstwerdung von Formen dar, die den Menschen seit Urzeiten in ihrem kollektiven Unbewussten zur Verfügung stehen und deshalb als archetypisch bezeichnet werden. In diesem Modell gelingt eine wissenschaftliche Erkenntnis in dem Moment, in dem das durch langes Nachdenken allmählich aktivierte Unbewusste sich öffnet und die in ihm enthaltenen archetypischen Bilder symbolisch dem Bewußtsein zur Verfügung stellt, das in diesem Moment ein Aha-Erlebnis melden kann.

Der Uroboros – manchmal auch als Ouroboros bezeichnet – stellt ein uraltes (alchemistisches) Symbol dar, dass auf die Einheit der Materie und der vier Elemente (Feuer, Erde, Wasser, Luft) im Kreislauf der Erscheinungen hinweist.

Die Logik des Benzols

Bei der Betrachtung des Benzolrings fällt auf, dass es nicht eine, sondern zwei Darstellungen seines Molekülrings gibt. Wenn wir die Kohlenstoffe von oben nach unten im Uhrzeigersinn nummerieren, dann sieht man entweder zwei Striche zwischen den Atomen 1 und 2, 3 und 4 und 5 und 6, oder man sieht sie zwischen 2 und 3, 4 und 5 und 6 und 1. Naiv könnte man jetzt fragen, wie das Benzol denn wirklich aussieht?

Ein Chemiker wird sagen, dass es diese beiden Möglichkeiten für das Molekül tatsächlich gibt und dass es in seiner realen Existenz zwischen diesen Bindungszuständen hin und her schwankt. Man könnte sich damit zufriedengeben. Aber man könnte sich auch fragen, wie Werner Heisenberg es in einem Vortrag über »Sprache und Wirklichkeit in der modernen Physik« getan hat, was bei hinreichend tiefen Temperaturen der Fall ist. Dann kann es in dem Molekül keine wirkliche Bewegung mehr geben, was bedeutet, dass dann auch keine zeitliche Veränderung des Benzols mehr stattfinden kann. Wie sieht der Ring unter diesen Umständen aus?

Nach Heisenberg – und die Chemiker haben das längst akzeptiert – bleibt nur die Formulierung, »dass die wirkliche Bindung des Benzols wohl als eine Art von Mischung zwischen den beiden genannten Möglichkeiten aufgefasst werden müsse«. Mit anderen Worten, für das Molekül gilt nicht die Logik des Alltags, in der ein Gegenstand etwas entweder ist oder nicht ist, ohne dass es ein Drittes geben könnte – *tertium non datur*, wie die logische Zauberformel auf Lateinisch lautet. Das Benzolmolekül folgt vielmehr der Quantenlogik, die sehr wohl ein Drittes zulässt, nämlich wie Schrödingers Katze nicht nur tot oder lebendig, sondern das eine und das andere zugleich zu sein (siehe »Schrödingers Katze«).

Das klingt vielleicht zunächst allzu geheimnisvoll, lässt sich aber leicht nachvollziehen, wenn man statt der alltäglichen Wirklichkeit die physikalische Möglichkeit in die Mitte stellt. Das Mögliche hält nämlich die Balance zwischen der objektiven materiellen Realität, die das Benzol seit 1825 nach wie vor darstellt, und der subjektiven Wirklichkeit, die wir durch seine Strukturformel schaffen. Das Benzol ist ja beides, seit Kekulé davon geträumt hat.

Während man sich im Alltag auch beim besten Willen nicht vorzustellen vermag, was etwa eine Mischung zwischen dem Fall sein soll, dass man auf einem Stuhl sitzt, und dem Fall, dass man nicht auf einem Stuhl sitzt, macht es in der Sphäre der Atome und Moleküle keinen Sinn, der dazugehörigen Quantenlogik auszuweichen. Sie lässt eben ein Drittes zu, wie Heisenberg sagt: »Wer sich mit seinen Gedanken in den atomaren Bereich begibt, kann also mit der klassischen Logik ebenso wenig anfangen wie der Weltraumfahrer mit dem Begriff ›oben‹ und ›unten‹.«

(Mit dem Konzept des Möglichen könnte man auch im Alltag ein Drittes konstruieren, das es dann wirklich gibt, nämlich den Fall, dass jemand zwar (noch) nicht auf einem Stuhl sitzt, aber gerade den Entschluss gefasst hat und also die Möglichkeit erwägt, dort Platz zu nehmen.)

Andere Träume

Nicht nur Kekulé hat seine Wissenschaft im Traum vorangebracht. Auch das wichtigste Standbein der Chemie – das Periodische System der Elemente – verdankt seine Entdeckung einem Traum, und zwar dem, aus dem der Russe Dimitri Mendelejew an einem Morgen im Februar 1869 erwachte (leider ohne uns Details mitzuteilen), nachdem er wochenlang das Gefühl hatte, eine Ordnung der Natur vor oder in sich zu sehen, der er nur noch Ausdruck verleihen musste. Auf diese Weise bestätigt sich, was der Basler Biologe Adolf Portmann 1949 festgestellt hat, als er in einem Essay über »Biologisches zur ästhetischen Erziehung« feststellte: »Die Einsicht in die Notwendigkeit einer Stärkung der ästhetischen Position ist nicht gerade weit verbreitet – allzu viele machen noch immer die bloße Entwicklung der logischen Seite des Denkens zur wichtigsten Aufgabe unserer Menschenerziehung. Wer so denkt, vergisst, dass das wirklich produktive Denken selbst in den exaktesten Forschungsgebieten der intuitiven, spontanen Schöpferarbeit und damit der ästhetischen Funktion überall bedarf; dass das Träumen und Wachträumen, wie jedes Erleben der Sinne, unschätzbare Möglichkeiten öffnet.«

Wer diese »Nachtseite« der Wissenschaft erkunden will, hat es zwar schwer, an Materialien zu kommen – viele Forscher scheuen sich, Träume als Quellen zu nutzen –, aber einige Traumspuren lassen sich trotzdem ausfindig machen. Auf sie soll hier noch hingewiesen werden, wobei nicht der Versuch unternommen wird, die jeweilige archetypische Grundlegung zu benennen.

1921 untersuchte der Physiologe Otto Loewi die Frage, wie es Nervenzellen gelingt, elektrische Impulse weiterzugeben. Die traditionelle Sicht der Dinge dachte nur an physikalische Mechanismen, doch Loewi sah im Traum die Möglichkeit, dass es Chemikalien sein können, die Signale von einer Nervenzelle auf eine andere übertragen. Sie lassen sich anders blockieren, und im Traum zeigte sich ihm der experimentelle Weg zu diesem Ziel. Loewi entdeckte auf diese Weise das, was wir heute als Neurotransmitter kennen.

1961 hat der Amerikaner Melvin Calvin den Nobelpreis für Chemie für seine Entdeckungen bekommen, die zum Verständnis der Photosynthese in Pflanzen beigetragen haben. Konkret geht es um den so genannten Calvin-Zyklus, und der entscheidende Schritt ist ihm eingefallen, als er wie Kekulé eingedöst war. Diesmal nicht vor einem belgischen Kamin oder in einem englischen Bus, sondern auf dem Parkplatz vor einem amerikanischen Supermarkt. Während Calvins Frau einkaufte, gingen dem wartenden Chemiker am Steuer seines Wagens einige Befunde nicht aus dem Kopf, die in kein Schema passten. Dann nickte er ein und plötzlich – »in a matter of 30 seconds« –

wurde Calvin klar, wie er die molekularen Puzzleteile in einen Kohlenstoffkreislauf einfügen konnte.

Dass man durch die Nacht muss, um zum Licht der Erkenntnis zu kommen, hat ganz allgemein der Physiologe Hermann von Helmholtz konstatiert, wie er 1891 in seinen populären Schriften schreibt: »Einfälle treten plötzlich ein, ohne Anstrengung, wie eine Inspiration ... Ich musste aber immer erst mein Problem nach allen Seiten so viel hin und her gewendet haben, dass ich alle Wendungen und Verwicklungen im Kopfe überschaute und sie frei, ohne zu schreiben, durchlaufen konnte. (...) Oft waren sie des Morgens beim Aufwachen da.« Helmholtz zitiert in diesem Zusammenhang Goethe, dem wir den Vierzeiler verdanken:

> *Was vom Menschen nicht gewusst*
> *Oder nicht bedacht,*
> *Durch das Labyrinth der Brust*
> *Wandelt in der Nacht.*

Es kann sich aber auch schon zeigen, wenn man nur eingenickt ist. Man muss vorher nur intensiv genug geforscht und gefragt haben.

Liebigs Fleischextrakt

Die organische Chemie in ihrer Anwendung auf Agricultur und Physiologie heißt der vollständige Titel des Buches, mit dem der aus Darmstadt stammende und in Gießen berühmt gewordene Justus Freiherr von Liebig (1803–1873) das seit Jahrhunderten aus dem Bauch heraus betriebene Düngen der Felder auf eine wissenschaftliche Grundlage gestellt und die modernen Agrarwissenschaften begründet hat. Liebig war aber nicht nur ein großer Chemiker, sondern auch ein begeisterter Vermittler seiner Wissenschaft, die er in zahlreichen Chemischen Briefen zuletzt so allgemein verständlich erklärte, dass einige Köche die dort zu findenden Informationen nutzen konnten, um ihre Speisen zu verbessern. Dieser Aspekt machte Liebig nicht nur stolz, er ärgerte ihn auch, woraufhin sein Verleger ihm vorschlug, selbst ein Kochbuch zu schreiben. Dies tat Liebig zwar nicht, aber er kümmerte sich fachlich nun noch eingehender darum, möglichst alles über die Bestandteile der Flüssigkeiten des Fleisches zu erfahren, die er in dem gleichnamigen Buch 1847 aufzählte und mit deren Hilfe er das begründete, was man »wissenschaftliches Kochen« nennen könnte.

Was zuerst nur strikt die Neugier eines Forschers befriedigen sollte – Liebig konzentrierte sich vor allem auf die chemischen Änderungen, die der Kochvorgang (Erhitzen) bei den Bestandteilen der organischen Materie auslöste –, brachte bald die überraschende Einsicht, dass die wesentlichen Nährstoffe des Fleisches nicht in den Fasern, sondern in den Flüssigkeiten zu finden waren. Und mit dieser Kenntnis konnte Liebig konkret höchst dringende Hilfe anbieten, als der Arzt der Familie ihm an einem Tag des Jahres 1854 erklärte, dass ein 17-jähriges Mädchen, das bei den Liebigs zu Gast war und an Scharlachfieber litt, sterben müsse, wenn sich kein Weg finden würde, es zu ernähren. Die Patientin war längst zu schwach geworden, um feste Nahrung zu sich zu nehmen. Liebig zögerte keine Sekunde, besorgte sich ausreichend Hühnerfleisch und nutzte die ganze Kunst seiner Wissenschaft, um die lebenswichtigen Nährstoffe zu extrahieren. Er tat dies vor dem Hintergrund einer optimistischen Einstellung, die seine Zunft damals erfasst hatte und die sie daran glauben ließ, nicht nur einfache (anorganische) Stoffe wie Soda, sondern auch komplizierte (organische) Stoffe wie Anilin erst analysieren und dann herstellen zu können.

Was Liebig wissenschaftlich genau machte, kann man in dem Bericht über »Eine neue Fleischbrühe für Kranke« nachlesen, der 1854 in den *Annalen der Chemie* erschienen ist (Band 91, S. 244–246). Persönlich arbeitete der Chemiker eine ganze Nacht hindurch, um am nächsten Morgen dem Arzt eine Brühe – die erste Form von Liebigs Fleischextrakt – zu bringen, wovon er dem kranken Mädchen jede halbe Stunde etwas einflößte. Die Patientin erholte sich rasch und konnte zuletzt sogar aus Dankbarkeit ein Tänzchen mit ihrem Arzt riskieren.

Wie nicht anders zu erwarten, begannen sich nun Unternehmer mit Liebigs Fleischextrakt zu beschäftigen, und in den 1860er Jahren gestattete der Chemiker, dass sein Name dabei verwendet wurde. In England ging 1865 eine »Liebig Extract of Meat Company« an die Börse. Liebig agierte in ihr als Direktor der wissenschaftlichen Abteilung und publizierte weiter *Über* den Werth des Fleischextraktes für Haushaltungen. 1870 erschien in Braunschweig ein Werk mit dem Titel *Kraftküche von Liebigs Fleischextrakt für höhere und unbemittelte Verhältnisse erprobt und verfasst*, in dem der Verfasser, ein Mann namens H. Davidis, Liebig die folgenden (nicht besonders eleganten und fast noch frauenfeindlichen) Verse widmete:

> *Wohl ziemst's den Frauen nicht, Toaste bringen,*
> *Doch, wenn bei diesem Wohl die Gläser klingen:*
> *Dann auf! Dem Namen Liebigs groß und hehr,*
> *Ein freudig Hoch! Und sieh', mein Glas ist leer.*

Delbrücks Schludrigkeit

Um es gleich zu sagen – Max Delbrück (1906–1981), um den es hier geht, war selbst nicht schludrig oder »sloppy«, wie es viel schöner auf Englisch heißt (mit einer Ausnahme, die noch erwähnt wird). Eher im Gegenteil. Delbrück konnte Schludrigkeit nicht leiden, hielt seine Kollegen und Schüler zu großer Sorgfalt an – erst in der Vorbereitung von Experimenten und dann im Nachdenken über sie – und predigte die für gute Forschung nötige Liebe zum Detail. Trotzdem verdanken wir dem in Berlin geborenen Delbrück eine herrliche Idee, die er selbst als »Prinzip der begrenzten Schludrigkeit« bezeichnet hat, wobei er dies in der Sprache des Landes ausgedrückt hat – der USA –, in dem er im Zweiten Weltkrieg Gelegenheit hatte, zur Geschichte der Wissenschaft beizutragen. Delbrück stellte ein »Principle of limited sloppiness« vor; das dazugehörige Verhalten war ihm in den frühen Tagen jener Wissenschaft aufgefallen, die heute als Molekularbiologie Triumphe feiert. Jemand hatte eine Entdeckung gemacht, nachdem er zunächst seine Experimente ein wenig schlampig durchgeführt hatte, dann aber bei ihrer Auswertung bemerkte, dass die Schludrigkeit eine Spur hinterlassen hatte. Sie führte ihn erstens zu einer Erkenntnis über die Mechanismen der Natur, die wir noch genauer beschreiben werden, und regte ihn zweitens dazu an, sein »Prinzip der begrenzten Schludrigkeit« als ein Erfolgsrezept für die Wissenschaft zu formulieren.

Der Weg in die Molekularbiologie

Wenn man in aller Kürze die Rolle Delbrücks in der Geschichte der Naturwissenschaft umreißen soll, dann kann man ihn als Wegbereiter der Molekularbiologie kennzeichnen. Der Name für diese Disziplin stammt aus den 1930er Jahren, als sich zum ersten Mal Forscher die Aufgabe stellten, die Struktur von Molekülen zu bestimmen, die im Leben eine Rolle spielen, die also zur Biologie gehören und Leben ermöglichen. Die Kombinationen aus Atomen, um die es in den Zellen geht, sind sehr viel größer als etwa die als H_2O bekannten Moleküle, aus denen sich Wasser zusammensetzt. Den drei Atomen des Wassermoleküls – zwei Wasserstoffe (H) und ein Sauerstoff (O) – standen viele tausend, hunderttausend oder noch mehr Atome in biologisch wichtigen Zellkomponenten gegenüber, die manchmal auch als Makromoleküle bezeichnet wurden. Ihr Aussehen bzw. ihre Struktur stellten eine Herausforderung für die Wissenschaft dar, bei der sie lange Zeit hindurch chancenlos zu sein schien, doch in den 1930er Jahren fassten die ersten Vertreter aus ihren Reihen Mut, sich daran zu versuchen.

Zur gleichen Zeit, als dies im britischen Cambridge passierte, entwarfen amerikanische Forschungsmanager der in New York angesiedelten Rockefeller-Stiftung ein Förderungsprogramm, mit dem sie versuchen wollten, die bis dahin eher langweilige Biologie in eine exakte Wissenschaft zu verwandeln, die sich mehr an Chemie und Physik orientieren und das Leben mit den Mitteln dieser Disziplinen sehen sollte. Im Laufe der Jahre gewannen Rockefellers Leute den Eindruck, dass sie ihr Ziel erreichen konnten, wenn sie sich – wie die oben erwähnten britischen Forscher – auf eine Analyse der Moleküle konzentrierten, die im Inneren von Zellen funktionierten. 1938 stellten sie das ganze Programm unter den offiziellen Namen »Molekularbiologie« und vertrauten darauf, dass den beteiligten Forschern einfallen würde, wie sich diese Hülse mit Inhalt füllen ließ.

Mit von der Partie war der ursprünglich in Berlin und Göttingen als Physiker ausgebildete Delbrück, der sich unter dem Eindruck einer Rede von Niels Bohr (siehe »Bohrs Hufeisen«) der Biologie zugewendet hatte. In einem Vortrag mit dem Titel »Licht und Leben« hatte Bohr 1932 in Kopenhagen vorgeschlagen, in der Biologie die Strategie zu wiederholen, die in der Physik erfolgreich gewesen war. Bohrs Ansicht nach mussten für dieses Vorhaben zwei Grundsätze beachtet werden: Erstens ging es darum, die Wechselwirkung der lebenden Materie mit dem Licht zu analysieren. Und zweitens musste man ein möglichst einfaches System finden, mit dem sich diese Arbeit anfangen ließ. Bei den Physikern selbst – so Bohr – hatte das einfache Wasserstoffatom diese Rolle gespielt, und mit seiner Hilfe konnte man sich zu komplizierteren Gebilden wie Radium oder Uran vorarbeiten. Delbrücks Herausforderung bestand nun darin, das Wasserstoffatom der Biologie zu finden, und 1937 bot sich ihm die Möglichkeit, die entsprechende Suche mit einem Rockefeller-Stipendium in den USA aufzunehmen.

Delbrücks Weg führte ihn nach Kalifornien, wo er am California Institute of Technology in Pasadena auf einen Mann namens Emory Ellis traf, der mit Viren arbeitete, die Bakterien töten konnten. (Er hatte sie aus dem Abwasser von Los Angeles herausgefischt.) Man nannte sie Bakteriophagen, wobei uns der zweite Teil des Wortes aus den Sarkophagen vertraut ist. Bakteriophagen sind – wörtlich – Bakterienfresser, die von den Biologen, die sich mit ihnen beschäftigen, nur in der Kurzform als Phagen bezeichnet wurden. Bald wurde Delbrück klar, dass sie genau das darstellten, was Bohr ihm zu finden aufgetragen hatte.

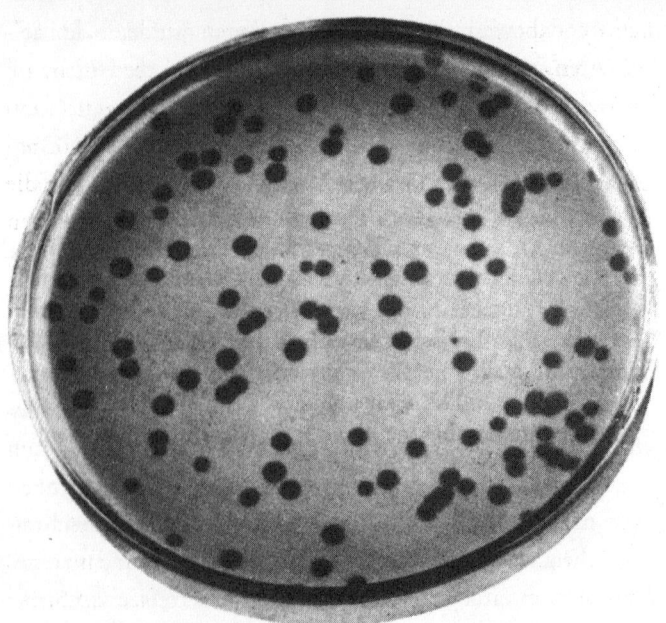

Phagen – die Kurzform des Wortes Bakteriophagen – sind Viren, die in Bakterien eindringen und sich in ihnen vermehren können. Um das Wachstum von Phagen zu analysieren, präpariert man zunächst ein Nährmedium, auf dem Bakterien so lange wachsen, bis sie eine Art Rasen ausbilden. Diesem Rasen fügt man Phagen hinzu, die erst in ein Bakterium eindringen und sich in ihm vermehren. Die vielen neuen Phagen, die dabei freigesetzt werden, greifen umliegende Bakterien an, und dieser Prozess wiederholt sich, bis ein für das menschliche Auge sichtbares Loch im Rasen entsteht. Diese Löcher heißen Plaques, und mit ihrer Entdeckung und Auswertung beginnt die Geschichte der Molekularbiologie.

Wenn er das richtig verstand, dann taten die Phagen nichts anderes, als sich zu vermehren. Und es schien Delbrück auch, als ob es im Leben nichts Kleineres als Phagen geben konnte. Sie mussten das Wasserstoffatom des Lebens sein, und Delbrück wollte mehr von ihnen wissen. Zu seiner Überraschung stellte er dabei fest, dass zwar viele Biologen mit den bakteriellen Viren hantierten und experimentierten, aber niemand hatte eine Ahnung, wie man ihre Zahl oder ihre Konzentration bestimmen konnte. Man wusste nicht einmal, ob die Löcher, die sie in einen Bakterienrasen fressen konnten und durch die sie sich erkennbar machten, von einem einzelnen Phagen stammten oder von einer größeren Gruppe ausgingen. Damit lag Delbrücks erste Aufgabe klar vor Augen – es musste ein Weg gefunden werden, die Phagen zu zählen und ihre Menge zu bestimmen.

Mit seinem physikalischen Fachwissen und den dazugehörigen statistischen Kenntnissen konnte Delbrück in den nächsten Monaten diese Aufgabe lösen und 1939 zum ersten Mal quantitativ das Wachstum der Bakteriophagen beschreiben. Es war tatsächlich ein einzelnes Virus, das in ein einzelnes Bakterium eindrang und dabei viele hundert Nachkommen produzierte.

Genetik mit Bakterien

Das klingt heute so, als ob man das immer schon gewusst hätte. Es musste aber im Detail erst bewiesen werden. Als Delbrück dies gemeinsam mit Ellis gelungen war, hatten die beiden nicht nur die Grundlagen für eine exakte Wissenschaft namens Virologie gelegt – sie hatten auch den Weg für neue Fragestellungen geöffnet. Eine betraf die Bakterien, die von den Phagen gefressen wurden, wobei man genauer sagen musste, dass nicht alle Bakterien dem Angriff zum Opfer fielen. Einige erwiesen sich als resistent, und beim genaueren Hinsehen zeigte sich, dass es sogar Bakterien gab, die selbst zwar anfällig waren und bei einer Attacke durch Phagen gefressen werden konnten, deren Nachkommen sich aber geändert hatten und die Viren abblitzen ließen.

Was war da geschehen? Wie hatten es die Bakterien fertiggebracht, ihre Eigenschaften zu ändern – und zwar so, dass sie überlebensfähiger geworden waren?

Heute können wir die Antwort ganz einfach geben, indem wir sagen, dass die Gene der Bakterien sich so geändert haben (so mutiert sind), dass die Zellen dem Virenbefall gegenüber resistent geworden sind – wobei wir als nächsten Zug des evolutionären Spiels dann erwarten, dass die Phagen jetzt auf diese Variante reagieren und ihrerseits ihre Gene so ändern, dass eine neue Generation von ihnen die inzwischen abwehrfähigen Bakterien überrumpeln, in sie eindringen und erneut fressen kann. Aber als Delbrück sich an die Arbeit mit den Bakterien und Viren machte, galten die Gesetze der Genetik für diese Mikroorganismen noch keineswegs. Was Mendel und seine Nachfolger erkundet und beschrieben hatten (siehe »Mendels Gesetze«), betraf nur Organismen, die sich sexuell vermehrten, und damals gehörten weder die Bakterien noch die Phagen dazu. »Die armen Dinger«, wie Delbrück sie deshalb bedauernd bezeichnete, schienen sich nur durch Teilung zu vermehren, und es dauerte noch einige Jahre, bis sich zeigte, dass die Natur doch ein Erbarmen mit diesen Winzlingen hatte und auch ihnen reichlich Sex erlaubt.

Aller Anfang des Wissenserwerbs ist schwer, und um 1940 herum waren die Bakteriologen und andere Biowissenschaftler nicht einmal in der Lage zu sagen, ob die kleinen Objekte ihrer Forschung überhaupt Gene hatten. Gene hatte nur, wer die Mendelschen Regeln beherrschte, und die Bakterien zählten noch nicht dazu. Dies sollte sich erst im Gefolge einer berühmten Arbeit ändern, die Delbrück zusammen mit dem Italiener Salvatore Luria im Jahre 1943 anfertigte. In ihr konnte das Duo zeigen, dass die Bakterien, die Resistenz gegenüber Phagen erwerben, dies durch zufällige Mutationen (Genvarianten) schaffen, die sie an ihre Nachkommen weitergeben. Delbrück und Luria konnten sogar die Mutationsrate genau angeben, und deshalb sagt man, dass ihre Arbeit für die Molekulargenetik das leistet, was Mendels Arbeit für die gesamte Genetik zuwege gebracht hat.

Seit 1943 kann man Genetik mit Bakterien und Phagen treiben, und da sich diese Mikroorganismen schneller vermehren und in größerer Zahl analysiert werden können als Erbsen oder Fliegen, läutete Delbrücks und Lurias Erfolg ein neues Zeitalter für die Biologie ein.

(An dieser Stelle müssen wir wenigstens in Klammern hinzufügen, dass die theoretische Hauptleistung der Arbeit von Delbrück und Luria, die in Fachkreisen als Fluktuationsanalyse bekannt ist, in der Anwendung einer geeigneten Statistik besteht. Die experimentelle Umsetzung eines solchen Ansatzes erfordert zuletzt die genaue Berechung von Mittelwerten, Abweichungen und anderen statistischen Parametern, die damals extrem mühsam war und für die heute passende Computerprogramme zur Verfügung stehen. Delbrück und Luria mussten noch alles mit der Hand und einem Rechenschieber ausrechnen, und irgendwann verging ihnen bei der Abfassung der Arbeit, die ihnen 1969 immerhin den Nobelpreis für Medizin einbringen sollte, die Lust an den unsäglichen Kalkulationen. Sie gaben sich mit zwar nicht unzutreffenden, aber doch eher groben Abschätzungen zufrieden, und sie stehen in dieser Ungenauigkeit auch in der amtlichen Publikation. Dies hat zwar fast niemand bemerkt, aber dies ist trotzdem die Stelle, an der Delbrück sich selbst so etwas wie eine kontrollierte Schludrigkeit zugestanden hat.)

Die Auferweckung der Toten

Wenn Wissenschaftler Genetik treiben wollen, brauchen sie Mutanten des Organismus, dessen Vererbung sie verfolgen. Um solche Varianten in möglichst großer Zahl zu bekommen, braucht man vor allem einen Weg, um Mutationen herbeizuführen, und da bot sich das Licht an. Man wusste schon länger, dass Röntgenstrahlen bei Fliegen erbliche Varianten hervorbringen. Bald entdeckten Delbrück und Luria, dass bei den kleinen Phagen und Bakterien ultraviolettes Licht (UV) ausreiche – und dann machten sie noch eine weitere Beobachtung:

Sie fanden heraus, dass sich Phagen derart stark mit UV-Strahlen verändern ließen, dass sie Bakterien nur noch zerstören, sich selbst danach aber nicht mehr vermehren konnten. Als sie eines Tages – 1947, zwei Jahre nach dem Ende des Zweiten Weltkriegs – genau wissen wollten, was nur ungefähr bekannt war – nämlich der Prozentsatz an Phagen, der vom Licht getroffen und damit betroffen wird –, passierte etwas Merkwürdiges. Zuerst wurde ausreichend Strahlung eingesetzt, um nahezu alle Viren abzutöten (nur einige sollten ihre aktive Form beibehalten). Dann wurde eine hohe Konzentration dieser stark geschwächten Population auf einen Bakterienrasen gesetzt – und dabei zeigten sich zur allgemeinen Überraschung sehr viel mehr Löcher, als die beiden für möglich gehalten hatten.

Mit anderen Worten: Die toten Phagen waren wieder zum Leben erweckt worden, wie Delbrück und Luria sahen, um nun verblüfft staunen zu können. Natürlich gilt es, bei Phagen wissenschaftlich vorsichtig mit den Worten Leben und Tod umzugehen. Außerhalb einer bakteriellen Zelle sind Phagen stets tot. Aber wie alle Viren sterben sie nicht. Auf sich allein gestellt, warten sie vielmehr, bis eine passende Zelle vorbeikommt und ihnen den angemessenen Lebensraum mit geeigneten Vermehrungsmöglichkeiten bietet. In Delbrücks Formulierung: »Viren scheinen an der unsicheren Grenze zwischen der vielleicht unwirklichen Grenze zwischen Leben und Nichtleben zu liegen. Sie fügen sich nicht in die etablierten Kategorien zwischen Leben und Nichtleben ein.«

Luria wollte nicht, dass die Auferweckung der toten Phagen irgendetwas Geheimnisvolles in die Biologie brachte. Er wollte systematisch die Details aufklären und analysierte zu diesem Zweck die dazugehörigen Phänomene so genau wie möglich. Dabei fiel ihm auf, dass es nur dann eine Wiederbelebung gibt, wenn ein einzelnes Bakterium von mehr als einem der »getöteten« Phagen zugleich angegriffen wird (dazu muss man im Experiment ihre Konzentration hoch genug wählen). Luria vermutete nun, dass zwei oder mehr »getötete« Viren ihre intakt gebliebenen Teile austauschen und dabei einen lebensfähigen Phagen zustande bringen können, und tatsächlich wissen wir heute, dass es genau solch ein Mechanismus der Neukombinierung – die Fachsprache nennt das Rekombination – ist, die bei der Vererbung und der Vermehrung des Lebens eine Rolle spielt.

Das Prinzip der kontrollierten Schludrigkeit

Zwar schien Lurias Präzision zunächst einmal die Auferstehung der Toten wissenschaftlich geklärt und die ganze metaphysische Aufregung beigelegt zu haben, aber nur ein paar Jahre später tauchte das Phänomen erneut auf – und zwar an verschiedenen Stellen zugleich. Nachdem Delbrück und Luria die Bakteriengenetik in den schwierigen Zeiten des Zweiten Weltkriegs fast allein aus der Taufe gehoben hatten, schlossen sich ihnen in den ersten Friedensjahren rasch sehr viele Wissenschaftler an, und 1949 gab es schon so etwas wie eine Phagen-Gruppe, in der es natürlich zu Wettkämpfen einzelner Wissenschaftler untereinander kam. Einige von ihnen befassten sich mit einer neuen Art der Auferstehung, die von vielen Genetikern zugleich beobachtet worden war. Bei dieser Erweckung ging es um die Beobachtung, dass Phagen (oder Bakterien), die mit UV-Licht inaktiviert worden waren, durch Tageslicht wieder zum Leben erweckt werden konnten. Man sprach von der Photoreaktivierung der Phagen und konnte sich zunächst keinen Reim darauf machen, vor allem, weil unterschiedliche Laboratorien unterschiedlich Auskunft über das Phänomen gaben.

Doch dann verstand Delbrück plötzlich anhand dieses Durcheinanders etwas anderes. Er konnte auf einmal begreifen, warum viele Versuche, die in vielen Laboratorien in diese Richtung unternommen worden waren, so große Schwankungen zeigten. Natürlich ist überall im Laboratorium Licht, aber es gibt nicht überall gleich viel davon. Wer zur Mittagszeit am Fenster arbeitet, bekommt mehr Licht auf seine Versuchsanordnung mit den Phagen und Bakterien als derjenige, der in einer Ecke experimentiert oder nachts forscht. Manchmal werden Platten mit Bakterienrasen nebeneinandergestellt, manchmal stapelt sie jemand aufeinander; einmal hat jemand Licht in dem Wasserbad, in dem die Platten auf die für die Versuche geeignete Temperatur gebracht werden, dann wieder fehlt dort eine Lampe. In diesem Sinne sind alle Versuche mehr oder weniger schlampig durchgeführt worden – jedenfalls in Hinblick auf die Helligkeit.

Auf einer Tagung, die im Sommer 1949 im amerikanischen Oak Ridge stattfand, führte Delbrück sein Prinzip der kontrollierten Schludrigkeit ein, um verständlich zu machen, warum die Genetiker so lange gebraucht haben, um den Effekt der Photoreaktivierung zu bemerken. Unzählige Menschen – so Delbrück damals – hätten Überlebensraten gemessen, und alle hätten sicher gedacht, ihre Versuche unter kontrollierten Bedingungen ausgeführt zu haben. Sie hätten sich aber geirrt. Erst als ein paar Menschen ihrer Schludrigkeit Grenzen gesetzt hätten, wäre daraus ein Erfolg geworden. Einem ersten wäre aufgefallen, dass bei gestapelten Platten die Ausbeute oben (bei mehr Licht) durchweg höher lag als unten. Und ein zweiter hätte bemerkt, dass eine Lampe im Wasserbad einen systematischen Unterschied ergibt.

In einem Brief an Luria hat Delbrück dann elegant formuliert, wie sein Prinzip zu verstehen ist: »Die Photoreaktivierung ist ein Schock. Ein Wunder, dass man den Effekt vorher nicht gefunden hat. Es zeigt, dass viele zu lässig gearbeitet haben, um es zu bemerken, und dass Du zu genau warst, um ihm zu begegnen. Es ist das alte Prinzip der gemäßigten Schlampigkeit, das Entdeckungen ermöglicht.« Mit anderen Worten, »wenn Du nur schlampig bist, gibt es keine reproduzierbaren Ergebnisse; und man kann nichts erkennen. Wenn Du aber ein wenig nachlässig bist und dabei etwas Auffälliges bemerkst – dann versuche es zu fassen.«

Die Rolle des Wissenschaftlers

Wir hatten oben von einem Forscher gesprochen, der seine Experimente in der Ecke eines Laboratoriums macht. Delbrück selbst hat für seine Experimente nur wenig Platz benötigt, aber dieser kleine Raum hat sie nicht daran gehindert, großen Einfluss auf das allgemeine Leben der Menschen zu nehmen. Als Delbrück in den späten 1970er Jahren kurz vor seinem Tod auf die rasante Entwicklung der von ihm begründeten Wissenschaft blickte, die damals durch die Methode der Gentechnik immer mehr öffentliche Aufmerksamkeit auf sich zog, hat er sich an etwas erinnert, das vielfach übersehen wird, von uns aber zur Kenntnis genommen werden sollte. Delbrück hat es wie folgt ausgedrückt: »Ich habe schon früh entdeckt, dass ein Wissenschaftler die Welt stärker verändern kann als Cäsar. Und während man das tut, kann man ganz ruhig in einer Ecke sitzen.« Man kann dabei sogar schludern, wenn man es nicht übertreibt.

Cricks Dogma

Im Verständnis sowohl der Forscher als auch der Journalisten gehört die neue Biologie, die weniger mit Organismen und mehr mit Molekülen umgeht und daher Molekularbiologie heißt, zu den wahrhaft revolutionären Erweiterungen der Wissenschaft vom Leben. Sie ist ein Kind der Zeit nach dem Zweiten Weltkrieg, hat in den 1970er Jahren die Gentechnik möglich gemacht und damit bis heute den Menschen einen völlig neuen Zugang zum Verständnis der Organismen und zum Eingriff in ihre Entwicklung ermöglicht. Mit der molekularen Wendung hat die bis dahin eher dröge daherkommende Biologie ungeheuer Fahrt aufgenommen. Deshalb mutet es umso seltsamer an, dass im frühen Mittelpunkt dieser bald von Triumph zu Triumph eilenden Wissenschaft etwas stand, das sturer und starrer nicht sein konnte, nämlich ein Dogma. Es legte die Richtung fest, die der Fluss der Information im Leben – genauer: in den Zellen von sich vermehrenden Organismen – nehmen muss. Diese Richtung beginnt beim Erbmaterial und endet bei den Molekülen, die in der Zelle die Haushaltsarbeit verrichten und andere Aufgaben wie das Wachsen und das Reagieren auf Reize übernehmen.

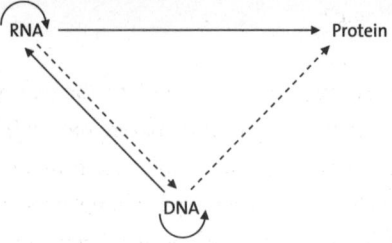

Das zentrale Dogma der Molekularbiologie von Francis Crick.

> Die moderne Version des von Francis Crick formulierten Dogmas der Molekularbiologie handelt von der Richtung, in die biologische Information fließen kann. Sie wird gespeichert in den Erbanlagen, die aus dem Stoff namens DNA (deutsch DNS) bestehen. Eine Zelle fertigt daraus zunächst einen Zwischenträger namens RNA bzw. RNS an, den sie anschließend benutzt, um die Makromoleküle herzustellen, die für die chemischen Reaktionen sorgen, ohne die das Leben einer Zelle nicht möglich ist. Diese Moleküle heißen Proteine, und das Dogma behauptet, dass biologische Information nur in sie hineinfließt, nicht aber wieder aus ihnen herauskommt.

Das dogmatische Schema zeigt im Grunde an, was eine Zelle tun muss, um mit Hilfe der genetischen Information die Moleküle zu synthetisieren, die das Leben vor allem braucht, eben die Proteine. Wie dies im Detail geschieht, regelt der so genannte genetische Code. An ihm lässt sich ablesen, wie die Reihenfolge der Bausteine in der DNA übertragen wird in die Reihenfolge der Bausteine, die wir in den Proteinen finden. Zwar sind die Proteine und die DNA chemisch gesehen völlig verschieden – ihre Bausteine sind völlig anders –, aber im Prinzip sind sie gleich gebaut, nämlich als Kette von Bausteinen. Die Zelle muss nur eine Kette in eine andere verwandeln, und sie folgt dabei Cricks Dogma – wenigstens in erster Näherung.

Was ist Molekularbiologie?

Wir werden in diesem Beitrag noch die genauere Formulierung des Dogmas kennen lernen, die aus den späten 1960er Jahren und von dem Briten Francis Crick (1916–2004) stammt, der von Anfang an die Geschicke der Molekularbiologie beeinflusst und lange Jahre hindurch sogar maßgeblich bestimmt hat. Diese Disziplin hat zwar ihren Namen bereits vor dem Zweiten Weltkrieg bekommen (siehe »Delbrücks Schludrigkeit«), aber wirklich etwas von Substanz konnte sie erst nach 1945 melden, und zu den ganz frühen Vorschlägen, wie »Molekularbiologie« zu verstehen sei und praktiziert werden könne, gehört ein Vorschlag von Crick, der im Frühjahr 1947 im Rahmen einer Bitte um Forschungsförderung darstellte, was ihn beschäftigte: »Das besondere Feld, das mein Interesse erregt, ist die Trennung zwischen dem Lebenden und dem Nicht-Lebenden, wie sie etwa durch Proteine, Viren, Bakterien und die Struktur der Chromosomen definiert wird. Das angestrebte Ziel, das sicher noch weit entfernt liegt, besteht in der Beschreibung dieser Aktivitäten mit Hilfe ihrer Strukturen, also mit der räumlichen Anordnung der sie aufbauenden Atome, so weit dies möglich ist. Man könnte dies die chemische Physik der Biologie nennen« – oder mit dem inzwischen populären Begriff als Molekularbiologie bezeichnen.

Annäherung an die Gene

1947 hatte niemand eine Ahnung, wie erfolgreich das formulierte Forschungsprogramm einmal werden würde, und selbst fünf Jahre später kümmerten sich um Ideen der zitierten Art gerade mal ein paar Leutchen. Die meisten von ihnen saßen im britischen Cambridge, an dessen Universität man systematisch die Fähigkeiten der Physiker angewandt und ausgenutzt hatte, die in den 1920er Jahren begonnen hatten, mit Hilfe von Röntgenstrahlen die ersten Strukturen von Kristallen zu erkunden. »Röntgenstrukturanalyse« – das klingt heute noch nicht sehr reizvoll, und es ist leicht vorstellbar, wie wenig attraktiv diese Art des Forschens in den frühen 1950er Jahren für Außenstehende war, und wenn man dann hinzufügt, dass sie sich für Insider vor allem sehr mühsam und umständlich präsentierte, dann darf man fragen, wieso sich überhaupt jemand auf dieses Forschungsgebiet begeben hat.

Die Antwort steckt in dem bis heute faszinierenden Wort Gen, das sich den Wissenschaftlern nach dem Zweiten Weltkrieg als die große Herausforderung anbot. Wer in den düsteren und todbringenden politischen Jahren zwischen 1933 und 1945 Zeit fand, seinen Blick auf die Entwicklung der biologischen Wissenschaften zu richten, hätte dort im Inneren der Kultur das genaue Gegenteil von dem erblickt, was sich außen abspielte – nämlich erhellende Einsichten in die Abläufe des Lebens, wie sie nie zuvor in der Geschichte gelungen waren. In den späten Kriegsjahren konnte die Grundlage für eine neue Wissenschaft gelegt werden, die mit molekularer Genauigkeit wissen wollte, wie Vererbung vor sich geht und wie es das Leben schafft, die in einem Organismus sichtbare Ordnung in der nachfolgenden Generation wiederaufzubauen.

Wie vermehrt sich das Leben? Und wie erhält es seine Strukturen? Diese uralten Fragen der Menschen schienen nun zum ersten Mal den experimentellen Methoden der Naturwissenschaften zugänglich, die sie als Biochemiker, Bakteriologen, Zellbiologen und Physiologen entwickelt hatten, um nur einige Disziplinen zu nennen. Und im Mittelpunkt des Suchens und Nachdenkens stand das Gen, das als gedachte Einheit der Vererbung zwar seit dem Beginn des 20. Jahrhunderts seinen Namen, aber bislang keinen Einblick in seine Natur gewährt hatte.

Zwar hatte der Schöpfer des Wortes »Gen«, der dänische Vererbungsforscher Wilhelm Johannsen, noch gedacht, er habe hier eine Größe in die Welt gesetzt, die nicht in Mikrometern und Milligramm gemessen werden konnte und die biologischen Wissenschaften unabhängig von Physik und Chemie machte, aber dieser eher schlichte Traum platzte bald, als sich erwies, dass Erbanlagen mit physikalischen und chemischen Mitteln zu beeinflussen waren. Röntgenstrahlen konnten zum Beispiel Gene stark verändern (mutieren) und systematisch beeinflussen (variieren), woraus der Schluss zu ziehen war, dass Gene als ein Verband aus Atomen in den Zellen vorliegen mussten. Wie denn auch sonst?

Gene waren also Moleküle, wie man spätestens seit dem Ende der 1930er Jahre wusste. Aber von welcher Art? Wenn Biochemiker die Stoffe untersuchen wollten, die sich im Inneren der Zellen befanden, mussten sie aus dem lebenden Gewebe einen Brei anfertigen, den sie vornehm »Homogenat« nannten. Dabei fiel ihnen vor allem ein Stoff dauernd in die Hände. Er drängte sich so auf, als ob er sagen wollte, »ich nehme die erste Stelle ein«, und wer das auf Griechisch ausdrücken will, sagt Protein. Es heißt, dass die gebildeten Biochemiker, die diesen Namen in den 1920er Jahren vorgeschlagen haben, vor allem deshalb Spaß an dem »Protein« gehabt haben sollen, weil die bezeichneten Moleküle ungeheuer vielfältig aktiv und ein einzelnes von ihnen nur mit höchst raffinierten Methoden aus dem Zellbrei zu fischen war. Nun gab es in der griechischen Sagenwelt, wie sie die *Odyssee* schildert, einen Meergreis, den man deshalb nicht leicht zu fassen bekam, weil er sich in beliebig viele Gestalten verwandeln konnte. Er hieß Proteus, und seine

Beschreibung aus dem Lexikon – »schwer greifbarer, wechselhafter Charakter« – passt genau auf die Proteine, die darum keinen besseren Namen bekommen konnten.

Als in den 1930er und 1940er Jahren die Kenntnisse über die Proteine zunahmen und die Biochemiker sowohl über deren Wandelbarkeit als Gruppe als auch darüber staunten, wie spezifisch die Aufgabe ist, die ein einzelnes Protein übernimmt, tauchte als ein Rätsel des Lebens die Frage auf, wie Zellen es fertigbringen, diese molekularen Wunderwerke herzustellen. Dank eleganter Versuche mit Pilzen, deren Stoffwechsel an verschiedenen Stellen blockiert war, ließ sich die Hypothese aufstellen, dass die Synthese eines Proteins von einem Gen ausgeht und an einer solchen Erbanlage hängt. Aber wie? Was war das überhaupt, ein Gen? Und aus welcher Molekülsorte bestand es?

Das Rätsel des Lebens

Diese Fragen stellten sich die Biowissenschaftler, seit sie mit den Proteinen umgehen konnten, und sie wurden immer drängender nach dem Ende des Zweiten Weltkriegs, als Crick seine oben zitierten Forschungsabsichten zu Papier brachte. Es dauerte noch etwas, bevor tatsächlich klares Licht auf die Frage fiel, und zwar bis zum Jahre 1952. Dann konnte gezeigt werden, dass die Erbsubstanz aus DNA bestand, und damit lag für Crick die nächste Aufgabe fest: Finde heraus, wie DNA aufgebaut ist und welche Struktur das Molekül zeigt.

Allerdings bereitete dies noch große Probleme. Zwar arbeitete Crick an der berühmten Universität in Cambridge, die personell und maschinell bestens dafür ausgerüstet war, sich dieser Frage anzunehmen, aber das Thema DNA war leider besetzt von anderen Forschern, und Cricks Vorgesetzter verlangte von ihm, die Strukturen von Proteinen zu erkunden (und zwar von solchen, die Crick als langweilig einschätzte, was er lautstark verkündete).

In dieser unglücklichen Situation tauchte in Cambridge ein junger Amerikaner namens James Watson auf, und es gehört zu den am besten dokumentierten – sogar verfilmten – Geschichten der Wissenschaft, wie sich die beiden in den nächsten Monaten als »odd couple« zusammenrauften, um gegen alle Wahrscheinlichkeit und trotz eines blamablen Fehlstarts im Frühjahr 1953 die Welt mit einem Vorschlag zu überraschen, der ein neues Zeitalter einläutete. Gemeint ist der Vorschlag, die Struktur des Erbmaterials DNA als Doppelhelix zu verstehen. Als dem Duo Watson–Crick nach langen und intensiven Diskussionen an einem Samstagmorgen plötzlich klarwurde, wie ein Gen aussieht, rannten sie außer sich vor Glück in eine nahe gelegene Kneipe und verkündetem jedem, der in Hörweite war, sie hätten das Rätsel des Lebens gelöst.

Genauer muss man an dieser Stelle sagen, dass Crick so geredet und gestikuliert hat. Watson verspürte mehr Angst als Triumphgefühl, was verständlich ist für einen kaum Fünfundzwanzigjährigen. Der rund ein Dutzend Jahre ältere Crick ließ seinen Gefühlen freien Lauf, wobei in seiner Siegeslaune nicht nur Schadenfreude in Hinblick auf all die Skeptiker aufscheint, die ihm keine glänzende Karriere als Biologe prophezeit und eher ein Scheitern seines Konzepts vorausgesehen hatten. In Cricks Kopf aber arbeitete es weiter. Denn während alle Welt auf die elegante Schönheit der genetischen Schraube starrte, wie sie sich von außen darbot, sah er in die Gestalt hinein und auf die Anordnung der Bausteine, die sich dort zeigte. Ein Gen war wie eine Kette gebaut. Diese nüchterne Erkenntnis schien ihm wichtiger als die Ästhetik des DNA-Fadens, vor allem im

Licht einer Einsicht, die ebenfalls in Cambridge gelungen war, wenn sie auch nicht dieselbe Aufmerksamkeit wie die Doppelhelix bekam. Gemeint ist die Analyse, die der Biochemiker Frederick Sanger mit dem Insulin angestellt hatte, das zwar als Hormon im Körper funktionierte, das aber für einen Chemiker ein Protein war.

Auf dem Weg zum Dogma

Wir hatten gesagt, dass Proteine wechselhafte Gestalt annehmen können, was nichts anderes heißt, als dass sie mehrere Funktionen übernehmen können. Proteine können chemische Reaktionen katalysieren, Muskeln zusammenziehen, Blutgerinnsel auflösen, sie können als Teil der Immunabwehr funktionieren, Sauerstoff transportieren und als Hormone agieren – wie es zum Beispiel das Insulin tut.

Cricks Kollege Sanger wollte damals wissen, wie Proteine aufgebaut sind, und er hatte sich mit dem Insulin ein kleines Exemplar vorgenommen. Bevor Sanger sich an die Arbeit machte, wusste man zwar, dass die Proteine als Makromoleküle aus kleineren Molekülen bestanden. Man kannte auch deren chemische Identität – es handelt sich um so genannte Aminosäuren –, aber man wusste nicht, wie diese Bausteine zusammenfinden. Gab es eher zufällige Aggregate (Klumpen) aus ihnen? Oder wie hingen sie sich aneinander?

Sangers Analyse schaffte bald Klarheit. Proteine sind als Ketten aus Aminosäuren gebaut, und wenn sich dieser Satz auch harmlos für einen Uneingeweihten anhört – indem die in ihm enthaltene Erkenntnis etwa zeitgleich mit der Entdeckung der Doppelhelix gemacht wurde, übte Sangers Ergebnis eine explosive Wirkung aus –, und zwar in Cricks Kopf. Er sah plötzlich, wie das Erbmaterial und seine Produkte, wie also die Gene und die Proteine, zusammenhingen: Sie waren baugleich! Sie bestanden aus Ketten, und nun kam es darauf an, den Weg nachzuvollziehen, den die Natur zurücklegt, um von der einen zur anderen zu kommen. Crick sah dieses Programm in voller Klarheit vor sich, und die ersten Schritte zu seiner Ausführung bestanden darin, sich Gedanken über mögliche Zwischenträger zu machen, was zunächst die vorgeschaltete Frage aufwarf, Zwischenträger wovon?

Die Proteine konnten höchst spezifische Aufgaben erfüllen, wie die Biochemiker erkannt hatten und was Menschen wie Crick dazu anregte, ein neues Konzept zu formulieren. Man sprach von der Spezifität der Proteine und wollte wissen, wie sie zustande kam. Experimente zeigten, dass die Makromoleküle ihre jeweils besonderen Fähigkeiten durch die Reihenfolge ihrer Bausteine (der Aminosäuren) bekamen. Wie das sein konnte, blieb zwar ein Rätsel (und bleibt es bis heute), aber das Faktum selbst war nicht zu bestreiten. Wenn die Spezifität der Proteine in der Anordnung ihrer Kettenglieder steckt, dann sollte dasselbe für die DNA gelten, wie Crick vermutete, um irgendwann endlich den entscheidenden Begriff in die Biologie einzuführen, ohne den sie heute undenkbar ist.

Gemeint ist die Information, die als physikalisch-technische Größe in den Jahren des Zweiten Weltkriegs immer mehr Bedeutung bekommen hatte und von einer eigenen Disziplin – der Kybernetik – erkundet und genutzt wurde. Die Kybernetik kümmerte sich um Maschinen, die nicht einfach durch Energiezufuhr liefen, um Arbeit zu verrichten, sondern die durch Informationen gesteuert werden konnten. Sie konnten auch selbst Informationen weitergeben – in Form von Nachrichten –, was zu der scheinbar schlichten Definition führte, Information ist etwas, das jemand verstehen kann und selbst Information erzeugt. Mit ihrer Hilfe sahen Crick und Company, was ein Gen tatsächlich konnte – nämlich Informationen speichern und weitergeben. Die genetische Information lag als Reihenfolge der Genbausteine in dem Molekül namens DNA vor und wurde in die Spezifität der Proteine übertragen.

An dieser Stelle fiel Crick auf, dass die DNA-Doppelhelix zwar wunderschön und attraktiv war, dass sie ihre Information zugleich aber im Inneren ihrer Struktur verbarg. Er postulierte daher, dass die Information in zwei Schritten übertragen werde. Erst wird ein Zwischenträger für die Information konstruiert, der sie ablesbar bereithält und die Anweisungen zum Bau der Proteine gibt, der von noch zu erkundenden zellulären Einrichtungen durchgeführt wird. So läuft es tatsächlich im Großen und Ganzen und ohne Rücksicht auf unzählige Einzelheiten im Zellgeschehen ab. So stellt das Leben seine Werkzeuge – die Proteine – her, und dabei fließt die Information aus den Genen in die Proteine, ohne zurückzukommen, wie Crick 1968 verkündete, und die Molekularbiologen jubelten.

Cricks zweites Dogma

Es ist schon erstaunlich, was die Entdeckung der Doppelhelix und der Weg von dort zur Proteinanfertigung im Sinne von Cricks Dogma für das wissenschaftliche Verständnis des Lebens bedeutet. Was Jahrhunderte hindurch als völlig unentschlüsselbares Geschehen ablief und mysteriöse Konzepte von vitalen Lebenskräften und Bildungstrieben auf den philosophischen Plan rief, konnte plötzlich mit Hilfe einer Molekülstruktur und physikalisch-chemischen Wechselwirkungen verstanden werden, die nicht nur Energiebilanzen aufstellten, sondern auch den Fluss von Information berücksichtigten.

Es ist der Triumph einer Betrachtung, die gerne als Reduktionismus bezeichnet wird, weil es gelingt, die zu erklärenden komplexen Phänomene – wie etwa die Vererbung – auf eine einfachere Basis zurückzuführen als auf die Struktur der Gene. Genauer gesagt meint Reduktionismus mehr als die Fähigkeit der Rückführung. Das Wort drückt die Überzeugung aus, dass diese Reduzierung bei allen Erscheinungen gelingt, und zwar restlos.

Natürlich ist es kein Wunder, dass sich in Crick nach seinem genetischen Triumph, der ihm – gemeinsam mit Watson – 1962 den Nobelpreis für Medizin einbrachte, die Ansicht verfestigte, dass der reduktionistische Grundgedanke weiterreicht, ungeachtet der Tatsache, dass sein Dogma eher anfällig geworden ist und heute nur noch als grobe Orientierung dienen sollte (dies kann es aber nach wie vor).

Crick träumte davon, den Reduktionismus in den höchsten Regionen zu etablieren, in denen sich Forscher umsehen. Gemeint ist das Gehirn und seine Fähigkeit, uns Bewusstsein zu geben. Crick hat darüber ein ganzes Buch geschrieben, in dem zu lesen ist, *Was die Seele wirklich ist*. »Dieses Buch«, so beginnt er seinen Text, „handelt vom Geheimnis des Bewusstseins – wie Bewusstsein sich wissenschaftlich erklären lässt«, und wie in der Wissenschaft üblich beginnt die Untersuchung mit einer Hypothese, die von ihrem Autor als »Erstaunliche Hypothese« bezeichnet wird und so etwas wie Cricks zweites Dogma darstellt. Er spricht die Leser direkt an:

„›Sie‹, Ihre Freuden und Leiden, Ihre Erinnerungen, Ihre Ziele, Ihr Sinn für Ihre eigene Identität und Willensfreiheit – bei alledem handelt es sich in Wirklichkeit nur um das Verhalten einer riesigen Ansammlung von Nervenzellen und dazugehörigen Molekülen. Lewis Carrolls Alice aus dem Wunderland hätte es vielleicht so gesagt: ›Sie sind nichts weiter als ein Haufen Neurone.‹ Diese Hypothese ist so weit von den Vorstellungen der meisten Menschen entfernt, dass man sie wahrlich als erstaunlich bezeichnen kann.«

Crick weiß natürlich, dass auf solche Behauptungen der Vorwurf des Reduktionismus niederprasselt, mit dem behauptet wird, dass sich das Funktionieren der Dinge nur von unten erklären lässt. Damit ist zum Beispiel gemeint, dass Atome erklären, was die Moleküle können, die aus ihnen bestehen, während umgekehrt die Moleküle nicht erklären, wie ihre Bauteile, die sie konstituierenden Atome, auszusehen haben.

Doch auf solche Einwände kann Crick gelassen und mit seinem Beitrag zur Genetik reagieren. Bevor die Doppelhelix entdeckt und das Dogma formuliert war, haben viele Philosophen stark bezweifelt, dass es jemals gelingen könnte, eine Erklärung der elementaren Lebensvorgänge (Reproduktion) durch das Funktionieren von Molekülen zu geben bzw. daran festzumachen. Die durch Crick (und andere) möglich gewordene und erfolgreich agierende Wissenschaft der Molekularbiologie tut aber genau dies und beweist durch ihr Vorhandensein, dass Leben (oder ein Stück davon) molekular erklärbar ist. Und warum sollte mit dem Geheimnis des Bewusstseins nicht gelingen, was mit dem Geheimnis des Lebens geklappt hat?

Hat es da wirklich geklappt? Geht die Information tatsächlich nur von den Genen zu den Proteinen? Man weiß doch längst, dass es Proteine sind, die den Genen überhaupt helfen, sich zu verdoppeln. Geben sie dabei nicht zurück, was sie bekommen haben? Natürlich besteht unsereiner aus Neuronen und anderen Zellen. Aber sorgen wir nicht durch unser Leben dafür, welche wir von ihnen nutzen und welche wir vernachlässigen? Die Seele gibt es doch nur, weil ich ihr einen Namen gebe. Und Crick gibt es nur, weil wir von ihm erzählen.

ZUR NATUR DES MENSCHEN

Kochs Postulate

Im Jahre 1890 hielt der Arzt und Mikrobiologe Robert Koch (1843-1910) auf dem 10. Internationalen Kongress in Berlin einen Vortrag mit dem unprätentiösen und harmlos klingenden Titel »Über bakteriologische Forschung«. Koch sprach damit über eine neue Wissenschaft, die wir heute als Bakteriologie fast aus den Augen verlieren. Sie macht neben der damals noch nicht existierenden Genetik und der inzwischen dominierenden Molekularbiologie einen eher langweiligen Eindruck und scheint vor allem damit beschäftigt zu sein, zu den vielen Bakterien, die dem Auge verborgen bleiben, weitere hinzuzufügen und genauer einzuordnen. Doch als die Bakteriologie als Wissenschaft um 1890 durch Koch und seine Postulate etabliert wurde, stellte dies einen ungeheuren Fortschritt für die Medizin (mit der ungeheuren gesellschaftlichen Folge einer Reichsversicherungsordnung) dar.

Wissenschaftlich bemerkenswert an der Bakteriologie ist die Tatsache, dass ein komplettes Umdenken erforderlich war, um sie zu begründen. Seit der Antike und bis weit in das 18. Jahrhundert hinein suchte man anders nach Krankheitsursachen, als wir es heute – im Gefolge der erfolgreichen Bakteriologie – tun. Man war überzeugt, dass Gesundheit durch eine geeignete Balance von Körpersäften erzielt werden könne. Erst im Verlauf des 19. Jahrhunderts setzte sich langsam der Gedanke durch, dass Mikroorganismen in die Körper eindringen und deren Lebensfunktionen stören können. Das Wort von den Infektionskrankheiten kam auf, und die immer besser werdende Mikroskopie erlaubte es bald, die ersten pathologisch wirkenden Keime zu identifizieren.

Koch war besonders erfolgreich – bei Milzbrand, Cholera und Tuberkulose –, aber er sah auch, dass die Nachweismethoden oft das Vorhandensein von Erregern anzeigten, während es sich tatsächlich nur um einen Artefakt handelte. Man musste vorsichtig mit den Fotografien der Präparate umgehen, und in seiner oben erwähnten Rede von 1890 nannte Koch die Kriterien, die einen Forscher berechtigten, einen Mikroorganismus als Krankheitserreger zu identifizieren. Er zählte drei Bedingungen auf, die heute als Kochs Postulate bekannt sind (wobei man korrekterweise noch Kochs Lehrer, den Pathologen Jakob Henle (1809–1885) anführen müsste, der bereits 1840 in diese Richtung gedacht hat).

Koch sagte: »Wenn es sich nun aber nachweisen ließe, erstens, dass der Parasit in jedem einzelnen Falle der betreffenden Krankheit anzutreffen ist, und zwar unter Verhältnissen, welche den pathologischen Veränderungen und dem klinischen Verlauf der Krankheit entsprechen; zweitens, dass er bei keiner anderen Krankheit als zufälliger und nicht pathogener Schmarotzer vorkommt; und drittens, dass er von dem Körper vollkommen isoliert und in Reinkulturen hinreichend oft umgezüchtet, imstande ist, von neuem die Krankheit zu erzeugen; dann könnte er nicht mehr zufälliges Akzidenz der Krankheit sein, sondern es ließe sich in jedem Falle kein anderes Verhältnis mehr zwischen Parasit und Krankheit denken, als dass der Parasit Ursache der Krankheit ist.«

So wichtig und maßgeblich diese Postulate 1890 waren, heute ist es schwierig geworden, sie in aller Strenge anzuwenden – wer wird schon versuchen, einen gesunden Menschen mit dem AIDS-Erreger HIV zu infizieren, um das dritte Postulat zu testen? Außerdem kennt die Wissenschaft neue Methoden zum Nachweis, etwa durch den Einsatz der Elektronenmikroskopie oder mit Hilfe von Reaktionen des Immunsystems. Der letzte Aspekt hat dazu geführt, dass die moderne Pathologie den drei klassischen ein viertes modernes Postulat hinzugefügt hat. Es verlangt den Nachweis, dass der infizierte Körper auf das Eindringen des Erregers mit Aktionen seines Abwehrsystems (Immunsystems) geantwortet und zum Beispiel einige seiner Blutzellen (die weißen) vermehrt hat. Mit ihrer Hilfe lassen sich so genannte Antiköper bilden, die den Eindringling abfangen.

Wenn Kochs Postulate auch viel verlangen, sie haben den Menschen viel gegeben – Einsichten in Infektionen und die Möglichkeit, Therapien gegen sie zu entwickeln.

Milgrams Experiment

Der amerikanische Psychologe Stanley Milgram (1933–1984) war zwar fest davon überzeugt, dass »der Mensch« gut ist, hat über diese Vorgabe aber nicht vergessen, dass viele Menschen sehr böse agieren können. Sie können sogar dazu verführt werden, extrem böse zu handeln, und als historisches Musterbeispiel erschien Milgram das Verhalten der Deutschen im Dritten Reich. Was konnte so viele von ihnen dazu bringen, Wächter in Konzentrationslagern zu werden? Könnte man solche Monster auch aus den Menschen machen, die in amerikanischen Städten lebten? Um dies wissenschaftlich herauszufinden, dachte sich Milgram in den 1960er Jahren ein Experiment aus, das gewöhnlich unter der Rubrik »Gehorsamsbereitschaft gegenüber Autorität« zu finden ist. Milgram stellte in seinem Institut zunächst zwei Schauspieler ein, die einen Lehrer (als entsprechend ausstaffierte Autoritätsperson) und einen Schüler darstellten. Die beiden sollten so tun, als versuchten sie zu ergründen, ob Lernerfolg durch Strafen verbessert werden kann.

An dieser Stelle tauchten die eigentlichen Versuchspersonen auf – die Probanden, die auf der Straße angesprochen worden waren. Sie hielten den Lehrer und seinen Schüler für echt, und sie wurden gebeten, bei deren Wechselspiel als Hilfskraft zu agieren. Konkret sollten die Männer und Frauen aus dem

Volk die Bestrafungen vornehmen, die der Lehrer aussprach und mit denen er den Lernerfolg steigern wollte. Als Strafen für den Schüler waren Stromschläge vorgesehen, die per Knopfdruck verabreicht und stufenweise erhöht werden konnten. Die Probanden, die nicht wussten, dass sie nur eine Attrappe bedienten, konnten den – seine Schmerzen lautstark simulierenden – Schüler mit bis zu 400 Volt malträtieren, ihm also eine Dosis verabreichen, die tödlich wirkt, wenn sie wirklich eingesetzt wird.

Milgrams Frage lautete, ob Menschen unter dem beobachtenden Einfluss einer Autorität – des professionell wirkenden und mit entsprechenden Insignien ausgestatteten Lehrers – Strafen vollziehen würden, die sie außerhalb des Instituts als wahnwitzig und unangemessen brutal erkennen mussten. Die das gemütliche Bild des behäbigen Bürgers nachhaltig erschütternde Antwort auf Milgrams Frage lautete »Ja«, was zu der Einsicht führte, dass in jeder amerikanischen Kleinstadt genügend Menschen für die Wachmannschaften der Konzentrationslager zu finden wären. Im Alltag eher unauffällige Menschen sind offenbar bereit, auch grausame Misshandlungen durchzuführen, wenn sie nur von einer Autorität (einem Lehrer) überzeugt werden, dass sie dies für eine gute Sache (Lernerfolg) tun. Das zeigt Milgrams Experiment, dessen Ergebnis natürlich vielfach bezweifelt und deshalb oft wiederholt wurde – mit dem Ergebnis, dass das stimmt, was die ursprüngliche Durchführung ergeben hatte. In einem Fall wurde eigens darauf geachtet, Menschen als Probanden zu gewinnen, die sich liberal und weltmännisch gaben. Vielleicht – so hoffte man – liege die von Milgram entdeckte Bereitschaft zur Grausamkeit ja an einer kleinbürgerlichen Herkunft und Geisteshaltung. Doch das Versuchsergebnis zeigte eher das Gegenteil, nämlich die höhere Gehorsamkeit der »liberalen Schwätzer«, wie ihre Gegner diese Menschen gerne nennen. Vertreter dieser Gruppe waren jedenfalls eher bereit, die Höchststrafe anzuwenden, als die Menschen, die oft als Philister verachtet werden.

Milgrams Experiment lässt uns eher sprachlos zurück, wobei als Detail noch zu erwähnen ist, dass die Bereitschaft, die lebensgefährliche Stromdosis anzuwenden, davon abhing, in welchem Kontakt die Versuchspersonen zu dem von ihnen bestraften »Schüler« standen. Je enger beide miteinander zu tun hatten, desto mehr zögerten die Probanden, wirklich massive Stromstöße durch den Körper des Schülers zu schicken. Mit zunehmender Nähe setzte sich irgendwann der Eindruck durch, dass dort kein abstrakter Schüler, sondern ein konkreter Mensch – wie du und ich – zu leiden hatte. Erst als die Probanden dem besonderen Menschen vor ihnen in die Augen blicken konnten, merkten sie, was sie taten – und hörten endlich auf damit.

Lorenz' Prägung

Konrad Lorenz (1903–1989), der aus Österreich stammende und 1973 als erster Verhaltensforscher mit dem Nobelpreis für Medizin geehrte »Vater der Graugänse«, war 1963 weltbekannt geworden, als sein Buch *Das sogenannte Böse* erschien und ein Bestseller wurde. In diesem Buch beschreibt der Autor die Aggression als einen von innen heraus wirkenden Trieb des Menschen, der wie Hunger und Sex in periodischen Abständen sein Recht verlange und deshalb nicht durch Erziehungsbemühungen aus der Welt zu schaffen sei. Lorenz hat das Buch übrigens seiner Frau gewidmet, und zwar deshalb, weil »er es geschrieben habe nicht etwa aus Interesse an der Aggression im allgemeinen, sondern weil [er davon überzeugt war, dass] diese die Wurzel ehelicher Liebe sei«!

Nach dem *Sogenannten Bösen* hat man viel und heftig um Lorenz gestritten, weil er tierische Verhaltensdetails beobachtete und menschliche Verhaltensweisen daraus erklärte. Als er 1977 unter dem Titel *Die Rückseite des Spiegels* seinen grandiosen *Versuch einer Naturgeschichte menschlichen Erkennens* vorlegte, brachte er die Philosophen endgültig gegen sich auf. Doch diesmal hatte er nicht leichtfertig Grenzüberschreitungen riskiert, sondern den reinen Denkern eklatante Schwächen nachgewiesen. Denn sein Buch liefert mehr Fortschritte für die Philosophie der Erkenntnis als alle Arbeiten, die von den Fachleuten der Zunft in den letzten hundert Jahren hervorgebracht worden waren. Lorenz machte sie darauf aufmerksam, dass sie eine wesentliche Dimension unterschlagen bzw. vergessen hatten, und zwar die Dimension der Zeit, die das Leben zur Evolution nutzt. Mit dieser Öffnung bot sich die Möglichkeit einer evolutionären Erkenntnistheorie, die Lorenz ganz selbstverständlich war, denn »für den Naturforscher ist der Mensch ein Lebewesen, das seine Eigenschaften und Leistungen, einschließlich seiner hohen Fähigkeiten des Erkennens, der Evolution verdankt, jenem äonenlangen Werdegang, in dessen Verlauf sich alle Organismen mit den Gegebenheiten der Wirklichkeit auseinandergesetzt und – wie wir zu sagen pflegen – an sie angepasst haben. Dieses stammes-geschichtliche Geschehen ist ein Vorgang der Erkenntnis, denn jede ›Anpassung an‹ eine bestimmte Gegebenheit der äußeren Realität bedeutet, dass ein Maß von ›Information über‹ sie in das organische System aufgenommen wurde.«

So grandios diese Sätze klingen, angefangen hat der Forscher Lorenz sehr bescheiden. Seine ersten wissenschaftlichen Arbeiten enthalten *Betrachtungen über das Erkennen der arteigenen Triebhandlungen der Vögel* oder sie liefern *Betrachtungen an freifliegenden zahmgehaltenen Nachtreihern*, um einige Beispiele der frühen 1930er Jahre anzuführen. Im Laufe dieser Forschungen hat Lorenz seine Liebe zu den Graugänsen entdeckt, und dabei ist ihm eine besondere Beobachtung gelungen. Eines Tages sah Lorenz zu, wie ein Graugansküken (Gössel) aus dem Ei schlüpfte. Plötzlich »grüßte« der kleine Vogel seinen Zuschauer – das heißt, er senkte sein Köpfchen und wisperte ein wenig – und ließ nicht mehr von ihm ab. Alle Versuche, das Gössel ins Bauchgefieder der Mutter zu stecken, schlugen fehl. Die kleine Graugans folgte Lorenz, wo immer er hinging. Er musste sie wohl oder übel adoptieren, gab ihr den Namen »Martina« und konnte mit ihrer Hilfe zum ersten Mal ein Verhalten wissenschaftlich erfassen, das heute »Prägung« heißt und ein grundlegendes Phänomen tierischen Verhaltens darstellt.

Die Prägung – die Bindung an den ersten nach der Geburt erblickten Gegenstand – beginnt mit einem Schlüsselreiz, der zu einem bestimmten Zeitpunkt auftreten und eine bestimmte Form haben muss. Nur wenn etwas größer ist als eine Graugans, klappt der Trick, wobei Martina nicht nur dem Professor Lorenz, sondern jedem Menschen nachlaufen würde. Die Prägung kann zwar nur in einer so genannten kritischen Phase erfolgen – auch bei der Entwicklung des Menschen –, aber sie kann danach in einzelnen Fällen rückgängig gemacht werden. Wir sind auch anders formbar.

Pawlows Reflex

Wer in einer Quizsendung gefragt würde, wofür der russische Psychologe Iwan Pawlow (1849–1936) den Nobelpreis für Medizin bekommen hat (und zwar im Jahre 1904), der würde sicher antworten: »Für seine Arbeiten mit Hunden und der Entdeckung des konditionierten Reflexes«. Das klassische Experiment, das Pawlow dazu unternommen hat, ist vielfach beschrieben worden und weitgehend bekannt: Einem Hund wird erst ein Glockenton vorgespielt, was natürlich zunächst keinerlei Auswirkung auf seinen Speichelfluss hat. Dann wird ihm unmittelbar in Anschluss an das Klingelzeichen Futter verabreicht, das der Hund – bei Pawlow war es ein Welpe – mit Freuden verspeist. Dieser Vorgang wird mit zeitlichen Abständen mehrere Male wiederholt – also nach dem Tönen der Glocke kommt das Essen –, bis zuletzt nur noch das Klingeln zu hören ist. Und jetzt sondert der Hund allein aufgrund des akustischen Signals den Speichel ab, den er natürlich nur zur Vorbereitung des Fressens braucht.

Pawlow nannte diesen Reflex, bei dem eine Glocke Speichelfluss hervorruft, bedingte Konditionierung, wobei in seinem klassischen Experiment der Ton den bedingten Reiz ausmacht, der die überraschende Reaktion des Tieres hervorruft. Seit dieser berühmten Beobachtung denken oder befürchten viele Menschen, durch geeignete Reize – vorgelegt etwa durch die geheimen Verführer der Werbung – konditionierbar zu sein, also abgerichtet werden zu können. Die beliebige Manipulierbarkeit der Menschen ist aber eine Legende, obwohl wir bei dem Namen Pawlow reflexartig an einen Hund denken und auch annehmen, dass Pawlow seinen Nobelpreis für die Entdeckung des konditionierten Reflexes bekommen hat. Doch das kann nicht sein, da der Psychologe bereits 1904 von Stockholm ausgewählt worden ist, aber erst ein Jahr später mit seinen berühmten Experimenten begonnen hat.

Dass in der historischen Wirklichkeit es Pawlows Untersuchungen zum Verdauungssystem waren, die nobelpreiswürdig eingestuft worden sind, ist in unserem Zusammenhang nicht so interessant wie die Tatsache, dass er sich danach seinen längst legendären Hunden und ihren Reflexen zuwandte und sich dabei folgendes Experiment vornahm: »Die erste und wichtigste Aufgabe, die vor uns liegt, besteht darin, die natürliche Neigung aufzugeben, unsere eigene subjektive Sicht der Dinge auf die Reaktion des Tieres im Experiment zu übertragen, und statt dessen unsere gesamte Aufmerksamkeit darauf zu lenken, die Korrelation zwischen externen Phänomenen und der Reaktion des Organismus zu untersuchen.«

Nachdem Pawlow die Konditionierung entdeckt hatte, verbrachte er viele Jahre damit, ihre Grenzen zu bestimmen. Er experimentierte mit den Reizbedingungen, aber nur, um festzustellen, dass es vor allem auf ihre Reihenfolge ankommt.

Natürlich wandte sich der russische Psychologe irgendwann dem Menschen zu und erkundete unter anderem die Situation, bei der ein elektrischer Schock die Frequenz erhöht, mit der unser Herz schlägt. Wird kurz vor einem solchen Schock die berühmte Glocke angeschlagen, kann der Ton selbst bald den Herzschlag beschleunigen.

Die spannende Frage lautet, wie viel von dem, was wir lernen, uns durch den Vorgang der Konditionierung vermittelt wird. »Ein Säugling, der normalerweise zu seiner Mutter aufsieht, während sie ihn stillt, lernt zum Beispiel, das Gesicht der Mutter mit dem Vergnügen an Nahrungsaufnahme in Verbindung zu bringen. Durch diese Konditionierung erweckt das Gesicht der Mutter allein schon dasselbe angenehme Gefühl«, wie es in der Literatur heißt, ohne uns zu sagen, ob und wie wir solche Verbindungen aufheben oder verändern können.

Pawlows Reflex kann heute im menschlichen Körper bis in sein Immunsystem hinein verfolgt werden. Dessen Aktivität nimmt zu, wenn Hormone injiziert werden, und wenn Moleküle dieser Art zusammen mit Brausebonbons verabreicht werden, reagiert die Körperabwehr zuletzt allein auf die Bonbons. Es ist, als ob die Seele mit dem Körper sprechen könne.

HISTORISCHE BESONDERHEITEN

Plancks Prinzip

In einem Vortrag aus dem Jahre 1935, in dem er seinen Zuhörern »Persönliche Erinnerungen aus alten Zeiten« anbietet, gibt Max Planck Einblicke in seinen Gemütszustand, als es ihm an zwei Stationen seines Lebenswegs schwer ums Herz war. Er räumt unumwunden die tiefe Enttäuschung ein, die sich seiner bemächtigte, als er feststellen musste, dass sowohl seine Doktorarbeit als auch seine Habilitationsschrift in der Fachwelt keinerlei Eindruck hinterließen. Das Interesse an seinen ihm so fortschrittlich erscheinenden und ihn optimistisch stimmenden Ergebnissen war »gleich Null«, wie Planck bestürzt einsehen musste. Von seinen Hochschullehrern zeigte »keiner ein Verständnis für den Inhalt«, und er vermutete sogar, dass der bedeutendste unter ihnen, der »Reichskanzler der Physik« namens Hermann von Helmholtz, »die Schriften wohl überhaupt nicht gelesen« hatte.

Planck trägt aber nicht nur die Tiefen des eigenen Erlebens, sondern auch Erinnerungen an Höhen der wissenschaftlichen Entwicklung vor, wenn er etwa über die energische Auseinandersetzung berichtet, die zu Beginn des 20. Jahrhunderts über eine Frage geführt wurde, die man heute gut zu beantworten versteht: Wie lässt sich erklären, dass Wärme immer nur von einer heißen zu einer kalten Stelle und niemals andersherum fließt? Kann man diesen Weg der Energie auf die Bewegung von Atomen zurückführen?

Während Planck so in seinen Erinnerungen schwelgt und sich seines damals bereits über siebzigjährigen Lebens erfreut, kommt ihm ein atemberaubender Gedanke, den er höchst lässig und quasi nebenbei formuliert. Wir wollen ihn Plancks Prinzip der Wissenschaftsgeschichte nennen und zunächst wörtlich zitieren, welche »bemerkenswerte Tatsache« Planck anhand persönlicher Erfahrungen meint feststellen zu können: »Eine neue wissenschaftliche Wahrheit pflegt sich nicht in der Weise durchzusetzen, dass ihre Gegner überzeugt werden und sich als belehrt erklären, sondern vielmehr dadurch, dass die Gegner allmählich aussterben und dass die nachwachsende Generation von vorneherein mit der Wahrheit vertraut ist.«

Die Frage, die ein Historiker stellen und zu beantworten versuchen kann, lautet selbstverständlich, ob stimmt, was Planck da schreibt – was im Übrigen keineswegs schmeichelhaft für seine Zunft klingt und ihr eher eine gewisse Borniertheit unterstellt.

Plancks Person

Es darf vermutet werden, dass Planck sich selbst keinesfalls von dem gründlich deprimierenden Befund ausgenommen hat. Ja, wir sollten uns vorstellen, dass er diesen Sachverhalt an sich selbst zuerst bemerkt (und wahrscheinlich sogar bemängelt) hat. Zwar feierte ihn nicht nur die ganze wissenschaftliche, sondern sogar die ganze gebildete Welt als Vater der Quantenmechanik – 1918 war er in Stockholm vom schwedischen König mit dem Ritterschlag namens Nobelpreis für Physik geehrt worden –, aber innerlich abfinden konnte sich Planck nicht mit dem, was er herausgefunden und herausgestellt hatte – ein Element der Unstetigkeit, das der Natur Quantensprünge erlaubte, in denen nur unbestimmt bleibende Energiebilanzen aufzustellen waren. Er konnte die alte Generation der Quantenphysiker – vertreten unter anderem durch Albert Einstein, Erwin Schrödinger und ihn selbst – klar von der jungen Truppe – mit Werner Heisenberg, Wolfgang Pauli und anderen – unterscheiden und sehen, dass die Alten ihr Herz an die Klassische Physik des 19. Jahrhunderts verloren hatten und ihre Vorliebe auch beibehalten wollten. Planck würde – wie Einstein und Schrödinger – nie glücklich werden mit den abstrakten Theorien, und seine vielen Versuche, »das Wirkungsquantum irgendwie in das System der Klassischen Physik einzubauen«, würde er erst mit seinem Tod aufgeben.

Sind Wissenschaftler tatsächlich unbelehrbar in dem von Planck geschilderten Sinn? Für einige trifft dies sicher zu – da unterscheiden sich Physiker nicht von gewöhnlichen Menschen, bei denen sich viele etwa stocktaub stellen, wenn man ihnen erklären will, dass das europäische Maßsystem mit Metern und Kilometern leichter zu handhaben ist als das amerikanische mit Yards und Meilen und dass es auch übersichtlicher ist, Temperaturen in Grad Celsius statt in Fahrenheit zu messen. Aber wie im Alltag gibt es auch in der Wissenschaft Ausnahmen, und was die konkrete Frage nach dem Umlernen bei der Quantenphysik angeht, so gibt es mindestens zwei große Gestalten, die man zwischen den Gruppen platzieren muss, weil sie es geschafft haben, ihren Schalter von der klassischen auf die moderne Physik umzulegen. Gemeint sind Niels Bohr und Max Born, die bei diesem Umdenken ihre Mühe hatten, die aber durchhalten konnten und auf diese Weise das harte Urteil wenigstens in Teilen widerlegen, das Plancks Prinzip über die gesamte Wissenschaft fällt.

Plancks Beispiel

Wie sieht es mit dem Beispiel aus, das Planck in seinen »Persönlichen Erinnerungen aus alten Zeiten« erörtert, bevor er dort seine wissenschaftshistorische Einsicht bzw. Vermutung formuliert? Es handelt von dem Gebiet, das Physiker als Wärmetheorie oder Thermodynamik kennen, und auf dem Sektor war Planck Spezialist. Um die Debatte, die am Ende des 19. Jahrhunderts über die Frage geführt wurde, wie die Bewegung der Wärme – die Wärmeleitung – in einem Metall oder einer Flüssigkeit zu verstehen sei, aus heutiger Sicht erfassen zu können, müssen wir einen festgefahrenen Gedanken aus unserem Kopf streichen, der damals besonders umstritten war. Gemeint ist die Idee, dass die sichtbaren Dinge aus unsichtbaren Atomen bestehen.

Während wir heute mit dem Begriff des Atoms aus verschiedenen Gründen vollkommen vertraut sind, konnte man vor der Wende zum 20. Jahrhundert daran tatsächlich noch ernsthaft zweifeln. Der Physiker Ernst Mach zum Beispiel fragte jeden Anhänger der Idee einer atomistischen Natur der Materie mit höhnischem Unterton, ob er ein solches Atom schon einmal gesehen habe.

Natürlich lautet die Antwort hierauf immer Nein, und das macht eine der Schwierigkeiten aus. Wie sollen wir wissen, dass es Atome gibt, wenn wir sie nicht sehen können? Und wann und wie verinnerlicht erst ein Einzelner und dann eine ganze Kultur – unsere – diesen Gedanken, dessen Nachweis keineswegs banal zu führen ist?

Planck schildert in seiner eingangs zitierten Ansprache, wie sich die Debatte auf zwei Hauptkontrahenten konzentrierte, den aus Wien kommenden Physiker Ludwig Boltzmann und den in Leipzig lehrenden Chemiker Wilhelm Ostwald.

Während Boltzmann alles mit diskreten Atomen deuten wollte, erklärte Ostwald alles mit kontinuierlichen Energieformen, und beide entwickelten raffinierte Argumente in der Auseinandersetzung. Auch wenn es sich lohnen würde, ihnen nachzuspüren, wollen wir aber nun einen anderen Punkt betonen, nämlich den, dass die Naturwissenschaft damals an dieser Stelle noch nicht in der Lage war, ihre Hauptwaffe einzusetzen, um eine Entscheidung herbeizuführen. Gemeint ist das Experiment. Es dauerte noch bis zum Jahre 1905, bis man – dank einer Theorie von Einstein – Atome direkt zählen und ihre Ausmaße konkret abschätzen konnte. Dieser historische Triumph hat Einstein zu der paradoxen Bemerkung veranlasst, dass es nichts Praktischeres gäbe als eine gute Theorie.

Dank einiger Experimente war es also nach 1905 klar, dass es Atome tatsächlich gibt, und wirklich zweifeln an ihrem Vorhandensein konnte ein Physiker dann tatsächlich nicht mehr. Dennoch unterschätzt Planck mit seinem Prinzip seine Kollegen, die im Gegensatz zu anderen Menschen vielleicht skeptischer sind gegenüber allzu raschen Neuerungen. Dieses Beharren ist allein deshalb verständlich, weil sie in der Regel lange gebraucht haben, um die vertretene Position zu erreichen und dann zu verteidigen. Wer erst skeptisch gegenüber Atomen ist, wird nicht sofort das Hohelied über sie anstimmen, nur weil irgendwo ein Experiment das verlangt. Das müssen und können die Forscher anderen überlassen – etwa im Fall der Atome dem Dichter H. G Wells, der bereits vor dem Ersten Weltkrieg, als die Physiker noch keine Ahnung hatten, wie sie Atome verstehen und stabil bekommen sollten, in seinen Romanen bereits großzügig darüber nachdachte, wie man ihre Energie nutzen könne. So schnell schießen die Forscher nicht – erst recht nicht, wenn sie in Preußen sitzen und grübeln.

Das genetische Material

Die Existenz von Atomen und die Sprunghaftigkeit der Natur sind natürlich dicke Brocken, an denen sich Wissenschaftler verschlucken können. Mit beiden Stichworten werden Entwicklungen der Physik bezeichnet, die sich tatsächlich immer noch durch den etwas von zu häufigem Gebrauch missbrauchten Begriff der Revolution kennzeichnen lassen. Vielleicht erfasst Plancks Prinzip ja das Geschehen in der Wissenschaft, mit dem sie eine revolutionäre Umwälzung erfährt. Um diese Hypothese zu prüfen, können wir uns der modernen Lebenswissenschaft zuwenden, die sich seit den 1930er Jahren als Molekularbiologie profiliert und selbst bis in die Gegenwart hinein gerne ihren revolutionären Charakter betont.

Wer fragt, wann es in der Geschichte der neueren Biologie zu einem Umdenken gekommen ist, kann auf die Antwort hinweisen, die Wissenschaftler auf die Frage geben, aus welchem Stoff das genetische Material besteht. Das Thema war seit dem Beginn des 20. Jahrhunderts von Interesse, als die Wissenschaft der Vererbung als Genetik etabliert wurde. Und die Antwort, die die meisten Biologen bis in die Zeit des Zweiten Weltkriegs für richtig hielten, hieß Protein. Dieses Kunstwort drückt mit Hilfe eines griechischen Wortstamms aus, dass es sich um einen Stoff handelt, der »die erste Rolle« spielt. Sobald ein Biowissenschaftler eine Zelle oder Zellgewebe zerstörte, flossen ihm Proteine entgegen, die offenbar von überragender Bedeutung für das Leben waren. Als die chemischen Untersuchungen der Proteine ergaben, dass es sich um raffinierte Kettenstrukturen handelte, in denen zwanzig Glieder auf unterschiedlichste Weise verknüpft sind, lag die Annahme nahe, sie als Stoff zu betrachten, aus dem die Gene sind. Das Problem schien gelöst.

Ein konkretes Experiment dazu gab es allerdings vor dem Jahr 1943 nicht. Dann zeigten Biochemiker und Mediziner um Oswald Avery in New York zur allgemeinen Überraschung, dass es einen Krankheitserreger gab, in dem eine andere chemische Substanz zu den vererbbaren Eigenschaften beitrug. Dieser Stoff konnte als Säure mit einem sehr langen Namen identifiziert werden, den wir heute nur noch abkürzen, nämlich als DNS (englisch DNA). Heute wissen wir zwar, dass Gene aus dieser Desoxyribonukleinsäure DNS bestehen, aber in den 1940er Jahren konnte niemand mit der Information etwas anfangen. Viele Biologen blieben dabei eher skeptisch. Zum einen bestand die DNS nur aus vier Bausteinen – wie sollte solch ein dummes Molekül die Botschaft der Gene speichern? –, und zum zweiten war nur gezeigt worden, dass DNS zur Erbsubstanz gehört. Es war nicht gezeigt worden, dass die Erbsubstanz nur aus DNS besteht. Dies gelang erst 1952, und wer Plancks Prinzip prüfen möchte, kann jetzt fragen, wie sich die Biologen nach diesem Wendejahr verhalten haben.

Die Antwort fällt schlecht für Planck aus. Nahezu alle Biologen haben ziemlich rasch akzeptiert, dass es ein neues Chefmolekül für die Vererbung gibt. Und wenn es auch einige gab, die noch länger nach Fehlern oder Ungenauigkeiten in den Experimenten suchten, was zur guten Praxis der Forschung gehört, die Überzeugung, dass die Proteine die Erbmoleküle sind, hat niemand mit in sein Grab genommen.

Die Akzeptanz der Evolution

So dramatisch die Umwälzung uns erscheint, die wir mit dem Aufkommen der Molekularbiologie verbinden, ihre sicher größte Wandlung machte die Biologie durch, als einige ihrer

Vertreter im 19. Jahrhundert den Gedanken der Evolution zu fassen bekamen. Mit ihm führten sie die vielen existierenden Lebensformen nicht mehr auf einen einzelnen (göttlichen) Schöpfungsakt zurück, sondern ließen sie im Laufe einer komplizierten Geschichte aus einfachen Vorläufern entstehen, und bei diesem Prozess spielten sowohl Zufälle als auch Notwendigkeiten eine Rolle.

Die Theorie der biologischen Evolution stellt ein grandioses Gedankengebäude dar, mit dessen Hilfe sich die Mannigfaltigkeit des Lebens glänzend erfassen lässt. Der Denkansatz verliert nichts von seiner intellektuellen Brillanz, wenn wir hinzufügen, dass die dazugehörigen Mechanismen nicht vollständig und in allen Details geklärt sind. Dazu ist die Aufgabe zu groß und war die Zeit zu kurz. Wir machen diese Bemerkung also nicht, um am Lack der Evolution zu kratzen, sondern um deutlich zu machen, dass der entscheidende Schritt zu diesem Gedanken nicht in der Angabe des Mechanismus steckt. Die entscheidende Leistung der beteiligten Biologen des 19. Jahrhunderts bestand darin, einen fast zweitausend Jahre alten Klotz aus dem Weg des Denkens zu räumen, den der griechische Philosoph Platon hingestellt hatte. Platon hatte die veränderlichen Lebensformen, die sich beobachten lassen, für unwesentlich, und die dazugehörigen unveränderlichen Ideen für wesentlich erklärt. Wichtig war nicht ein Pferd, sondern die Idee des Pferdes, mit dessen Hilfe man das konkrete Tier auf der Weide erkennen kann, und diese Idee bleibt ewig. Wichtig war nicht eine Rose, sondern die Idee der Rose, mit deren Hilfe man die Blume in der Hand erkennen kann, und diese Idee bleibt ewig. Und so kann man diesen Gedanken weiter denken.

Als die christliche Religion die Welt durch die Schöpfungsakte einer Woche in Gang setzte, stimmten die philosophische und die religiöse Sicht der Dinge überein, mit der Folge, dass die Konstanz der Arten mehr als ein Naturgesetz und zur unantastbaren und unerschütterlichen Gewissheit von Menschen in der westlichen Hemisphäre wurde.

Man brauchte bis zum Jahr 1800, um diese hohe und feste platonisch-christliche Mauer zu durchbrechen, und der Held, der dies als Erster fertigbrachte, war der Franzose Jean Baptiste Lamarck. Ihn verehren wir nur deshalb nicht als Vater der Evolution, weil der Brite Charles Darwin rund ein halbes Jahrhundert später – um 1859 herum – viel ausführlicher und angemessener beschreiben konnte, wie sich die Arten im Laufe ihrer Geschichte verändern und anpassen konnten.

Was Lamarck und Darwin zusammen bewerkstelligt haben, sollte eine Möglichkeit bieten, Plancks Prinzip zu testen; denn es ist gut denkbar, dass jemand, der sein Leben lang an einen göttlichen Ursprung des Menschen mit der dazugehörigen Unwandelbarkeit geglaubt hat, es mühsam findet, sich davon ab- und den unvollständigen naturhistorischen Deutungen mit ihrer fortgesetzten Wandelbarkeit zuzuwenden.

Tatsächlich zögerten viele damalige Naturforscher zunächst, ihre Tätigkeit, die um 1800 offiziell noch als Naturtheologie bezeichnet und auch so verstanden wurde, aus dem religiösen Rahmen zu führen, in dem sie bislang gut zurechtkamen. Und wieder ist es so, dass mit den ersten Hinweisen auf die Wandlungsfähigkeit der Arten noch keine überzeugende Evidenz vorliegt – etwas, worauf ein echter Naturforscher unter keinen Umständen verzichten wird. Aber insgesamt lässt sich – auch quantitativ – nachprüfen, dass Plancks Prinzip höchstens den von ihm selbst als dramatisch erlebten Spezialfall der Quantenphysik erfasst, ohne irgendeine umfassende Relevanz zu beanspruchen.

Die Verschiebung der Kontinente und andere Verrücktheiten

Wer sich unter diesem Aspekt andere umwälzende Entwicklungen des wissenschaftlichen Denkens vornimmt, die dem gebildeten Publikum von heute sehr wohl vertraut sind – die Einsicht in die Beweglichkeit der Kontinente, die heute Plattentektonik heißt; das Verständnis der Erdgeschichte, das Eiszeiten zulässt und ihnen eine Rolle bei der Gestaltung der Gebirge zuweist; die Beobachtung, dass unsere Milchstraße nicht die einzige Galaxie des Universums ist; die Feststellung, dass es dank der Röntgen- und Radiostrahlen mehr unsichtbares als sichtbares Licht gibt, und so manches mehr –, der wird stets finden, dass Planck die Qualität seiner Kollegen doch arg unterschätzt hat.

Plancks Prinzip für die Wissenschaftsgeschichte mag zwar unbrauchbar sein, es weist aber auf etwas hin, das unentwegt passiert, ohne dass wir es wirklich verstehen. Erinnern wir uns an Plancks Worte: »Eine neue wissenschaftliche Wahrheit pflegt sich nicht in der Weise durchzusetzen, dass ihre Gegner überzeugt werden und sich als belehrt erklären, sondern vielmehr dadurch, dass die Gegner allmählich aussterben und dass die nachwachsende Generation von vornherein mit der Wahrheit vertraut ist.«

Sie stellen uns die Frage, wie eine »nachwachsende Generation ... mit der Wahrheit vertraut« wird. Was heißt dabei, mit etwas vertraut sein? Sind wir mit den Atomen vertraut? Sind wir mit den Eiszeiten und ihren Auswirkungen vertraut? Sind wir mit den Genen vertraut? Sind wir mit Proteinen vertraut? Sind wir mit den kosmischen Dimensionen vertraut, die in Milliarden Jahren angegeben werden?

Das wissenschaftliche Vorgehen hat uns viele Kenntnisse

gebracht, die in den physikalischen Wissenschaften von der zentralen Stelle der Sonne (Nikolaus Kopernikus und Johannes Kepler) über die Schwerkraft der Erde (Isaac Newton) bis zur Eigenschaft des Kosmos reichen, eine Raumzeit zu sein (Albert Einstein). In etwa gleichen historischen Epochen haben uns die Lebenswissenschaften erst gezeigt, dass wir aus Zellen bestehen, dann, dass wir in einer großen evolutionären Reihe stehen und dabei ein Gehirn bekommen haben, das über diese Linie sowohl sprechen als auch hinwegsehen kann.

Jede nachwachsende Generation ist dabei in der Vergangenheit mit einer neuen wunderbaren Wahrheit vertraut geworden, und dieser Vorgang wird immer wieder stattfinden. Aber wie vollzieht er sich? Wie lernen wir, und zwar nicht als individuelle Menschen, die Bücher lesen oder im Internet suchen, sondern wie lernen wir alle zusammen, was wir dann das Wissen der Menschen nennen können? Jede Generation muss es neu erwerben, sonst stirbt dieses Wissen mit den Menschen.

Freuds Kränkungen

Wenn der Name von Sigmund Freud (1856–1939) in Zusammenhang mit Maxwells Dämon und Schrödingers Katze auftaucht, denken viele Menschen zuerst an die berühmten Freudschen Versprecher, die uns anscheinend häufig unterlaufen und durch die wir Gedanken zu verraten scheinen, die wir lieber für uns behalten und vor anderen verstecken wollen. Unser Unbewusstes spielt uns einen Streich, etwa wenn es uns sagen lässt: »Wir wollen nun auf unseren Chef aufstoßen« oder »Da sind einige Tatsachen zum Vorschein gekommen«. Das Peinliche ist, dass es so aussieht, als ob wir mit diesen Worten *aus*drücken, was wir eigentlich *unter*drücken wollten. Dies redet uns jedenfalls die von Freud begründete Psychoanalyse ein, deren Vertreter in meinem eigenen Fall einmal hämisch grinsen konnten, als ich einem Vortrag, den ich anstelle des von mir hochgeschätzten, aber an dem Tag verhinderten Professors Hans Robert Jauß halten durfte, mit dem mir nicht zum Ruhme gereichenden Lapsus begann, dass »Hans Jobert Rauß« heute leider nicht sprechen könne.

Zwar gibt es viele Beispiele dieser Art, und die Redeweise von Freudschen Versprechern hält sich im Alltag äußerst hartnäckig. Trotzdem kann die linguistische Wissenschaft längst völlig anders und viel überzeugender erklären, was da beim Sprechen im Kopf passiert. Das Suchen von Worten und Formen von Sätzen ist ein höchst komplizierter Vorgang, bei dem es hin und wieder zu Montagefehlern kommen kann. Sie fallen uns nur dann besonders auf, wenn dabei ein merkwürdiger Sinn entsteht, den wir möglicherweise auch noch gegen den Sprecher nutzen können. Die Freudsche Deutung, in solchen Fehlleistungen dringe aus der Tiefe des Unbewussten hervor, was wir dorthin verdrängt hätten und vergessen wollten, ist allein deshalb wenig überzeugend, weil diese Interpretation eine Beleidigung für das Unbewusste darstellt. Natürlich stecken in diesem Teil unseres Wissens, das sich dem Zugriff unseres Bewusstseins entzieht, in jedem Augenblick eine Menge persönlicher Erlebnisse – nämlich all das, was man aus dem Gedächtnis holen und als Geschichte aus seinem Leben erzählen kann. Dennoch stellt das uns nicht permanent gegenwärtige und gezielt verfügbare Vermögen von Menschen nicht bloß ein Reservoir unterdrückter Erinnerungen dar. Das Unbewusste enthält darüber hinaus eine Vielzahl von Denkfiguren und Vorstellungsmustern, die zum kollektiven Schatz des menschlichen Wissens gehören und die wir aktivieren können und müssen, um zu Erkenntnissen zu kommen (siehe »Paulis Verbot«).

Die Idee, dass es neben der Tagseite des Denkens auch eine Nachtseite gibt, die sich dem Licht der Lampe entzieht, die wir Bewusstsein nennen – dieser Gedanke geht an Freud vorbei bis in die Zeit vor 1800 zurück, in der die geistige Strömung stärker wurde, die wir als Romantik bezeichnen und die mehr umfasst als Musik, Malerei und Literatur. In der Romantik wird anders mit der Wirklichkeit umgegangen als im Rahmen der vernünftigen Aufklärung, die ihr vorausging und die sich selbst als realistisch und rational einstufte. Damit ist gemeint, dass romantische Wissenschaftler nach den Grenzen der Vernunft fragen, was auf keinen Fall unvernünftig ist. Und wenn man erst einmal auf den allgemeinen Gedanken gekommen ist, dass es zwischen Himmel und Erde mehr gibt, als die Buchweisheit einen Menschen zu lehren vermag, dann kann man konkret fündig werden. Den Vertretern der Romantik fiel auf, dass individuelle Schicksale wenig mit den umfassenden Naturgesetzen zu tun haben, die der menschlichen Vernunft entstammen. Die Wissenschaften mögen rational konstruiert und damit berechenbar sein – das einzelne Leben bleibt unberechenbar, entzieht sich folglich dem rationalen Zugriff und bleibt somit irrational. Mit anderen Worten, rationales Vorgehen bringt mich in letzter Konsequenz dazu, das Irrationale zu entdecken, und diese Bewegung des Denkens lässt sich fortsetzen. Durch bewusstes Erkunden stoße ich auf das Unbewusste, und die sichtbare Natur legt mir den Gedanken nahe, dass sich hinter ihr unsichtbare Bezirke verbergen. Das ist einer der Grundgedanken der Romantik, deren Vertreter von einem zweiten Augenpaar sprachen, mit dem wir ausgestattet sind – dem äußeren Augenpaar für den Tag und dem inneren für die Nacht. Dabei ist der Gedanke plausibel, dass die äußeren Augen zu einem Individuum gehören und nur sehen, wohin es seinen Kopf richtet, während die inneren Augen allen Menschen gehören und erkennen, was alle einsehen können.

Das Rätsel Ödipus

Vielleicht löst sich das Rätsel von Freuds ungeheurer Popularität dadurch, dass seine Anhänger ihn als Romantiker verehren, der einer wissenschaftlichen Vorgehensweise eine Absage erteilt. Doch selbst wenn dies so wäre, bliebe unklar, warum er seinen Status bis heute halten kann, nachdem seriöse psychologische Forschung in den letzten Jahrzehnten aufzeigen konnte, dass seine Lehre namens Psychoanalyse erstens hinfällig geworden ist, dass sie zweitens Patienten mehr schadet als nützt, und dass sie drittens auf Fallgeschichten beruht, die frei erfunden worden sind (was man auch als »erlogen« bezeichnen kann). Was Freud geschrieben hat, mag ja als Literatur etwas taugen, aber die Bezeichnung »Wissenschaft« sollte man in dem Zusammenhang mit seiner Tiefenpsychologie nur sehr vorsichtig und eingeschränkt einsetzen. Tatsächlich baute Freud einen Grundirrtum in seinen Ansatz ein, als er am Ende des 19. Jahrhunderts für die *Psyche* leisten wollte, was die Physiker seiner Zeit für das Gegenstück, die *Physis* – die körperliche Materie –, geschafft hatten. Freud wollte ihren Energiesatz übernehmen und für die Seele aufstellen. Leider gibt es ihn hier nicht, wie die Physik zwar weiß, wie sich aber bei zahlreichen Anhängern Freuds noch nicht ausreichend herumgesprochen hat.

Seine Bekanntheit verdankt der Begründer der Psychoanalyse vor allem seinen sexuellen Deutungen. Auch wer sonst nichts von irgendeiner Naturforschung versteht, kennt den Penisneid und hantiert gern mit Freuds Begriffen von analen, oralen und phallischen Phasen, die Kinder bei der Entwicklung ihrer Sexualität durchlaufen, um irgendwann in ihrem Leben vom Ödipuskomplex eingeholt und geprägt zu werden. Damit ist die sexuell motivierte Liebe des Sohnes zur Mutter gemeint, die mit einer Angst vor Verstümmelung einhergeht. Freud zufolge haben wir alle diesen Komplex zu bewältigen, und bei den Neurotikern unter uns bleibt von diesem Kampf etwas haften. (Übrigens – wer sich nicht an sein ödipales Mutterbegehren erinnert, der hat seinen Wunsch nur verdrängt, wie Freuds Theorie sagt, der es auf diese Weise gelingt, unwiderlegbar und unwissenschaftlich zugleich zu sein.)

»Eine Schwierigkeit mit der Psychoanalyse«

Es ist zwar schon früh darauf hingewiesen worden, dass Freud nicht von beobachteten Tatsachen aus- und zu einem Mythos zurückgegangen ist, um sie zu erklären, sondern dass er umgekehrt einen Mythos erfunden hat, um ebenfalls erfundene Fakten verständlich zu machen. Doch all dies hat nicht verhindert, dass unser ganzer Kulturkreis den Ödipuskomplex als die reine Lehre angesehen hat und an diesen Unsinn zum Teil nach wie vor glaubt.

Es hat Freuds Lehre und ihrer Verbreitung auch nichts geschadet, dass viele seiner Patienten es ablehnten, ihre psychischen Probleme mit unbewussten sexuellen Orientierungen oder Erfahrungen erklärt zu bekommen. Sie fürchteten sich sogar davor. Der Meister aus Wien hat ihre ablehnende Haltung aber keineswegs dazu genutzt, um seine Ideen zu bedenken. Im Gegenteil! Er hat die Abwehr der Patienten als Beweis für die Stimmigkeit seiner Vorstellungen angesehen und sich in seiner Antwort selbst ein Denkmal gesetzt. Darum geht es auf den folgenden Seiten.

»Eine Schwierigkeit mit der Psychoanalyse« heißt ein Aufsatz von Freud aus dem Jahre 1917, in dem er auf die ärgerliche Beobachtung einging, dass die Patienten sich seinen Deutungen verweigerten. Doch Freud interessierte sich nur für sich und nicht für seine Patienten. Er fügte ihrem Schaden seinen Spott hinzu, indem er die Zweifel der ihn um Rat fragenden Menschen an seiner grandiosen Seelendeutung als kleinbürgerliches Unbehagen deutete. Und da Freud gerade dabei war, die Größe seiner eigenen Theorie zu bewundern, gab er ihr eine historische Dimension und siedelte seine Lehre auf ungeheurer Höhe an. Freud stellte sich in eine Reihe mit dem legendären Nikolaus Kopernikus und dem überlebensgroßen

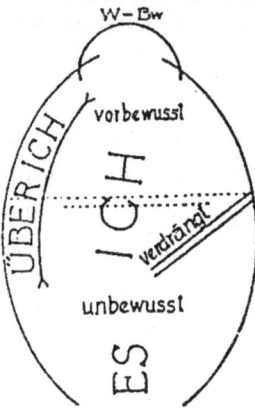

Ich, Es, Über-Ich in einer Darstellung von Freud.

Charles Darwin und behauptete, ihm sei dasselbe gelungen wie den beiden Stars der Wissenschaft, nämlich den Menschen zu kränken.

Er schrieb zunächst: »Zwei große Kränkungen ihrer naiven Eigenliebe hat die Menschheit im Laufe der Zeiten von der Wissenschaft erdulden müssen. Die erste, als sie erfuhr, dass unsere Erde nicht der Mittelpunkt des Weltalls ist. (...) Die zweite dann, als die biologische Forschung das angebliche Schöpfungsvorrecht des Menschen zunichte machte, ihn auf die Abstammung aus dem Tierreich verwies«, um dann sich selbst und allem die Krone aufzusetzen: »Die dritte und empfindlichste Kränkung aber soll die menschliche Größensucht durch die heutige psychologische Forschung erfahren, welche dem Ich nachweisen will, dass es nicht einmal Herr ist im eigenen Hause.«

Freuds Kränkungen

Freud meinte das ernst. In seiner Sicht der Dinge haben sowohl das heliozentrische Weltbild als auch die Idee von sich im Laufe von Generationen verändernden Arten dem menschlichen Narzissmus eine schwere Wunde zugefügt. Kopernikus – so Freud – habe den Menschen gezeigt, dass sie nicht im Zentrum der Welt stehen, und Darwin habe ihnen verboten, sich als Gipfel des Tierreichs – als Krone der Schöpfung – anzusehen. Was nun Freud selbst angeht, so habe der Vater der Psychoanalyse deutlich gemacht, dass die Menschen nicht einmal Herr im eigenen Haus seien. Ihr bewusst planendes Denken entspringt verborgen bleibenden Quellen, und was aus diesem Dunkel strömt, entscheidet, wie wir unser Verhalten wählen und Handlungen festlegen. Die Vernunft ist für die Menschen, was das Große Latinum für die Studenten ist. Zwar verfügen alle darüber, aber niemand merkt etwas davon.

Wir verzichten darauf zu fragen, wieso ein Arzt stolz darauf ist, das Gegenteil seiner Aufgabe erreicht und keine Gesundung, sondern eine Kränkung herbeigeführt zu haben. Stattdessen wollen wir prüfen, was von Freuds Sicht der Dinge zu halten ist, die merkwürdig oft zustimmend zitiert wird. Seine drei Kränkungen werden uns tatsächlich so häufig präsentiert, dass der Eindruck entstehen muss, sie treffen zu und geben die historische Wirklichkeit wieder.

Tatsächlich könnte nichts weiter von der Wahrheit entfernt sein. Was Freud über Kopernikus und Co. behauptet, ist sogar derart unsinnig und irreführend, dass ein Nachdenken darüber lohnt, warum wir – trotz aller Aufklärung – nicht nur gerne und fest daran glauben, sondern es sogar Leute gibt, die Freud übertreffen wollen, indem sie vierte, fünfte und weitere Kränkungen anführen, die der Mensch durch die Wissenschaft erfahren haben soll. An der Spitze dieses Wettbewerbs steht zurzeit die Hirnforschung, die uns unerbittlich weismachen will, dass es keinen freien Willen gibt, weil im Gehirn alles mit rechten Dingen zugeht (also überall die Naturgesetze gelten). Warum Freuds Kränkungen so faszinierend sind, kann hier erst zuletzt, und dann auch nur kurz, erwähnt werden. Zunächst gilt es, zu zeigen, wie sie die Wahrheit verfehlen und in die Irre führen.

Der Ort der Demütigung

Der erste Blick gehört dem heliozentrischen Weltbild: Hierzu gibt es schon seit längerem erläuternde Arbeiten. Wie Wissenschaftshistoriker seit den 1970er Jahren publiziert haben, stellte die zentrale Position, die die Erde vor Kopernikus einnahm, keine Auszeichnung, sondern eine »Demütigung des Menschen« dar, wie der Philosoph Rémi Brague es nennt. Wie hätte das Mittelalter sie denn sonst akzeptiert? Was Freud schreibt, ist somit das Gegenteil der Wahrheit. In der vorkopernikanischen Weltanschauung, so Brague, ist die zentrale Stelle der Erde gerade kein Ehrenplatz. Sie ist eher der Abtritt der Welt. Im Bereich der Astronomie stellt das Zentrum den allerbescheidensten Platz dar, wie sogar Galileo Galilei einräumt, der in seinen Dialogen den klugen Salviati sagen lässt: »Was die Erde betrifft, so versuchen wir, sie zu veredeln, indem wir sie zurück in den Himmel setzen.« Mit anderen Worten, als Kopernikus die Erde aus der Mitte nahm, brachte er sie – und damit uns – näher zu den Göttern. Und so wurde sein Tun auch von den Zeitgenossen verstanden.

Keine kopernikanische Wende

Übrigens – nicht ganz nebensächlich ist folgender Hinweis: Zwar nehmen viele prominente Menschen gerne an prominenter Stelle das Wort von einer »kopernikanischen Wende« in den Mund, aber nicht alle scheinen zu wissen, was sie da sagen. Kurt Biedenkopf zum Beispiel wirbt für sein Buch über *Die Ausbeutung der Enkel* mit dem Hinweis: »Wir brauchen eine kopernikanische Wende.« Er meint damit eine Neuorientierung, die nicht uns, sondern unsere Kindeskinder ins Zentrum der Betrachtungen stellt. Nun wird niemand bestreiten, dass wir in Zukunft anders wirtschaften müssen als in der Vergangenheit, wenn unsere Enkel eine Welt bewohnen sollen, die ähnlich lebenswert wie die heutige ist. Aber dieser Gedanke enthält keine kopernikanische Kehre. Die »kopernikanische Wende« hat seit den Tagen von Immanuel Kant eine feste Bedeutung, und sie hat nichts mit der Drehung der Erde um die Sonne, sondern mit der Drehung der Erde um ihre eigene Achse zu tun. Nicht die Sterne bewegen sich, sondern wir bewegen uns – und damit die Sterne. Eine kopernikanische Wende vollzieht gerade nicht, wer zur Seite tritt, sondern wer sich ins Zentrum begibt und von dort aus die Dinge sieht und argumentiert. Genau diesen Schritt unternimmt Kant mit seiner metaphysischen Kehre, nach der wir die Gesetze der Natur nicht in ihr finden, sondern in sie hineinlegen.

An der Spitze der Entwicklung

Dem Namen »Kopernikus« folgt oft das Wort »Revolution«, und tatsächlich handelt das Werk des Astronomen ja auch von den Umläufen am Himmel, die auf Lateinisch Revolution heißen. Das Konzept des Umdrehens ist anschließend in politische Gefilde gelangt, um hier Umwälzungen des Staates zu meinen – zunächst noch so, wie es sich für eine Umdrehung gehört, die ja an ihren Ausgangsort zurückkehrt. Sonst macht das »Re« in der Revolution keinen Sinn.

Berühmt geworden ist die Glorreiche Revolution, die 1688 in England stattfand und bei der man den König dort ließ, wo er vorher war – an der Spitze des Staates –, nur dass er jetzt nicht mehr von Gott, sondern von seinen Untertanen eingesetzt wurde.

Eine solche Revolution stellt Darwins Idee der Evolution dar (siehe »Darwins Finken«). Auch sie lässt den Menschen dort, wo er war, nämlich an der Spitze der Entwicklung, nur dass er diese Position nicht mehr einem Gott verdankt, sondern sich selbst. Es mag nicht nach jedermanns Geschmack sein, von Affen abzustammen, aber wichtiger als diese Marginalie sind die Feststellungen, dass wir nun verstehen, wie wir unsere Position erreicht haben, und wir jetzt sehen, was an uns das Besondere ist. Wir zeichnen uns dadurch aus, dass wir der Biologie entwachsen sind. Wir versorgen zum Beispiel die Alten, Kranken und Schwachen, statt sie der natürlichen Selektion zu überlassen, und – zumindest auf den ersten Blick – sind es nicht unsere Besten (die Mitglieder der gehobenen Schichten), die für große Nachwuchszahlen sorgen. Mit anderen Worten, Darwins Gedanke zeigte, dass wir als Menschen eine neue (nämlich kulturelle) Entwicklung beginnen konnten und uns von der Natur emanzipiert haben. Wir sind Spitze – aber durch uns allein.

Natürlich gibt es irgendwo Menschen, die sich gerne als Mitglieder eines auserwählten Volkes sehen, und unter ihnen könnte es schon einige Beleidigte geben. Aber die Menschheit, die Freud gekränkt sieht, hat anders reagiert, vor allem, als sich – dank einer besser werdenden Geologie – die Einsicht verbreitete, dass die Erde veränderlich ist und es folglich auch die Arten sein müssen, wenn sie nicht aussterben wollen. Als der Gedanke der Evolution geboren wurde, diente er nicht der Vertreibung, sondern der Rettung Gottes, der seine Geschöpfe nicht einfach umkommen lässt und sie dafür wandlungsfähig gemacht hat. Dass sich heute Menschen unbehaglich fühlen, wenn führende Evolutionsforscher grinsend verkünden, wir verdankten unsere Existenz allein dem Zufall, sollte niemand überbewerten. Kenner von Vögeln sind nicht unbedingt Könner im Denken. Auf diesem Niveau wird die Wissenschaft nicht stehen bleiben.

Die Schatzkammer des Wissens

Damit kommen wir zu Freud selbst und dem Unbewussten. Was diese Sphäre des Geistigen angeht, so hatten sich die Menschen seit mindestens einem Jahrhundert mit ihr angefreundet. Sie gab ihnen unter anderem Hoffnung, verstehen und nachvollziehen zu können, wie es mit dem Gewebe unter der Schädeldecke gelingen kann, über die Erfahrungen hinauszugehen, die wir den Sinnen verdanken und mit denen wir Wissenschaft treiben. Zu den Besonderheiten des menschlichen Lebens gehört seit Tausenden von Jahren die »Vielfalt religiöser Erfahrung«, wie der amerikanische Philosoph William James sie 1902 beschrieben hat. Wir wissen vor jeder Wissenschaft und ohne sie, dass »etwas Höheres existiert«, wie James es ausdrückt, der annimmt, dass das MEHR – so seine Schreibweise –, mit dem sich Menschen in der religiösen Erfahrung verbunden fühlen, »die unterbewusste Fortsetzung unseres bewussten Lebens ist«. James ist überzeugt, »dass die Welt unseres gegenwärtigen Bewusstseins nur eine von vielen Welten ist, die es gibt, und dass diese anderen Welten Erfahrungen enthalten müssen, die auch für unser Dasein eine Bedeutung haben«.

Anders ausgedrückt, der Mensch, der stur Herr in seinem Haus sein will, übersieht, was ihn und uns alle geprägt hat, und er erfährt weder woher wir kommen noch wo unsere Ideen ihren Weg in das Bewusstsein beginnen. Sie können doch nicht von außen kommen – dann wären wir tatsächlich nicht Herr im Haus und einer unheimlichen Macht ausgeliefert. Unsere Ideen können nur von innen kommen. Und das heißt, sie gehören uns, und sie stecken in der Schatzkammer des Wissens, die wir alle als das Unbewusste mit uns führen. Wir wollen Zugang zu ihr bekommen, und wissen jetzt, dass dies geht. Das ist unser Glück und keine Kränkung.

Die alte Überheblichkeit

Bei James kann man auch lesen: »Humbug ist Humbug, auch wenn er im Namen der Wissenschaft daherkommt.« Die Theorie der menschlichen Kränkungen von Freud gehört hierzu, wobei zu fragen bleibt, warum wir ihr so gerne auf den Leim gehen.

Wenn Goethes *Faust* aufgeführt wird, lacht das Publikum besonders gerne, wenn das Famulus des großen Herrn davon schwärmt, wie herrlich weit es die Wissenschaft doch gebracht hat und wir so viel mehr wissen als die Menschen vor uns. Mein Verdacht ist, dass wir uns zwar im Gespräch gerne bescheiden wie Sokrates geben, der nur wusste, dass er nichts wusste, dass wir uns im Herzen aber wie der Famulus fühlen und meinen, etwas Besseres zu sein. Freud fördert dieses Gefühl. Im Gegensatz zu seinen Theorien kränken seine Sätze wirklich.

Buridans Esel

Der französische Philosoph Jean Buridan (1295 – um 1358) hat sich eher unbemerkt als Physiker einen Namen gemacht. Er hat über die Frage nachgedacht, wie ein Stein oder Speer weiterfliegen kann, nachdem er die ihn werfende oder schleudernde Hand verlassen hat. Aristoteles hatte vor ihm in der Antike verkündet, dass jede Bewegung zum Erliegen kommt, wenn keine Kraft mehr da ist, die sie fördert, und bis Buridan kam, hatten das alle so hingenommen. Es kann aber nicht stimmen: Denn wenn ich meine Wurfhand wegnehme, ist zwar keine Kraft mehr da – Stein und Speer fliegen aber trotzdem weiter.

»Was ist da los?«, fragte Buridan, um zu antworten, dass der Werfer dem Stein bzw. dem Speer etwas mit auf die Reise gibt. Dieses Etwas nannte er »Impetus«, und Buridan stellte sich darunter eine Art Butterbrot vor, wie Mütter es ihren Kindern mitgeben, wenn sie einen Ausflug machen, auf dem sie es nach und nach verzehren können. Wenn der geworfene Stein bzw. der geschleuderte Speer seinen jeweiligen Impetus aufgebraucht hat, müssten beide zu Boden fallen, was ja auch tatsächlich passiert.

Natürlich hat Buridan jetzt noch nicht vollständig erklärt, wie die Bewegung von Steinen und Speeren gelingt – das hat erst Newton geschafft (siehe »Newtons Eimer«) –, aber dem

Philosophen ist immerhin ein erster Fortschritt gegenüber Aristoteles gelungen, nach dessen Theorie Steine und Speere zu Boden fallen müssten, sobald die Wurfhand sie loslässt – was bekanntlich nicht passiert.

Buridan hat sich, wie gesagt, um die Fragen der Mechanik als Wissenschaftler verdient gemacht, berühmt geworden ist er dadurch aber nicht. Seinen Ruhm verdankt er der Denkfigur des Esels, der zwischen zwei gleichartigen Heubündeln sitzt, und zwar gleichweit von ihnen entfernt. Er kann sich in dieser Lage nicht entscheiden, welchen er ansteuert, er bleibt also an seinem Platz hocken und verhungert. Tatsächlich?

Auch mit diesen Gedanken reagierte Buridan auf eine Frage des Aristoteles, der darüber nachgedacht hatte, wie ein Mensch sich unter solchen Umständen verhalten kann. Was passiert, wenn wir uns zwischen gleichartigen Angeboten entscheiden müssen? Wie und wodurch unterscheiden wir das Ununterscheidbare?

Als Buridan über diese Fragen nachdachte, brachte er zunächst einen Hund in die eben geschilderte und scheinbar ausweglose Situation. Erst die Nachwelt hat ihn durch den Esel ersetzt, der inzwischen sprichwörtlich geworden ist und dem Hungertod ins Angesicht schaut. Also – überlebt Buridans Esel in der Zwickmühle oder kommt er im Angesicht der identischen und gleich weit entfernten Heuhaufen um?

Bei Buridan und seinen Zeitgenossen ging es bei dieser Frage letzten Endes um die Moral eines Handelnden. Wenn wir sie den Philosophen überlassen (in der Hoffnung, dass sie dabei Zeit zum Essen finden) und strikt mit naturwissenschaftlichen Kenntnissen operieren, dann stellt Buridans Esel kein Problem dar. Erstens gibt es so etwas wie identische Heuhaufen nicht. Die physikalische Welt ist voller statistischer Abweichungen, und die biologische Welt ist voller Variationen (sonst gäbe es sie nicht, wie Darwin betont hat). Die Bündel unterscheiden sich folglich, wobei wir – ebenfalls dank Darwin – annehmen können, dass die Wahrnehmungsfähigkeit des Esels dies erfassen kann. Zweitens gibt es eine exakte Mitte nur bei idealen Körpern der Euklidischen Geometrie. Ein realer Esel wird mit seinem (gewöhnlich hin und her wackelnden) Kopf einem der beiden Haufen immer ein Stück näher sein oder kommen als dem anderen. Zu dem wird er dann hingehen und an Ort und Stelle mit ihm seinen Hunger stillen. Der Esel stirbt nur, wenn er die Mathematik mit der Wirklichkeit verwechselt. Wem aber passiert so etwas schon?

Ockhams Rasiermesser

Der englische Philosoph Wilhelm von Ockham (um 1285–um 1349), der sich nach seinem Geburtsort in der Grafschaft Surrey nannte, war als Theologe und Philosoph tätig, und er plagte sich wie viele Zeitgenossen mit der bis heute aktuellen Frage ab, was es wirklich gibt. Es gibt ganz sicher den einen Stuhl, auf dem ich sitze. Gibt es aber auch den Stuhl ganz allgemein in diesem praktischen (realistischen) Sinne? Natürlich gibt es »den Stuhl« als Namen oder Wort. Aber wo ist er bzw. das, was das Wort bezeichnet? Gibt es ihn bzw. das irgendwo tatsächlich? Der konkrete Stuhl, auf dem ich sitze, steht in einem Zimmer, für das man auch manchmal Raum sagt. Diesen besonderen Arbeitsraum gibt es wirklich. Aber wie sieht es mit dem Raum ganz allgemein aus, den es geben muss, damit Dinge nebeneinander Platz finden? Und wo hat dort Gott seinen Ort – falls es beide wirklich gibt, den Raum und den Gott?

Man kann sich leicht vorstellen, wie kompliziert und umfangreich das Argumentieren der mittelalterlichen Philosophen und Theologen in solchen Fällen aussehen konnte, und unter dieser Vorgabe wird verständlich, wenn man erfährt, dass der oben erwähnte Wilhelm eines Tages um das Jahr 1324 herum vorschlug, bei diesen Gesprächen Unsinn zu vermeiden. Er empfahl konkret, bei den Debatten ein Rasiermesser (»Ockham's razor«) einzusetzen. Es sollte helfen, überflüssige

Kapriolen oder unnötige Vorraussetzungen zu entfernen. Wilhelm von Ockham soll damals feierlich verkündet haben: »Ohne Zwang sollte man keine Vielheiten annehmen.« In einfache Worte für den fertigen Alltagsgebrauch übertragen, lautet sein Ratschlag: »Wenn etwas auf verschiedenen Wegen erklärt werden kann, dann bevorzugen wir das Argument mit den wenigsten Annahmen.« Oder in aller Kürze: Je einfacher eine Erklärung ist, desto besser.

Wenn man Ockhams Rasiermesser wie ein Gebot formulieren möchte, kann man sagen: »Du sollst möglichst wenig und vor allem keine vermeidbaren Voraussetzungen machen.« In dieser Form hat es historische Bedeutung erlangt, und zwar in der Geometrie. Diese Wissenschaft beruhte auf den antiken Schriften, die Euklid um 300 v. Chr. als »Elemente« zusammengestellt hatte. Diese Euklidische Geometrie beginnt mit fünf Festlegungen, von denen die ersten vier übersichtlich sind: Man kann Punkte durch Strecken verbinden, gerade Linien gerade verlängern, um jeden Mittelpunkt einen Kreis ziehen, und rechte Winkel sind stets einander gleich. Das fünfte Postulat ist komplizierter: Es handelt von einer Geraden und einem Punkt, der nicht auf ihr liegt. Dann besagt die fünfte Feststellung, dass es durch diesen Punkt (genau) eine Gerade gibt, die die andere nie schneidet. Diese Linie nennt man die Parallele, weshalb man auch vom Parallelenpostulat spricht.

Unter diesen fünf Vorgaben florierte die Euklidische Geometrie bis in das 18. Jahrhundert hinein. Dann begannen die Mathematiker, Ockhams Rasiermesser zu schärfen und zu fragen, ob man die längliche fünfte Festlegung wirklich brauchte. Sollte man nicht besser auf sie verzichten? Konnte man sie eventuell sogar beweisen? Gab es gar die Möglichkeit, eine parallele Gerade so durch einen Punkt laufen zu lassen, dass sie sich doch irgendwo mit der anderen Linie schnitt?

Im 19. Jahrhundert lag die Antwort vor, und sie lautete, dass andere Geometrien tatsächlich möglich und konstruierbar sind. Es stellte sich dank Albert Einstein im frühen 20. Jahrhundert sogar heraus, dass die Euklidische Geometrie unserer Welt überhaupt nicht angemessen ist, wodurch es äußerst ratsam scheint, sich auch dann an Ockhams Rasiermesser zu erinnern, wenn man meint, schon alles verstanden zu haben. Wilhelm von Ockham selbst wollte mit seinem logischen Instrument dem lieben Gott ans Leder, was konkret heißt, dass er die Hypothese von der Existenz Gottes abschaffen wollte. Schließlich ist Gott nicht Gegenstand von Beweisen, wie er meinte, und da kann man ihm nur zustimmen.

Brenners Besen

In der modernen Wissenschaft ist ein Gegenstück zu Ockhams Rasiermesser entstanden, und zwar Brenners Besen, der eigentlich »Brenners Broom« heißen müsste. Sein Erfinder, der 1927 in Südafrika geborene und im britischen Cambridge zu ersten Ehren gekommene Molekularbiologe Sydney Brenner, hat die Idee nämlich bislang nur auf Englisch vorgetragen. Brenner konnte viele Jahre hindurch zwar die Bewunderung seiner Kollegen genießen – er hat zur Entschlüsselung des genetischen Codes und zum Verständnis der Erbmechanismen beigetragen, er hat mit einem Fadenwurm den geeigneten Organismus für die Erkundung der biologischen Entwicklung dieser Richtung der Lebenswissenschaften die entscheidende Richtung gegeben –, aber das Stockholmer Nobelpreiskomitee schien lange Zeit keinen Grund finden zu können, Brenner mit dem Ritterschlag der Wissenschaft auszuzeichnen. Er musste bis zum Jahre 2002 warten, und als es soweit war, diente das mehr der Ehre des Komitees. Trotzdem fällt es seit dieser Zeit leichter, dem Publikum zu erläutern, wie wichtig Brenner für die nach wie vor junge Wissenschaft der Molekulargenetik ist.

Junge Disziplinen müssen ungestüm sein, um sich zwischen den etablierten Linien behaupten zu können, und Brenners Besen ist ein Vorschlag, wie man bei dieser Unruhe die wissenschaftliche Sorgfalt nicht aus den Augen zu verlieren braucht. Es gilt zu berücksichtigen, dass eine Hypothese oder eine Entdeckung nicht sofort die ganze Welt erklärt. Wer eine gute Idee oder eine klare Einsicht hat oder zu haben meint, trägt sie erst mutig vor und greift sich anschließend Brenners Besen, mit dem alles unter den Teppich gekehrt wird, was unerledigt und unverstanden bleibt. Danach kann geprüft werden, ob man noch auf dem Teppich stehen will oder kann.

Als ein Beispiel aus der Molekularbiologie ist die Entdeckung anzusehen, dass der Stoff, aus dem die Gene sind, den Chemikern als DNA bekannt ist. Als diese Einsicht 1943 zum ersten Mal vorgetragen wurde, blieben so viele unerledigte Fragen zurück, dass niemand Halt finden und zufrieden sein konnte. Brenners Besen hatte damals noch viel zu tun. Daran hatte sich auch ein paar Jahre später noch nicht viel geändert, aber was Brenners Besen zu Beginn der 1950er Jahre wegwischen musste (siehe »Hersheys Himmel«), störte diejenigen, die den neuen Teppich ausgerollt hatten und sich auf ihm einfanden, immer weniger.

Ganz ohne Arbeit wird der Besen nie sein, den Brenner vor allem erfunden hat, um junge Wissenschaftler mit guten Ideen zu motivieren, sich nicht von vornherein durch die meist überwältigende Menge der unerklärt bleibenden Dinge entmutigen zu lassen. Brenner wollte auch daran erinnern, dass man sich nicht einfach zurücklehnen kann, wenn man einmal mit einer Erklärung Erfolg gehabt hat. Es könnte sein, dass man dabei die eigentlichen Fragen aus dem Auge verliert. Die eigentliche Frage der Biologie lautet zum Beispiel nicht, woraus Gene bestehen, sondern wie sie funktionieren und wie ihre Wirkungen – nämlich das Hervorbringen neuer Lebewesen – zustande kommen. Und Brenner weist seit Jahrzehnten darauf hin, dass der genetische Code und die Chemie der Gene dazu nicht ausreichen. Sie machen ihm trotz aller Qualität dafür einen zu langweiligen Eindruck. Wenn Brenners Besen in der modernen Biologie munter kehren könnte, würde mancher Teppich, der uns heute so glatt vorgestellt wird, sich merkwürdig wölben. Es wäre spannend zu sehen, wer dabei ins Rutschen kommt.

Moores Gesetz

Der 1929 in San Francisco geborene Gordon E. Moore hat das moderne elektronische Zeitalter vor allem dadurch mitgeprägt, dass er 1968 geholfen hat, eines der wichtigsten Unternehmen zur Herstellung von Computerchips zu gründen – gemeint ist die Firma Intel. Moore ist aber nicht nur reich, sondern auch berühmt geworden, und zwar durch eine Prognose aus dem Jahre 1965, mit der er die damalige Atmosphäre seiner aufstrebenden Industrie charakterisieren wollte. Diese Vorhersage wird heute als »Moores Gesetz« zitiert, und dies kann in der einfachen Form, die seinem Urheber am liebsten ist, folgendermaßen ausgedrückt werden: Egal, nach welchen Kriterien man urteilt – nach der Zahl der Transistoren, die auf einem Silizium-Chip untergebracht werden können, oder nach der Speicherkapazität, die man für einen Euro erwerben kann –, die Leistung *(performance)* eines Computers wird sich etwa alle achtzehn Monate verdoppeln.

Die Fachleute sprechen dabei von einem exponentiellen Gesetz (siehe »Eulers Zahl«), und sie frohlockten in den 1960er Jahren, weil sich solche Gesetze höchst genau prüfen lassen und weil sie zweitens höchst sicher waren, dass Moores Vorhersage weit danebenliegen würde. Denn in Moores Gesetz steckte die ungeheure Behauptung, dass sich die Rechenleistung eines Computers in vierzig Jahren – also von 1965 bis

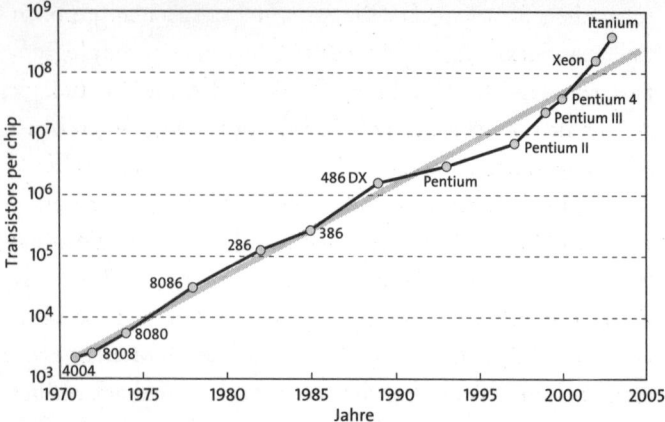

Als Beispiel für Moores Gesetz kann man die Packdichte der Transistoren auf Mikroprozessoren seiner Firma Intel anschauen. Die Zahl verdoppelt sich alle zwei Jahre. Das ist etwas langsamer, als Moore ursprünglich vermutet hat, aber die achtzehn Monate sind nicht der entscheidende Teil seines Gesetzes. Der steckt in dem exponentiellen Wachstum, das jetzt seit Jahrzehnten anhält.

heute – um den sagenhaften Faktor hundert Millionen vergrößern werde.

Bemerkenswerterweise ist genau das eingetreten, was unter anderem die Feststellung erlaubt, dass heute jeder Mikrowellenherd oder jede Digitalkamera mit mehr Rechenkapazität ausgestattet ist, als der ganzen Welt in den 1950er Jahren zur Verfügung stand. Und die Computerindustrie lässt nicht erkennen, dass sie Moores Gesetz in Zukunft nicht mehr erfüllen wird. In der Geschichte der Menschen gibt es keinen zweiten technologischen Fortschritt mit dieser Rasanz. Moores Gesetz macht uns und unsere Zeit wahrlich herausragend.

Inzwischen gibt es Leute, die Moores Gesetz so ernst nehmen, dass sie es über den elektronischen Rahmen hinausführen wollen. Sie sagen, dass die von ihm beschriebene exponentielle Entwicklung charakteristisch für jedes technologische Fortschreiten ist. Es kann natürlich sein, dass die Technologie, auf die sich Moores Gesetz bezieht, eines Tages ausgereizt ist. Aber dann treten eben andere Entwicklungen an ihre Stelle.

Es gibt darüber hinaus noch andere Leute, die der Ansicht sind, mit Moores Gesetz lasse sich berechnen, wann die künstliche Intelligenz der Computer die natürliche Intelligenz der Gehirne überholt und ablöst. Wenn ich solche Prognosen höre, fällt mir die Geschichte ein, die der Zürcher Kabarettist Franz Hohler einmal erzählt hat. Sie handelt von der vielfach verbreiteten (und leider auch vielfach geglaubten) Mär, das menschliche Wissen verdopple sich in immer kürzer werdenden Abständen. Erst hat sich unser Wissen zwischen 1960 und 1980 verdoppelt, dann hat sich unser Wissen zwischen 1980 und 1990 verdoppelt, dann hat sich unser Wissen zwischen 1900 und 1995 verdoppelt, und seit der Zeit weiß man nicht mehr so genau, wann sich unser Wissen verdoppelt hat.

Poppers Paradox

Wenn so viel von Wissen und von so viel Wissen die Rede ist, kann es nicht lange dauern, bis der aus Wien stammende Philosoph Karl Popper (1902–1994) zitiert wird. Ihm verdanken wir viele Texte über die Logik der Forschung, die essentielle Unvollständigkeit der Wissenschaft, Theorien zur Demokratie und mehr. Ihnen kann man zwar in verschiedener Hinsicht kritisch gegenüberstehen, man kann ihnen aber auf keinen Fall den Vorwurf machen, unklar geschrieben zu sein. Popper bemüht sich bei seinem Philosophieren nicht nur um die Gedanken, sondern auch um ihren sprachlichen Ausdruck, und seine Schriften zu lesen bringt immer Gewinn.

Eine von Poppers Grundhaltungen ist die Bescheidenheit, womit er zum Beispiel meint, dass wissenschaftliches Wissen vor allem hypothetisch ist und sich immer als falsch erweisen kann. Eine zweite seiner Grundhaltungen ist der Optimismus, den er Forschern als Pflicht auferlegt. Jeder Wissenschaftler glaubt daran, ein Problem lösen oder einen Fortschritt erzielen zu können, sonst wäre ein anderer Beruf angeraten.

Und in dieser eher schönen und beschaulichen Welt taucht als eine unangenehme Beobachtung ein Paradox auf, das mit der Zukunft zusammenhängt. Menschen arbeiten für die Zukunft, und sie bemühen sich, sie kennen zu lernen. Sie tun dies im Rahmen ihrer wissenschaftlichen Arbeiten, und sie denken, dabei könnten sie nach und nach immer mehr über diese Zukunft lernen und besser über sie Bescheid wissen. In den 1960er Jahren fühlten sich einige von ihnen bekanntlich sogar bemüßigt, eine Wissenschaft der Futurologie zu etablieren, mit der die Zukunft exakt vorhersehbar werden sollte.

Und dann kam Poppers Paradox. Es besteht zunächst in der unbestreitbaren Einsicht, dass die Zukunft von Gesellschaften, die organisiert Wissenschaft betreiben, von dem Wissen abhängt, das sie erworben haben und anwenden. Je mehr wir wissen, desto mehr hängt die Zukunft von dem ab, was wir wissen.

Das ist alles noch in Ordnung. Das Paradox erwischt uns nun in voller Breite, wenn wir weiter überlegen, dass wir zwar alles Mögliche über die Zukunft wissen können, nur nicht das, was wir in Zukunft wissen werden. Denn dann wüssten wir dies schon heute. Mit anderen Worten: Je mehr unsere Zukunft von unserem Wissen abhängt, desto weniger wissen wir, was auf uns zukommt. Die schwarze Wand der Zukunft rückt nicht weiter von uns weg. Sie kommt immer näher auf uns zu. Wir können nur hoffen, dass uns das nichts ausmacht und dass unser Sachverstand ausreicht, um für diese Situation gerüstet zu sein.

Apropos Sachverstand – er wird ganz sicher dringender denn je benötigt, aber nur, um die Zukunft zu gestalten, und nicht, um sie vorherzusagen. Dies muss uns mit anderen Mitteln gelingen – zum Beispiel mit Gefühlen.

Bacons Diktum

»Wissen ist Macht.« So lautet die nachhaltige Einsicht, die der englische Philosoph – und Staatsmann, wie manche Biografen hinzufügen – Francis Bacon (1561–1626) zum ersten Mal im Jahre 1597 in einem lange Zeit obskur bleibenden Text formuliert hat. Der sehr kurz gehaltene Gedanke – Bacons Diktum – taucht ausführlicher erst wieder in Bacons großem Werk *Novum Organum* (manchmal auch unter dem Titel *Novum Organon*) auf, das 1620 erschien. Hier drückt sich der Autor genauer aus durch den Hinweis, dass menschliches Wissen und Können zusammenfallen. Für Bacon ist klar: Wer die Natur für seine Zwecke nutzen (und also beherrschen) will, der muss sich ihr zunächst unterwerfen. Wer dies getan und dabei Wissen über sie erlangt hat, kann dann Macht über jemanden ausüben. (Übrigens, weil sich der Wissende unterwerfen muss, heißt er Subjekt – vom Lateinischen *subiacere*, unterwerfen –, und in dieser Form hat er Wissen von dem, was ihm gegenübersteht und was mit lateinischer Färbung das Objekt seiner Begierde ist).

Auf diese Macht kam es Bacon an. Sie schien ihm für das Leben und Überleben nötig zu sein, und er konnte sich nur vorstellen, dass diese Macht zum Guten für die Menschen eingesetzt wird. Bacons Aufruf, Wissen zu erwerben, diente dem Ziel, die damals äußerst schlechten Lebensbedingungen der Menschen zu verbessern, und er war davon überzeugt, dass ihm und seinen Zeitgenossen die Mittel dazu gegeben waren – die Mittel des Verstandes und die Möglichkeit des Experiments. Mit beiden musste doch herauszufinden sein, wie zum Beispiel Lebensmittel länger haltbar gemacht werden können (durch Kühlhalten, wie Bacon höchstpersönlich ermittelte, allerdings nicht, ohne dabei die Erkältung zu bekommen, die ihn letztlich dahinraffte).

Aus Sicht der heutigen Lebensweise stellt Bacons Diktum eher eine Selbstverständlichkeit dar. Aber für die Zeit, in der er es formulierte, lieferte sein Gedanke etwas Neues. Daher fügte er dieses Attribut auch dem Titel seines Hauptwerks bei – es ist ein Novum, etwas Neues, was die Frage aufwirft, was denn damals so neu war?

Die Antwort steckt in der Idee des Fortschritts. In der langen Geschichte vor Bacon haben die Menschen aller Epochen stets angenommen, die guten Jahre lägen hinter ihnen (»die gute alte Zeit«). Die Griechen der Antike schwärmten von einem längst vergangenen Goldenen Zeitalter, und auch die Vertreter der Renaissance blickten ja noch zurück, wie die Vorsilbe »re« ausdrückt. Bacon kehrt diese Orientierung um. Für ihn lag das Goldene Zeitalter in der Zukunft, und die Menschen konnten selbst dafür sorgen, dass sie – noch auf Erden und nicht erst im Himmel – ein besseres Leben hatten. Er kreierte die Idee des Fortschritts, und der neue Gedanke, der damals in die Welt kam, kann mit dem schlichten Satz ausgedrückt werden: »Fortschritt ist möglich.«

Was ist aber unter einem Fortschritt zu verstehen? Gemeint sind damit mehr Macht über die Natur und/oder bessere Vorhersagen über künftige Entwicklungen. Beides sollte im Verständnis von Bacon durch Wissen gelingen. Denn Wissen ist Macht. Mehr Wissen ist mehr Macht. Und dies ist gut – für die Menschen.

Natürlich kann man Bacons Diktum heute nicht mehr erwähnen, ohne den Hinweis zu geben, dass es vielen Menschen inzwischen so scheint, als ob das Ende des baconschen Zeitalters gekommen sei. Damit ist nicht gemeint, dass Wissenschaft und Technik die Ideen ausgehen und keine Fortschritte mehr erzielen, sondern dass der wissenschaftliche Fortschritt aufgehört hat, ein humaner Fortschritt zu sein, wie es für Bacon noch selbstverständlich war. Wer heute innovativ sein will, wie es nun heißt, wenn etwas Neues geschaffen werden soll, der muss dafür sorgen, dass der Fortschritt sich nicht am Machbaren, sondern am Wünschenswerten orientiert – wünschenswert für den Menschen.

Hersheys Himmel

Leider ist es für die moderne Wissenschaft charakteristisch, ein kurzes Gedächtnis zu haben. Bereits heute sind viele Stars aus der Frühzeit der Molekularbiologie vergessen, obwohl einige von ihnen noch vor kurzem Vorträge gehalten oder neue Arbeiten publiziert haben. In den 1940er und 1950er gab es einige wunderbare Experimente, die zugleich so durchschlagend und so leicht nachvollziehbar waren, dass sie heute jeder Studienanfänger im Grundkurs Biologie nachmacht und daher für banal hält. Bertolt Brecht hat einmal für die Literatur beklagt, dass man einen Autor wirkungslos machen kann, indem man ihm zum Klassiker befördert. In der Wissenschaft gilt: Wem ein klassisches Experiment gelungen ist, an den erinnert sich bald keiner mehr, und sowohl seine Motive als auch seine Fragestellungen verpuffen ohne Nachwirkung.

Dem amerikanischen Biologen Alfred Hershey (1908–1997) ist solch ein klassisches Experiment im Jahre 1952 geglückt, und zwar gemeinsam mit seiner Kollegin Martha Chase. Weil sie dazu ein Mixgerät (*blender*) benutzten, das sie in einem gewöhnlichen Kaufhaus erstanden hatten, spricht man auch vom Blender-Experiment. Damals ging es um die Frage, aus welchem Stoff die Gene sind. Die Chemiker kannten zwei Kandidaten beziehungsweise sie warteten eigentlich nur darauf, dass bald in einem Experiment gezeigt werden würde, dass es die

Stoffklasse der Proteine ist, aus der das Erbmaterial besteht. Zwar war einer um Oswald Avery in New York gescharten Gruppe von Biochemikern am Ende des Zweiten Weltkriegs der Nachweis gelungen, dass diese Proteine es nicht alleine sein konnten und mindestens eine Sorte von Nukleinsäuren mit zu den Genen beitrug – diese Moleküle sind heute weltberühmt und durch die Abkürzung DNA bekannt –, aber das Establishment blieb skeptisch. Zu viele Wetten waren auf die Proteine abgeschlossen worden. Man wartete nur noch gespannt auf den Nachweis, dass sie es waren, und 1952 fand Hershey die Möglichkeit, die Frage in einem Experiment tatsächlich zu klären.

Er arbeitete mit Viren, die in Bakterien eindringen und sich in ihnen vermehren können, und diese Viren bestanden genau aus den beiden Stoffen, die miteinander im Wettbewerb lagen – aus DNA und aus Protein. In dem in Fachkreisen legendären Blender-Experiment zeigten Hershey und Chase dann, dass das Virus als Mischung aus DNA und Protein in das attackierte Bakterium eindringt, aber nur um dort als DNA anzukommen. Und nicht nur das – es fängt anschließend im Inneren des eroberten Bakteriums allein als DNA an, um zuletzt wieder als Kombination aus DNA und Protein aufzutreten und seinen Lebenslauf fortzusetzen.

Die Entscheidung war gegen die Proteine gefallen, und der folgende Schluss ließ sich nicht mehr vermeiden: Der Stoff, aus dem die Gene sind, heißt DNA. Es war der Stolz der Wissenschaft, dass diese Frage nicht wolkigen und blumigen Spekulationen überlassen, sondern durch ein elegantes und unwiderlegbares Experiment entschieden worden war.

Damals fühlte sich Hershey glücklich – er wurde später zusammen mit Max Delbrück (siehe »Delbrücks Schludrigkeit«) und Salvatore Luria mit dem Nobelpreis für Medizin geehrt –, und er formulierte seinen Traumzustand, für den bald darauf die Bezeichnung »Hershey's Heaven« – »Hersheys Himmel« – aufkam. Ein Wissenschafter ist in Hersheys Himmel, wenn er ein Experiment kennt, das funktioniert und das er jeden Tag machen kann – am liebsten sein ganzes Leben lang.

Übrigens – es soll Leute geben, die »Hershey's Heaven« für eine Hölle halten. Immer nur dasselbe Experiment, das immer klappt und immer die Antwort liefert, die man erwartet? Max Delbrück etwa sah das Glück des Wissenschaftlers auf andere Weise. Er liebte jeden Morgen wieder die Spannung, die ihn ins Laboratorium trieb, um sich von der Antwort überraschen zu lassen, die die Natur auf seine experimentellen Fragen gegeben hatte.

Snows Kulturen

Wenn in Deutschland um Bildung gestritten wird, fällt ein Ungleichgewicht bzw. eine Asymmetrie auf. Sie erstreckt sich vor allem auf das, was in Quizsendungen unter der Rubrik »Was man weiß, was man wissen sollte« zu finden ist. Jeder weiß etwas von Picassos rosa Periode oder vom »Blauen Reiter« und seinen Malern. Aber niemand weiß, dass es sich lohnt, ebenso über die Doppelhelix oder die Theorie der Atome und die Menschen informiert zu sein, denen wir diese Einsichten verdanken. Wer Arthur Schopenhauer oder Martin Heidegger nicht kennt oder nicht von ihnen gehört hat, gilt als ungebildet. Wer hingegen Ludwig Boltzmann oder Wolfgang Pauli nicht einordnen kann, macht sich über diese Lücke keine Sorgen – und niemand hierzulande wird ihm dies übel nehmen.

Auf diese unterschiedliche Gewichtung von Wissen hat der britische Physiker, Dichter und Staatsmann Charles P. Snow (1905 – 1980) im Jahre 1959 hingewiesen, als er in einem Vortrag seine zwar vielfach verworfene, sich aber hartnäckig behauptende Trennung der zwei Kulturen einführte. Snow hatte konkrete Personen aus den dazugehörigen Bereichen der akademischen Welt vor Augen, und er unterschied die Vertreter der literarischen Intelligenz (Autoren, Kritiker) von den Repräsentanten der naturwissenschaftlichen Fächer (Forscher, Ingenieure). Dann fragte er nach dem allgemeinen Verständnis der

Themen, die in den genannten Kreisen erörtert werden, und dabei fiel ihm das eingangs erwähnte Ungleichgewicht auf. Snow machte die fehlende Symmetrie an den Sonetten Shakespeares und dem Zweiten Hauptsatz der Thermodynamik fest, indem er bemerkte, dass jeder nickt und verständnisvoll tut, wenn von den Sonetten des Barden die Rede ist, während jeder mit den Schultern zuckt und verständnislos den Kopf schüttelt, wenn die Wärmelehre und einer ihrer Hauptsätze angesprochen werden.

Bislang hat noch jedes Publikum so reagiert, wie es Snow beschrieben hat, ohne zu merken, dass an dieser Stelle etwas völlig falsch ist. Es trifft meiner Erfahrung nach nämlich überhaupt nicht zu, wie oft zu lesen ist, dass – auf die Öffentlichkeit bezogen – jeder die Sonette und niemand die Hauptsätze kennt. Was bestenfalls zutrifft, lässt sich so formulieren, dass zwar jeder von den Sonetten gehört hat, die Shakespeare geschrieben hat, dass diese erstaunlichen Texte aber trotzdem niemand kennt bzw. versteht, und zwar eher noch weniger als den Zweiten Hauptsatz der Thermodynamik (siehe »Maxwells Dämon«).

Snows Kulturen erfassen den Unterschied zwischen dem, was die Universitäten als Geisteswissenschaften und Naturwissenschaften trennen, um ihnen spezielle Aufgaben zuzuweisen. Die Naturwissenschaften sollen das Wissen schaffen, mit dem wir uns die Natur verfügbar machen (Herrschaftswissen), und die Geisteswissenschaften sollen das Wissen beisteuern, mit dem wir das andere einsetzen (Orientierungswissen). Die Besonderheit der ersten Kultur scheint in der Fähigkeit zum intuitiven Verstehen und ihrer Hinwendung zum Einzelerlebnis zu stecken. Und die Qualität der zweiten findet sich im systematischen Einsatz des quantitativen Experiments und der Formulierung allgemeingültiger Gesetze.

Tatsächlich versuchen die Naturwissenschaften alles, um individuelle Besonderheiten auszuschließen. Im theoretischen Bereich nehmen sie statistische Methoden zu Hilfe und bilden Mittelwerte, und im experimentellen Bereich bestehen sie auf der möglichst genauen Reproduzierbarkeit von Ergebnissen, das heißt, sie übersehen und übergehen gerade das, was Einzelereignisse unverwechselbar macht. Genau dafür interessieren sich aber die Menschen – für die Besonderheiten anderer Menschen. Wenn die Naturwissenschaft darauf verzichtet, kann es passieren, dass die Öffentlichkeit darauf verzichtet, sie zur Kenntnis zu nehmen. Das wäre dann endgültig die Bildungskatastrophe, die unsere Kulturoberen die ganze Zeit befürchten. Vielleicht sollte man ihnen sagen, dass die Türen für den Ausweg längst offen stehen.

Nobels Preis

Wer bringt »der Menschheit den größten Nutzen«? Eine unlösbare Aufgabe, für die wir seltsamerweise jedes Jahr neue Antworten probieren und feierlich vorführen. Wir müssen dies tun, weil Alfred Nobel (1833–1896) uns vor mehr als hundert Jahren dazu aufgefordert und riesige Geldsummen dafür bereitgestellt hat, die er im Laufe seines Lebens mit immer besseren Sprengstoffen verdienen konnte. Als der »Dynamit-König«, wie die Zeitungen ihn nannten, am 10. Dezember 1896 an der italienischen Riviera starb, überraschte er seine Zeitgenossen mit einem merkwürdigen Testament, das er ein Jahr zuvor formuliert hatte – offenbar ohne einen Anwalt. Der unverheiratete und kinderlose Nobel verfügte darin, dass der Hauptanteil seines Vermögens gut anzulegen sei, damit die Zinsen als Preise »denen zuerteilt werden, die im verflossenen Jahr der Menschheit den größten Nutzen geleistet haben«, und zwar auf fünf Bereichen: auf den Gebieten der Physik, der Chemie und der Physiologie, die Nobel der Medizin zurechnete, auf dem Gebiet der Literatur und zuletzt auf dem Feld des Friedens »für die Verbrüderung der Völker«.

> Auszug aus Nobels Testament von 1895
>
> »Das Kapital [30 Mio. Schwedenkronen] (...) soll einen Fonds bilden, dessen jährliche Zinsen als Preise denen zugeteilt werden, die im verflossenen Jahr der Menschheit den größten Nutzen geleistet haben. Die Zinsen werden in fünf gleiche Teile geteilt, von denen zufällt: ein Teil dem, der auf dem Gebiet der Physik die wichtigste Entdeckung oder Erfindung gemacht hat; ein Teil dem, der die wichtigste chemische Entdeckung oder Verbesserung gemacht hat; ein Teil dem, der die wichtigste Entdeckung auf dem Gebiet der Physiologie oder der Medizin gemacht hat; ein Teil dem, der in der Literatur das Ausgezeichnetste in idealer Richtung hervorgebracht hat; ein Teil dem, der am meisten oder besten für die Verbrüderung der Völker und für die Abschaffung oder Verminderung der stehenden Heere sowie für die Bildung und Verbreitung von Friedenskongressen gewirkt hat.«

Die aufgeführte Reihenfolge stammt von Nobel selbst, der die Naturwissenschaften deutlich vor das Schöngeistige und das Politische setzte, und nur um sie soll es hier gehen. Es war nämlich allein in diesem Bereich schwer genug, Nobels lockere schriftliche Vorgaben auf einem Blatt Papier in eine streng geregelte Festlichkeit in der schwedischen Hauptstadt zu verwandeln, und es hat auch bis zum Jahre 1900 gedauert, bis die Nobelstiftung endlich eingerichtet werden konnte, die uns inzwischen seit mehr als hundert Jahren diejenigen präsentiert, die Nobels Willen erfüllt haben sollen. Der Blick auf die ersten Wohltäter der Menschheit bzw. die ersten Preisträger aus dem Jahre 1901 zeigt dabei, dass die Stiftung sich von Anfang an nicht an Nobels Anweisungen gehalten hat. Schließlich hatte Röntgen die berühmte Entdeckung der nach ihm benannten Strahlen bereits 1895 gemacht – also nicht »im verflossenen Jahr«, wie es vom Stifter selbst noch ausdrücklich gewünscht worden war.

> Die Preisträger von 1901
>
> Physik: Wilhelm Conrad Röntgen (1845–1923), Deutschland.
> Chemie: Jacobus Van't Hoff (1852–1911), Niederlande.
> Physiologie oder Medizin: Emil von Behring (1854–1917), Deutschland.
> Literatur: Sully Prudhomme (1839–1907), Frankreich.
> Frieden: Henri Dunant (1828–1910), Schweiz, und
>   Frédéric Passy (1822–1912), Frankreich.

Wie schwierig es gewesen sein muss, Nobels knappe Anweisungen in ein umfassend funktionierendes Verfahren umzuwandeln, zeigt allein der Blick auf die Tatsache, dass es in dem Testament um eine Bestimmung ging, die ein Schwede in Paris verfasst hatte, der in Italien gestorben war. Offenbar hat vor allem die Tatsache, dass der polyglotte Nobel seinen letzten Willen in seiner Muttersprache verfasst hat, dazu geführt, Stockholm zum Ort der Festlichkeiten zu machen. Hier ist der Stifter dann auch Ende Dezember 1896 beigesetzt worden.

Das Erfolgsgeheimnis

Keine Auszeichnung der wissenschaftlichen Welt wird häufiger genannt als der Nobelpreis, und zwar sowohl in der Alltags- als auch in der Kulturwelt. Keine Auszeichnung verfügt über eine höhere Reputation, keine Auszeichnung steht mehr im Blickpunkt der Medien, und keine Gruppe von Menschen stellt eine exklusivere Elite dar als die Nobelpreisträger. Im Laufe der einhundertjährigen Geschichte sind insgesamt nicht einmal siebenhundert Personen in diesen wissenschaftlichen Adelsstand erhoben worden, wobei es in allen naturwissenschaftlichen Fächern weniger als zweihundert sind. Dreihundert hätten es werden können, wenn der Nobelpreis jedes Jahr verliehen und dabei das Kontingent von drei Laureaten pro Fach ausgeschöpft worden wäre. Diese frühe Festlegung auf maximal drei Preisträger pro Jahr sicherte dem Nobelpreis zwar eine Exklusivität, die jede öffentliche Zeremonie braucht, um genügend Aufmerksamkeit zu bekommen. Doch damit ist das Rätsel noch lange nicht gelöst, was den Nobelpreis so ungeheuer populär macht und wie es ihm gelingt, alle anderen Auszeichnungen im Bereich der Wissenschaft in den Schatten zu stellen.

Nachahmer und Konkurrenten

Der Nobelpreis hat viele Rivalen, die aber alle nicht an seinen Ruhm heranreichen. Wir können nur einige von ihnen aufzählen. Es gibt zum Beispiel den Templeton-Preis für Fortschritte in der Religion, dessen Stifter ausdrücklich wollte, dass es bei ihm mehr Geld als in Schweden zu gewinnen gibt. Es gibt den Wolf-Preis, der seit 1978 in Israel vergeben wird, und zwar, fast wie der Nobelpreis, in Physik, Chemie, Medizin, Mathematik und den Künsten. Die Mathematiker, die Nobel übergangen hat – er konnte mit rein theoretischen Wissenschaften nichts anfangen –, haben ihren eigenen »Nobelpreis« kreiert, die Fields-Medaille, die unter Wissenschaftlern sehr hohes Ansehen genießt. Auch sehr hoch im Kurs steht der Balzan-Preis, der ebenfalls solche Disziplinen auszeichnet, die bei Nobel nicht vorkommen, nämlich die Soziologie und die politischen Wissenschaften. Seit 1994 gibt es noch den Schock-Preis für Philosophie, der seine Empfänger in der Philosophie, der Musik und den schönen Künste sucht.

Den Ruhm des Vorbildes nutzt der Alternative Nobelpreis aus, der 1980 von dem deutsch-schwedischen Publizisten Jakob von Uexküll etabliert worden ist, dessen Großvater Jakob Johann als Begründer der Umweltforschung gilt. Der Preis soll verliehen werden an Menschen oder Organisationen, die »mit praktischen und exemplarischen Lösungen an den wirklichen Problemen unserer Zeit arbeiten« und eine »richtige, verantwortungsvolle Lebenshaltung« an den Tag legen. Von Uexküll hat seine Briefmarkensammlung verkauft, um dem Alternativen Preis ein finanzielles Fundament zu geben.

Lustig geht es bei dem Ig-Nobelpreis zu, wobei die ersten beiden Buchstaben nicht einzeln, sondern wie ein verkürzter Schluckauf zu sprechen sind. Dieser Preis wird vergeben von den Herausgebern der

> satirischen »Annals of Improbable Research« (das Nachfolgeblatt des »Journal for Irreproducible Results«), und zwar für Forschungen, die nicht reproduzierbar sind und es auch nicht sein sollten. Preisträger gewinnen nichts und bekommen auch keine Spesen. Aber nach allem, was man hört, geht es bei den Feiern, die im Oktober in der Harvard-Universität stattfinden, so lustig zu, dass bislang noch alle gekommen sind und es nicht bereut haben (www. ignobel.org).

Ein einleuchtender Grund für unser Interesse am Nobelpreis ist der Name selbst. Nobel klingt nobel, und so wird geadelt, wer den Preis bekommt. Adel hat für die Menschen immer eine besondere Rolle gespielt, darum ist es überhaupt kein Nebenaspekt, dass es ein König ist, der die Urkunden überreicht (mit dem dazugehörigen Zeremoniell, das Monarchien zu eigen ist). So aufgeklärt wir auch sein wollen, nie wird ein Märchen mit dem Satz beginnen: »Es war einmal ein Staatspräsident, der hatte drei Töchter.« Es wird immer ein König bzw. eine Königin sein, die im Märchen die kindliche Fantasie anregt und vom wahren Leben erzählt. Und wenn es im Leben wie in einem Märchen zugeht, dann umso besser, und wir schauen erst recht voller Freude hin. Genau dies passiert für die Nobelpreisträger, die extra einen Frack anziehen, wenn sie dem König entgegenschreiten, um in den wissenschaftlichen Adelsstand erhoben zu werden.

Wer dabei vor allem an das Geld denkt, mag vielleicht ein Schuft sein, aber die Höhe des Preisgeldes lässt nur das Märchenhafte des ganzen Vorgangs deutlicher hervortreten. Als die ersten Auszeichnungen vergeben wurden, machte die Summe etwa das Dreißigfache eines Jahresgehaltes aus, das ein Hochschulprofessor verdienen konnte, und das Zweihundertfache dessen, was einem Facharbeiter im Laufe von zwölf Monaten gezahlt wurde. Das Geld spielt natürlich immer eine Rolle – wobei es sich die Juroren selbst offenbar sehr gut gehen lassen und reichlich Spesen abrechnen –, aber haben wir mit dem Geld, dem König und dem schönen Namen »Nobel« schon verstanden, was den Preis aus Schweden so verlockend macht?

Der Aufbruch in die Moderne

Wir sollten noch eine andere Ebene ins Auge fassen und bedenken, dass die Menschen mit dem Nobelpreis den Aufbruch in eine neue Zeit feierten. Sie hatten das 19. Jahrhundert hinter sich gelassen und sahen ungeheure Chancen für Wissenschaft und Technik vor sich. Genau dies wollte Nobel fördern, und er war – wie seine Zeitgenossen – sicher, dass dabei nur etwas Nützliches zustande kommen könne. Noch funktionierte die antike Überzeugung, dass rationales Vorgehen nur Gutes mit sich bringen kann, und selbst das Dynamit von Nobel hatte doch vor allem dazu gedient, die Macht der Menschen durch Wissen zu vergrößern. Man konnte Berge durchstoßen und Räume erschließen, so wie man es sich immer erträumt hatte.

Zusätzlich brach mit dem beginnenden 20. Jahrhundert – und damit zeitgleich mit der Verleihung des Nobelpreises – die Wissenschaft in neue und unbekannte Höhen der Abstraktion auf. Die Stichworte hießen Relativitäts- und Quantentheorie, und die geistigen Entwicklungen, die hier in Erscheinung traten, hinterließen Spuren auch in der Malerei und in der Literatur – ein tiefer Zusammenhang, der uns bis heute beschäftigt. Die Zeit wurde neu, die Moderne begann, und dieser Fortschritt wurde vom Nobelpreis honoriert und repräsentiert.

Wettstreit der Nationen

Darüber hinaus hat der Nobelpreis die im Todesjahr seines Stifters wiederbelebte Idee der Olympischen Spiele übernommen und erlaubt es, die Idee des nationalen Wettbewerbs in die Hallen der Wissenschaft zu tragen. Tatsächlich druckten die Zeitungen schon bald nach Bekanntgabe der Gewinner bei den Nobelpreisen so etwas wie Medaillenspiegel, in denen zu lesen war und ist, welches Land in welcher Zeit wie viele Preise aus Stockholm bekommen hat. Dabei kann es amüsant zugehen – etwa, wenn die Frage entschieden werden muss, welcher Nation der in Deutschland geborene, in Amerika gestorbene Schweizer Bürger Albert Einstein zugerechnet werden soll. Oder es geht sehr ernst zu, wie etwa in der Pressemeldung, die im Januar 2001 die Runde machte und in der die Regierung Japans verlangte, dass die Forschung des Landes besser würde. Man erwarte von seinen Wissenschaftlern, in den kommenden dreißig Jahren fünfzig Nobelpreise zu gewinnen, nachdem es in den vergangenen dreißig Jahren nur sechsmal geklappt hatte.

Die Regierung versuchte mit diesem Trick, von der eigenen Hilflosigkeit abzulenken, die sie an den Tag legte, als im Oktober 2000 in Stockholm der Name Hideki Shirakawa fiel. Er war zwar mit dem Nobelpreis für Chemie ausgezeichnet worden, seiner Regierung aber völlig unbekannt – wobei zynischen Journalisten einfiel, laut zu fragen, ob in den hohen politischen Kreisen überhaupt ein japanischer Wissenschaftler bekannt sei, der mit dem Nobelpreis ausgezeichnet worden ist. Japan betrachtet also von nun an das Rennen um den Nobelpreis als nationale Angelegenheit, bei der es um eine Nationenwertung geht.

Erlaubt sei an dieser Stelle der Blick zurück auf das Jahr 1903, als die Schwedische Akademie der Wissenschaften verkündete, der Nobelpreis für Physik würde dem Ehepaar Curie zugesprochen. »Curie? Nie gehört!«, so reagierte die französische Presse, die ihre »grande nation« in höchstem Grade blamiert sah, weil es tatsächlich das Ausland war, das den Franzosen sagen musste, welche wissenschaftlichen Talente in der Hauptstadt am Werk waren. Die Sache wurde noch schlimmer, als man erkannte, unter welch unwürdigen Bedingungen Pierre und Marie Curie gearbeitet hatten, ohne dass Madame Curie eine Anstellung gehabt hätte. Marie Curie zog bald alle Aufmerksamkeit auf sich – als gebürtige Polin wirkte sie leicht exotisch, und neben den bisherigen Preisträgern erschien die sechsunddreißigjährige Mutter als Heilige der Wissenschaft. Mit der Wahl der Curie, die später mit einem zweiten Nobelpreis – diesmal für Chemie – ausgezeichnet wurde, schaffte man in Schweden den Durchbruch zur internationalen Aufmerksamkeit.

Übrigens – das schöne Ritual von heute, bei dem die Namen der Preisträger im Oktober öffentlich verkündet werden – nachdem sie selbst kurz vorher telefonisch unterrichtet worden sind –, gibt es erst seit 1911. Bis dahin fanden die Bekanntgabe des Preises und seine Überreichung am gleichen Tag statt – am 10. Dezember, dem Todestag Nobels –, was sehr umständliche und geheime Mitteilungen an die Ausgezeichneten zur Folge hatte, die inkognito nach Stockholm kamen und zu Hause etwas von einer privaten Reise fabulieren mussten.

Die Zukunft des Preises

Der Nobelpreis stellt heute eine feste Institution dar, und sowohl die Verkündigung der Laureaten als auch die Übergabe der Medaillen (und der Schecks) stehen fest in jedem Kalender verzeichnet. Man redet unentwegt vom Nobelpreis, man bewundert uneingeschränkt die Nobelpreisträger – aber wer könnte denn noch einen Wissenschaftler nennen, der in den letzten Jahren ausgezeichnet worden ist? Welchem Leser war der Name Hideki Shirakawa vertraut? Und wer hat ihn bis heute behalten?

»Curie? Nie gehört!« – das kommt längst aus unserem eigenen Mund, und die Frage darf erlaubt sein, ob unter diesen Umständen nicht doch etwas faul ist im Reich der Nobelpreisträger, Märchen hin oder König her. Die Tatsache, dass schon die Nobelpreisträger vom vergangenen Jahr unbekannt sind, zeigt, dass hier Personen ausgewählt werden, die uns nichts oder nicht viel zu sagen haben. Dann wird auch zweifelhaft, dass sie »der Menschheit den größten Nutzen« gebracht haben, und genau darum soll es jetzt noch gehen.

Als Nobel seinen Preis ins Leben rief und etwas Gutes für die Welt tun wollte, da konnte er nur die Naturwissenschaften wählen, und zwar in der disziplinären Form, die er aufgeführt hat. Heute – mehr als hundert Jahre nach der Aufsetzung seines letzten Willens – hat sich nicht nur diese Einteilung überholt. Die ganze Praxis der Forschung ist anders geworden, und die großen Fortschritte, an die Nobel glaubte, kommen eher von interdisziplinären Kooperationen als von technischen Einzelleistungen. Es ging Nobel vornehmlich nicht um wissenschaftliche Disziplinen, sondern um das, was forschende Menschen für ihre Mitwelt tun können. Die Stiftung, die den Preis heute verantwortet, hat sich von Anfang an die Freiheit genommen, an den Worten Nobels vorbei seinen Geist umzusetzen. Im Jubiläumsjahr wäre der Schritt von den Buchstaben weg und zur Idee hin fällig. Den größten Nutzen bereitet die Wissenschaft der Menschheit da, wo sie interdisziplinär vorgeht. Als Stichworte können die Ökologie und die Genomforschung genannt werden. Wir brauchen weniger Preisträger, die technisch in ihrem Fach etwas leisten, und mehr Laureaten, die den Menschen mit ihren Ideen etwas zu sagen haben. Sonst wissen wir schon zu Weihnachten nicht mehr, wer am 10. Dezember in Stockholm war.

Geschichten um den Nobelpreis

Wer den Nobelpreis gewinnt, bekommt einen stattlichen Scheck, und dafür interessieren sich die meisten Menschen. Wenn von Geld die Rede ist, hört jeder zu, vor allen Dingen, wenn es so kurios zugeht wie bei dem berühmtesten Laureaten – bei Albert Einstein. Er hat nämlich nichts davon behalten können, weil er versprochen hatte, seiner Frau Mileva alles zu geben, wenn er den Preis bekäme. Daraus ist unsinnigerweise der Schluss gezogen worden, hier handle ein schlechtes Gewissen und liefere den Beweis, dass Mileva Einstein, geborene Maric, mit zu der Relativitätstheorie beigetragen habe. Das ist doppelt falsch. Denn zum einen hat Einstein den Nobelpreis nicht für die Theorie von Raum und Zeit bekommen, die ihn berühmt gemacht hat, sondern für seinen Beitrag zur neuen Atomphysik, und zum andern hat er mit dem finanziellen Angebot seine Scheidung beschleunigen und seinen finanziellen Ruin vermeiden wollen. Es war die Zeit des Ersten Weltkriegs, als Einstein von Zürich nach Berlin gekommen war und dort eine neue Frau gefunden hatte. Mileva blieb mit den gemeinsamen Kindern in der Schweiz, deren Franken immer unerschwinglicher wurden, während die Mark an Wert verlor. Der Nobelpreis würde in einer stabilen Währung ausgezahlt werden, und mit dem noblen Angebot des von ihm erwarteten (und dann 1921 tatsächlich fließenden) Nobelgeldes verschaffte sich Einstein endlich wieder finanziellen Spielraum.

Etwas Sand im Getriebe

Man kann sich wundern – aber tatsächlich steht der Nobelpreis bzw. stehen seine Institutionen so sauber da, wie man es sich nur wünschen kann. Das Einzige, was hin und wieder bekrittelt wird, sind Fehler, die bei der Auswahl der Preisträger gemacht worden sind. So hat man zum Beispiel Lise Meitners Beitrag zum Verständnis der Kernspaltung übersehen, für die Otto Hahn ausgezeichnet worden ist – und zwar ganz allein. Die Nichtberücksichtigung von Frau Meitner hat dabei weniger mit der Tatsache zu tun, dass sie eine Frau war, sondern mehr damit, dass es um den Preis für Chemie ging. Die zuständigen Mitglieder des Preiskomitees hatten einfach nicht verstanden, worin Lise Meitners theoretisch-physikalischer Beitrag zur Kernspaltung lag und was damit gewonnen war. Sie hatte doch »nur« erklärt, wie viel Energie da freigesetzt wird, und das auch noch mit so einfachen Formeln.

Es gibt mehrere berühmte Menschen, die von Stockholm nicht berücksichtigt worden sind. Unter den Physikern zählen Robert Oppenheimer und Georg Gamow dazu, der immerhin als Erster erkannt hat, dass Einsteins Physik die Möglichkeit zu einem Urknall eröffnet. Unter den Chemikern vermisst man Dimitri Mendelejew, der das Periodensystem der Elemente konzipiert hat. Bei der Medizin wird die Sache komplizierter, wie sich leicht zeigt, wenn man den Namen Sigmund Freud ins Spiel bringt. Es wäre falsch, seinen Einsichten in das Unbewusste keine medizinische Relevanz zuzuschreiben, aber Nobel hatte nicht die Psychiatrie oder die Psychologie im Sinne, als er die Medizin in seine Fünfergruppe aufnahm, sondern die Physiologie, und da passt Freud nicht hinein. Es hat zwar einige wenige Preise für psychiatrische Arbeiten gegeben – 1927 wurde zum Beispiel Julius Wagner-Jauregg ausgezeichnet für die Idee, dass Infektionen oder Fieber nützliche Folgen haben können –, aber Freud hatte in Stockholm nie eine Chance (obwohl er gerne preisgekrönt worden wäre). Einstein weigerte sich zum Beispiel standhaft, Freud vorzuschlagen – da kam ihm vieles nicht sehr wissenschaftlich vor –, und Wagner-Jauregg meinte jovial, man könne Freud doch den Literaturnobelpreis verleihen.

Nach dem Fest

Es muss ein schönes Fest sein, das da jedes Jahr in Stockholm gefeiert wird, und es ist schön, dass es dabei irgendwie doch um die Wissenschaft geht. Zwar hat sich Max Delbrück – mit einem Augenzwinkern – einmal darüber beklagt, dass hier im Grunde ein PR-Event für Schweden organisiert wird – wer redet denn sonst über dieses Land, wenn es dort dunkel und kalt ist? – und einige Leute zu diesem Zweck ausgezeichnet werden. Spaß gemacht hat es ihm aber trotzdem in Stockholm, und wirklich schwergefallen ist ihm nur der Abschied: Während der Tage in Stockholm ertönt eine Fanfare, wenn ein Nobelpreisträger in ein Zimmer eintritt. Daran kann man sich gewöhnen, hat Delbrück erzählt. Leider ist Schluss damit, wenn man wieder zu Hause ankommt.

Fischers Lösung

Wir brechen das Spiel mit den Namen bzw. Eponymen hier ab, obwohl es noch so viele weitere lohnenswerte Kombinationen gäbe.

Berühmt ist zum Beispiel der Doppler-Effekt, der nach dem österreichischen Physiker Christian Doppler (1803–1853) benannt ist und die Veränderlichkeit der Töne erfasst, die man wahrnimmt, wenn sich Schallquellen bewegen.

Ihren eigenen Reiz hat Avogadros Zahl, die ihren Namen nach dem italienischen Naturforscher Lorenzo Avogadro (1776 bis 1856) bekommen hat und die Zahl der Atome bzw. Moleküle angibt, die in einem gegebenen Volumen enthalten sind.

In jedem Schulunterricht hantiert man mit dem Bunsenbrenner, der auf den deutschen Chemiker Robert Bunsen (1811 bis 1899) zurückgeht und einen zwar einfachen, aber höchst nützlichen Gasbrenner bezeichnet, mit dem sein Erfinder die so genannte Spektralanalyse voranbringen konnte (die das sensationelle Ergebnis brachte, dass die Sterne dieselben Elemente beherbergen wie die Erde).

Wir alle spüren die Auswirkungen der Coriolis-Kraft, die zu Ehren des aus Frankreich stammenden kanadischen Physikers Gaspard de Coriolis (1792–1843) so heißt und auf sich drehenden Körpern wie der Erde zum Tragen kommt (wo sie vor allem Wasserströmungen in Flüssen und Ozeanen beeinflusst und dafür sorgt, dass der Pazifik vor der amerikanischen Westküste bis San Diego hin kühl bleibt).

Alle haben wir schon einmal die Brownsche Bewegung beobachtet, die erstmals von dem schottischen Botaniker Robert Brown (1773–1858) bemerkt und beschrieben wurde; sie fällt jedem beim Blick durch ein Lichtmikroskop als eine Zitterbewegung von Partikeln auf und konnte von Albert Einstein benutzt werden, um die Avogadro-Zahl zu berechnen und mit ihrer Hilfe die physikalische Existenz von Atomen nachzuweisen.

Amüsant ist das Fermi-Paradox, dessen Bezeichnung den italienischen Physiker (und Nobelpreisträger) Enrico Fermi (1901–1954) ehrt, der schon früh darauf hingewiesen hat, dass es sich nur lohnt, nach außerirdischer Intelligenz zu suchen, wenn sie mehr vermag als wir. Das würde aber bedeuten, dass sie uns entdecken wird, bevor wir sie finden, weshalb wir sie gar nicht erst suchen müssen bzw. uns zu fragen haben, warum sie sich noch nicht gemeldet hat.

Und so weiter und vieles mehr und immer fort. Man kann schreiben, so viel man will, es werden immer Lücken bleiben. Ein Einzelner kann niemals alle Lücken und auf keinen Fall für alle füllen. Er kann nur damit beginnen und hoffen, es gut genug gemacht und so erreicht zu haben, dass andere auch Lust darauf bekommen und versuchen, sich anzuschließen und weiterzumachen. Es gibt so viele Geschichten aus und in der Wissenschaft. Wir müssen nur anfangen, sie uns gegenseitig zu erzählen, und zwar von Anfang an, von den Menschen her, die sie möglich gemacht und vorgelebt haben.

Keplers Problem taucht deswegen auf, weil er seinen Vortrag am Ende beginnt. Er tischt uns ein fertiges Ergebnis auf und wundert sich, wenn wir es weder begreifen noch bestaunen und stattdessen beiseite legen und gelangweilt an die

Decke starren. Er hätte uns erst sagen sollen, was sein Sehen so fasziniert an den Himmel lenkte und in ihm die Hoffnung keimen ließ, dabei das *Mysterium Cosmographicum*, das Weltgeheimnis, zu finden. Kepler schwärmte wie viele Menschen vor und nach ihm von der Schönheit des Kosmos – deshalb heißt das Universum ja seit der Antike so –, und er meinte, diesen Genuss in der Geometrie wiederfinden und begründen zu können. Sie stellte für ihn das Urbild der Schönheit dar, und deshalb musste er sie kennen bzw. kennen lernen. Dieser Wunsch brannte in ihm – man könnte vom »Feuer seiner Seele« sprechen –, und zwar so sehr, dass manche Autoren bis heute meinen, er habe selbst vor einem »Mord im Namen der Wissenschaft« nicht zurückgeschreckt, um die Geometrie des Kosmos ausfindig zu machen.

Wir trauen Kepler eine solche Gewalttat nicht zu, verfügen aber durch sein inneres Getriebensein – es ist mehr die Wahrheit, die ihn jagt, als umgekehrt – über einen Punkt, an dem das Erzählen einsetzen kann. Ihn zu finden und dann mit den Geschichten zu beginnen – so stelle ich mir die Lösung von Keplers Problem nicht nur in seinem Fall vor, sondern immer dann, wenn Menschen und ihre Motive wichtig sind, also durchweg und dauernd in der Wissenschaft. Wenn man diese Lösung annimmt und den Weg des erlebenden Erzählens geht, braucht man zum Glück nie wieder aufzuhören – die Wissenschaft ist nämlich eine unendliche Geschichte in unserer Kultur.

Literatur

ALLGEMEIN

Zu den genannten Wissenschaftlern gibt es biographische Details in meinen Büchern *Aristoteles, Einstein & Co., Leonardo* (München 1995), *Heisenberg & Co.* (München 2000) und *Einstein, Hawking, Singh und Co.* (München 2004); zum wissenschaftlichen Hintergrund (vor allem in Hinblick auf die Quantenmechanik) verweise ich auf meine Bücher *Die andere Bildung* (München 2001) und *Die Bildung des Menschen* (Berlin 2004). Alle genannten Titel liegen als Hardcover und als Taschenbuch vor.

AUF DER ATOMAREN BÜHNE

Schrödingers Katze

Schrödinger, Erwin: *Die Naturwissenschaften* 23 (1935), S. 807–812, 823 bis 828, 844–849

Moore, Walter: *Schrödinger – Life and Thought*. Cambridge 1989.

Plancks Quantensprung

Planck, Max: *Vorträge und Erinnerungen*. Darmstadt 1968.

– : *Vorträge Reden Erinnerungen*. Berlin 2001.

Heisenbergs Unbestimmtheit

Fischer, Ernst Peter: *Werner Heisenberg – Das selbstvergessene Genie*. München 2001.

Heisenberg, Werner: *Der Teil und das Ganze*. München 1969.

Bohrs Hufeisen

Bohr, Niels: *Atomphysik und menschliche Erkenntnis*, 2 Bde. Braunschweig 1964, ²1966.

Heisenberg, Werner: *Der Teil und das Ganze*. München 1969.

- : »Die Einheit der Natur bei Alexander von Humboldt und in der Gegenwart«, in: *Gesammelte Werke*, Abt. C, Band III. München 1985, S. 341–349.

Weisskopf, Victor: *Mein Leben*. Bern/München/Wien 1991.

Einsteins Spuk

Aspect,A./Grangier, P./Roger, G. (1981), Physical Review Letters 47 (1981), S. 460–463.

Bell, John: Physics 1 (1964), S. 195–200.

Einstein, Albert: *Mein Weltbild*. Berlin [23]2002.

Einstein, A./Podolsky, B./Rosen, N.: Physical Review 47 (1935), S. 777 bis 800.

Fischer, Ernst Peter: *Eine verschränkte Welt*. Mannheim 1989.

- : *Einstein für die Westentasche*. München 2005.

Sucher, Curt B.: *Du fragst, was das Leben ist*. München 2005.

Paulis Verbot

Fierz, Markus: *Naturwissenschaft und Geschichte*. Basel 1988, S. 181–193.

Fischer, Ernst Peter: *Brücken zum Kosmos*. Lengwil/CH 2001.

Jung, Carl Gustav/Pauli, Wolfgang: *Naturerklärung und Psyche*. Zürich 1956.

Hawkings Strahlung

Mainzer, Klaus: *Hawking*. Freiburg 2000.

Zeilingers Prinzip

Baeyer, Hans Christian von: *Das informative Universum*. München 2005.

KLASSISCHE KNIFFLIGKEITEN

Maxwells Dämon

Planck, Max: *Vorlesungen über Thermodynamik*. Berlin [11]1964.

Baeyer, Hans Christian von: *Das informative Universum*. München 2005

Olbers' Paradoxon

Blumenberg, Hans: *Die Vollzähligkeit der Sterne*. Frankfurt a. M. 1997.

Harrison, Edward: *Darkness at Night*. Cambridge (Mass.) 1987.

Kippenhahn, Rudolph: *Kosmologie für die Westentasche*. München 2003.

Faradays Käfig

Faraday, Michael: *Die Naturgeschichte einer Kerze*. Bad Salzdetfurth/Hildesheim 1979.

Meschede, Dieter/Gerthsen, Christian: *Gerthsen Physik*. Berlin 2006.

Maxwells Gleichungen

Gell-Mann, Murray: *Das Quark und der Jaguar*. München 1998.

Newtons Eimer

Brian Greene: *Der Stoff, aus dem der Kosmos ist*. München 2004, S. 39ff. und 94ff.

Röntgens Strahlen

Fischer, Ernst Peter: *Der Durchblick des Jahrhunderts – Welt- und Menschenbilder seit den Tagen von Röntgen*, RöFo 177 (2005), Bd. 177, S. 919–923.

Segré, Emilio: *Die großen Physiker und ihre Entdeckungen – Von Röntgen bis Weinberg*. München 2002.

UMGANG MIT DEM UNENDLICHEN

Mandelbrots Apfelmännchen

Briggs, John/Peat, F. David: *Die Entdeckung des Chaos*. München 1993.

Gleick, James: *Chaos – Die Ordnung des Universums*. München 1990.

Mandelbrot, Benoit: *Die fraktale Geometrie der Natur*. Basel 1986.

Peitgen, H. O./Richter, P. H.: *The Beauty of Fractals*. Berlin 1986.

Eulers Zahl

Devlin, Keith: *The Most Beautiful Equations*, Wabash Magazine, Winter/Frühjahr 2002.

Euler, Leonhard: *Briefe an eine deutsche Prinzessin über verschiedene Gegenstände der Physik und Philosophie*. Braunschweig 1986.

Karlson, Peter: *Vom Zauber der Zahlen*. Berlin 1954.

Maor, Ely: *Die Zahl e – Geschichte und Geschichten*. Basel 1996.

Nahin, Paul J.: *Dr. Euler's fabulous formula*. Princeton 2006.

Hilberts Hotel

Goldstein, Rebecca: *Kurt Gödel*. München 2006.

Ostwalds Klassiker – *Die Hilbertschen Probleme*. Leipzig 1983.

Sautoy, Marcus du: *Die Musik der Primzahlen*. München 2004.

Yandell, Ben H.: *The Honors Class – Hilbert's Problems and Their Solvers*. Natick (Mass.) 2002.

Russels Antinomie

Brendel, Elke: *Die Wahrheit über den Lügner*. Berlin 1999

Smullyan, Raymond: *Satan, Cantor und die Unendlichkeit*. Basel 1993.

Turings Maschine

Vollmer, Gerhard: »Denkzeuge«, in: *Mannheimer Forum 90/91*, hg. v. Fischer, E. P. München 1991.

DES LEBENS VERTRACKTE REGELN
Darwins Finken
Mayr, Ernst: *Die Entwicklung der biologischen Gedankenwelt*. Berlin 1984.
Fischer, Ernst Peter/Wiegandt, Klaus (Hg.): *Evolution – Geschichte und Zukunft des Lebens*. Frankfurt a. M. 2003.
Ridley, Matt: *The Red Queen*. New York 1995.
Williams, George C.: *Plan and Purpose in Nature*. London 1996.
Mendels Gesetze
Marantz Henig, Robin: *Der Mönch im Garten – Die Geschichte des Gregor Mendel und die Entdeckung der Genetik*. Frankfurt a. M. 2001.
Kekulés Traum
Anschütz, Richard: *August Kekulé*. 2 Bde. Berlin 1929.
Heisenberg, Werner: »Sprache und Wirklichkeit in der modernen Physik«, in: *Gesammelte Werke*, Band CII. München 1984, S. 271–301.
Portmann, Adolf: *Vom Lebendigen*. Frankfurt a. M. 1973
Roberts, Royston M.: *Serendipity*. New York 1989.
Strathern, Paul: *Mendeleyev's Dream*. London 2000.
Liebigs Fleischextrakt
Brock, William H.: *Justus von Liebig – The Chemical Gatekeeper*. Cambridge 1997.
Delbrücks Schludrigkeit
Fischer, Ernst Peter: *Das Atom der Biologen*. München 1987.
Stent, Gunter S., u. a.: *Phage and the Origin of Molecular Biology*. New York 1969.
Cricks Dogma
Crick, Francis: *Ein irres Unternehmen*. München 1990.
– : *Was die Seele wirklich ist*. München 1994.
Fischer, Ernst Peter: *Am Anfang war die Doppelhelix*. München 2003.

ZUR NATUR DES MENSCHEN
Kochs Postulate
Eckart, Wolfgang: *Geschichte der Medizin*. Berlin ^{5}2005.
Milgrams Experiment
Milgram, Stanley: *Das Milgram Experiment*. Reinbek 1974.
Lorenz' Prägung
Fischer, Ernst Peter: *Aristoteles, Einstein & Co., Leonardo*. München 1995.

Pawlows Reflex

Rost, Dankwart: *Pawlows Hunde.* Stuttgart 1993.

Schneider, Reto: *Das Buch der verrückten Experimente.* München 2006.

Schwartz, Steven: *Wie Pawlow auf den Hund kam.* Weinheim 1988.

HISTORISCHE BESONDERHEITEN
Plancks Prinzip

Planck, Max: *Vorträge und Erinnerungen.* Darmstadt 1968.

— :*Vorträge Reden Erinnerungen.* Berlin 2001.

Freuds Kränkungen

Brague, Rémi: *Die Weisheit der Welt.* München 2005.

Freud, Sigmund: *Vorlesungen zur Einführung in die Psychoanalyse,* Kap. 18 (verschiedene Ausgaben).

James, William: *Die Vielfalt religiöser Erfahrung.* Frankfurt a. M. 1997.

Zimmer, Dieter E.: *Tiefenschwindel.* Reinbek 1986.

Buridans Esel

Bruyn, Günter de: *Buridans Esel.* Halle 1967.

Ockhams Rasiermesser

Mittelstraß, Jürgen (Hg.): *Enzyklopädie Philosophie und Wissenschaftstheorie* Bd. 2. Stuttgart 1995. (Einträge: Ockham; Ockhamismus, Ockham's razor, S. 1057–1064).

Brenners Besen

Persönliche Mitteilung Brenners an den Autor.

Moores Gesetz

Details auf der Homepage von Intel, der von Moore gegründeten Firma:

www.intel.com oder www.intel.de; hier Zugang zum Technology@Intel Magazine; Ausgabe vom April 2005 (S. 1–9): »From Moore's Law to Intel Innovation«.

Poppers Paradox

Lübbe, Hermann: »Die schwarze Wand der Zukunft«, in: Fischer, E. P. (Hg.): *Mannheimer Gespräche – Auf der Suche nach der verlorenen Sicherheit.* München 1991, S. 17–30.

Bacons Diktum

Rossi, Paolo: *Die Geburt der modernen Wissenschaft in Europa.* München 1997.

Hersheys Himmel

Fischer, Ernst Peter: *Das Atom der Biologen*. München 1987.

Snows Kulturen

Bachmaier, H./Fischer, E. P. (Hg.): *Glanz und Elend der zwei Kulturen*. Konstanz 1991;

Fischer, Ernst Peter: »Wieviel Naturwissenschaft braucht der gebildete Mensch?«, In: *Universitas*, Oktober 1998, S. 974–981.

Kreuzer, H. (Hg.): *Die zwei Kulturen*. München 1987.

Snow, Charles Percy: *The Two Cultures and a Second Look*. Cambridge 1992.

Nobels Preis

Crawford, Elisabeth: *The Beginnings of the Nobel Foundation: The Science Prizes 1901–1915*. Cambridge 1984.

– : *Nationalism and Internationalism in Science: Studies of the Nobel Population*. Cambridge 1992.

Fant, Kenne: *Alfred Nobel*. Basel 1995.

Feldman, Burton: *The Nobel Prize – A History of Genius, Controversy, and Prestige*. New York 2000.

Fischers Lösung

Gilder, Joshua und Anne-Lee: *Der Fall Kepler – Mord im Namen der Wissenschaft*. Berlin 2005.

Personenregister

Aristoteles 12, 305
Avery, Oswald 287, 322
Avogadro, Lorenzo 339

Bacon, Francis 318–320
Baeyer, Hans Christian von 92
Bateson, William 216f.
Bell, John 73f.
Bennet, Charles 110
Biedenkopf, Kurt 300
Blumenberg, Hans 115
Bohr, Niels 54–65, 70, 93, 243
Boltzmann. Ludwig 284f.
Brague, Rémi 299
Brandenburg-Schwedt, Friederike von 162
Brenner, Sydney 105, 310–312
Brown, Robert 340
Bunsen, Robert 339
Buridan, Jean 304–306

Calvin, Melvin 236f.
Cantor, Georg 177f., 180f.

Chandler, Raymond 64
Chase, Martha 321f.
Church, Alonzo 191
Clausius, Rudolf 102f., 107
Cohen, Paul 181
Coriolis, Gaspard de 339
Crick, Francis 253–264
Curie, Marie 334
Curie, Pierre 334

Darwin, Charles 199–211, 222f., 289, 297f., 300, 306
Delbrück, Max 241–252, 322f.
Descartes, René 79, 84
Devlin, Keith 171
Doppler, Christian 339
Du Bois-Reymond, Emil 175, 181

Ehrenfest, Paul 82
Einstein, Albert 12, 24, 29, 38, 51, 59f., 66–77, 78, 89, 94, 108, 117f., 139ff., 182, 283, 285, 291, 309, 336, 338

Einstein, Mileva 336
Ellis, Emory 243, 245
Epimenides 185
Euklid 154, 308f.
Euler, Leonhard 161-172, 313

Faraday, Michael 123-125, 126, 225, 227, 229
Fermi, Enrico 340
Fierz, Markus 83
Freud, Sigmund 145, 292-303, 337f.

Galilei, Galileo 132, 299
Gamow, Georg 337
Gleason, Andrew 184
Gödel, Kurt 180ff.
Goethe, Johann Wolfgang v. 63, 228f., 303
Greene, Brian 139f.

Hahn, Otto 337
Hawking, Stephen 90-92
Heisenberg, Werner 12, 21, 24, 41-53, 58, 66, 69, 80, 182, 234f., 283
Helmholtz, Hermann von 237
Henle, Jakob 268
Hershey, Alfred 311, 321-323
Hilbert, David 173-184, 188
Humboldt, Alexander von 119

James, William 302f.
Johannsen, Wilhelm 220f.
Jung, C. G. 84, 86f.

Kant, Immanuel 132f., 300
Kekulé, Friedrich August von Stradonitz 225-237
Kelvin, Lord (eigtl. William Thomson) 107
Kepler, Johannes 9ff., 291, 340f.
Kippenhahn, Rudolf 122
Koch, Robert 267-269
Kopernikus, Nikolaus 9, 291, 296, 298, 300

Lamarck, Jean Baptiste 289
Landauer, Rolf
Leonardo da Vinci 12
Liebig, Justus von 238-240
Loewi, Otto 236
Lorenz, Konrad 273-275
Luria, Salvatore 246ff., 322

Mach, Ernst 284
Mandelbrot, Benoit 149-160
Maxwell, James Clerk 94-110, 126-129, 205, 325
Meitner, Lise 337
Mendel, Gregor 206, 212-224, 246
Mendelejew, Dimitri 235, 337
Milgram, Stanley 270-272

PERSONENREGISTER

Moore, Gordon E. 313–315
Mozart, Wolfgang Amadeus 62f.

Newton, Isaac 63, 130–141, 213, 304
Nietzsche, Friedrich 210
Nobel, Alfred 39, 327–338

Ockham, Wilhelm von 307–309
Olbers, Heinrich Wilhelm 111–122
Oppenheimer, Robert 337
Oscar II. 194
Ostwald, Wilhelm 284f.

Pauli, Wolfgang 78–89, 283
Pawlow, Iwan 276–278
Peirce, Benjamin 172
Perelman, Grigorij 192f.
Picasso, Pablo 145, 324
Planck, Max 28–40, 66, 68, 80, 99, 102, 104, 107, 182, 281–291
Platon 87, 288
Podolsky, Boris 71ff., 77
Poe, Edgar Allan 116f.
Poincaré, Henri 192–195
Poincaré, Raymond 192
Popper, Karl 134, 316f.
Portmann, Adolf 235

Ranger, Frederick 260
Riemann, Bernard 178f.

Röntgen, Wilhelm Conrad 142–145
Rosen, Nathan 71ff., 77
Russell, Bertrand 185–187
Rutherford, Ernest 57

Schrödinger, Erwin 17–27, 51f., 66, 69, 75, 89, 149, 283
Shirakawa, Hideki 335
Snow, Charles P. 324–326
Stern, Otto 84f.
Szilàrd, Leó 107f.

Tschechow, Anton 68
Turing, Alan 188–191

Uexküll, Jakob Johann von 330
Uexküll, Jakob von 330

Wagner-Jauregg, Julius 337
Watson, James D. 259, 263
Weisskopf, Victor F. 62
Weizsäcker, Carl Friedrich von 55
Wells, H. G. 285
Wheeler, John 94
Whitehead, Alfred N. 187
Wittgenstein, Ludwig 183
Wöhler, Friedrich 227ff.
Wolfram, Stephen 159

Zeilinger, Anton 67, 93–95

GOLDMANN

Einen Überblick über unser lieferbares Programm
sowie weitere Informationen zu unseren Titeln und
Autoren finden Sie im Internet unter:

www.goldmann-verlag.de

Monat für Monat interessante und fesselnde
Taschenbuch-Bestseller

Literatur deutschsprachiger und internationaler Autoren

∞

Unterhaltung, Kriminalromane, Thriller,
Historische Romane und Fantasy-Literatur

∞

Klassiker mit Anmerkungen, Anthologien
und Lesebücher

∞

Aktuelle Sachbücher und Ratgeber

∞

Bücher zu Politik, Gesellschaft, Naturwissenschaft
und Umwelt

∞

Alles aus den Bereichen Esoterik, ganzheitliches Heilen
und Psychologie

Die ganze Welt des Taschenbuchs
Goldmann Verlag • Neumarkter Straße 28 • 81673 München

GOLDMANN